高等院校"十二五"精品课程建设成果

画法几何与机械制图习题集

主　编　吴松林
副主编　谢永辉　王晋鹏
主　审　仝崇楼

内 容 简 介

本习题集与吴松林主编,北京理工大学出版社 2012 年出版的《画法几何与机械制图》教材配套使用,是在总结"机械制图"课程教学改革与"质量工程建设"成果的基础上编写而成的。

主要内容有机械制图的基础知识、投影学原理及其表达方法、轴测图、机械零件的常用表达方法、标准件及常用件、零件图、装配图等。

本书可作为四年制本科高等教育及三年制高职、高专教育机械类或近机类专业的技术基础课教材,也可作为其他类型高校相关专业的教学用书,亦可供有关的工程技术人员参考。

版权专有　侵权必究

图书在版编目(CIP)数据

画法几何与机械制图:含习题集/吴松林主编. —北京:北京理工大学出版社,2012.7(2015.8 重印)
ISBN 978-7-5640-6097-8

Ⅰ.①画… Ⅱ.①吴… Ⅲ.①画法几何-高等学校-教材②机械制图-高等学校-教材　Ⅳ.①TH126

中国版本图书馆 CIP 数据核字(2012)第 133033 号

出版发行 /	北京理工大学出版社
社　　址 /	北京市海淀区中关村南大街 5 号
邮　　编 /	100081
电　　话 /	(010)68914775(办公室)　68944990(批销中心)　68911084(读者服务部)
网　　址 /	http://www.bitpress.com.cn
经　　销 /	全国各地新华书店
印　　刷 /	保定市中画美凯印刷有限公司
开　　本 /	787 毫米×1092 毫米　1/16
印　　张 /	22
字　　数 /	555 千字
版　　次 /	2012 年 7 月第 1 版　2015 年 8 月第 3 次印刷
印　　数 /	4 001~5 000 册
总 定 价 /	39.80 元(含配套主教材)

责任编辑 / 葛仕钧
　　　　　　申玉琴
责任校对 / 周瑞红
责任印制 / 吴皓云

图书出现印装质量问题,本社负责调换

前　　言

本习题集全面采用《技术制图与机械制图》及相关的国家标准,贯彻"理论够用,重在应用"的编写原则,重点培养学生的图形表达能力、形体分析能力、几何构形能力及动手能力和创新意识。

本习题集与吴松林主编由北京理工大学出版社 2012 年出版的《画法几何与机械制图》教材配套使用,编排内容及顺序与教材对应,由西京学院吴松林主编,谢永辉、王晋鹏任副主编,参加编写工作的有:吴松林(第 1 章)、赵虎城(第 2 章部分,第 3 章部分)、王晋鹏(第 4 章、第 5 章)、李少海(第 2 章)、谢永辉(第 3 章)、王宏亮(第 6 章以及全书图形处理)、王小博(第 7 章)。全书由西京学院机电工程系仝崇楼副教授主审。

在本书编写过程中,得到了西京学院机电工程系有关领导的大力帮助和支持,得到陕西省教改立项重点项目"机制专业创新能力培养的教学内容更新与课程体系改革研究"(11BY99)的资助,在此表示衷心感谢。

书中如有不妥或错误之处,殷切希望广大师生批评指正。

编　者

目 录

第 1 章　机械制图的基础知识 ………………………………………………………………………………（1）
第 2 章　投影学原理及其表达方法 …………………………………………………………………………（9）
第 3 章　轴测图 ………………………………………………………………………………………………（39）
第 4 章　机械零件的常用表达方法 …………………………………………………………………………（42）
第 5 章　标准件及常用件 ……………………………………………………………………………………（57）
第 6 章　零件图 ………………………………………………………………………………………………（70）
第 7 章　装配图 ………………………………………………………………………………………………（79）

第1章 机械制图的基础知识

| 1-1 字体练习 | | | 班级 | | 学号 | | 姓名 | |

机械制图中书写字体必须做到字体工整笔画清楚间隔均匀排列整齐书写要横平竖直注意起落结构均匀填满方格

MECHANICAL

mechanical

0 1 2 3 4 5 6 7 8 9

0 1 2 3 4 5 6 7 8 9

| 1-2　线型练习 | 班级 | 学号 | 姓名 |

1. 在指定位置抄画下列各种线型。

3. 在指定位置绘制下列图形。

φ40

2. 绘制下列所给图例。

1－3　几何作图

1. 将线段 AB 五等分。

A —————————————— B

2. 作圆的内接正六边形。

3. 参照右上角示意图，作 1∶4 斜度图形。

4. 参照右上角示意图，作 1∶3 锥度图形。

| 1-3 几何作图（续） | 班级　　　学号　　　姓名 |

5. 已知椭圆长轴60，短轴40，用近似画法作椭圆。

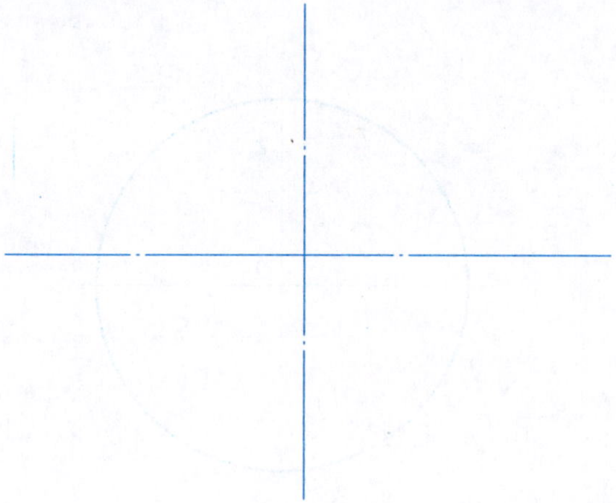

6. 参照图例，用给定的尺寸绘制下列图形。

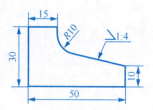

7. 用图中所给半径 R，光滑连接两圆弧。

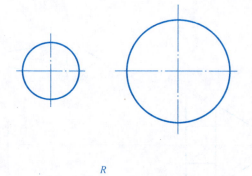

（1）外切。

（2）内切。

| 1-4 尺寸标注 | 班级 | 学号 | 姓名 |

1. 标注直径或半径尺寸，数值从图中量取，并圆整。

$R=600$

2. 标注下列较小部分的尺寸，数值从图中量取，并圆整。

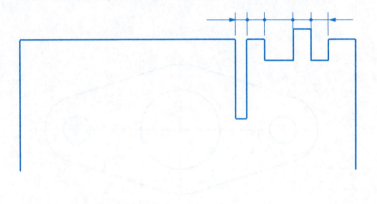

3. 标注下列各方向的线性尺寸及角度尺寸，数值从图中量取，并圆整。

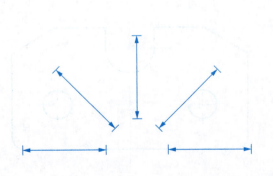 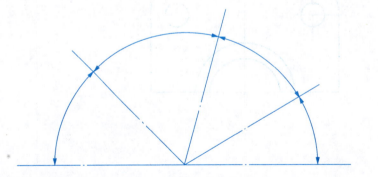

| 1-4　尺寸标注（续） | 班级 | 学号 | 姓名 |

4. 标注下列图形的尺寸，数值从图中量取，并圆整。

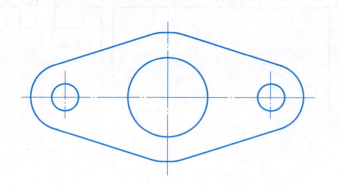

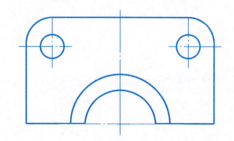

5. 指出下列图形中标注错误的尺寸，在指定位置标注完整正确的尺寸。

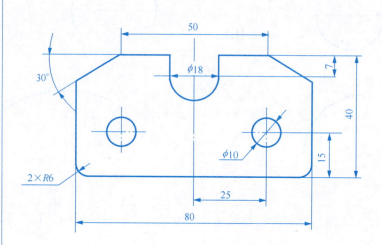

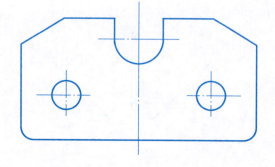

| 1-5 线型练习 | 班级 | 学号 | 姓名 |

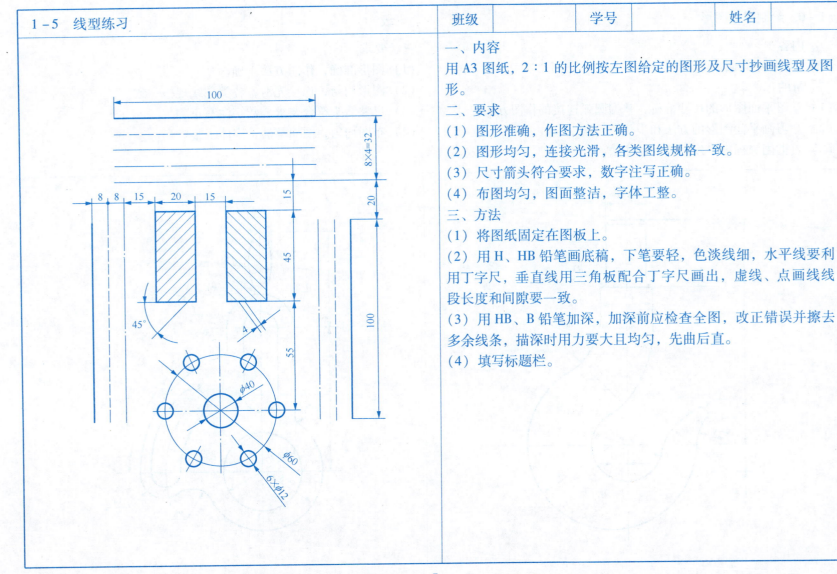

一、内容
用 A3 图纸，2∶1 的比例按左图给定的图形及尺寸抄画线型及图形。

二、要求
(1) 图形准确，作图方法正确。
(2) 图形均匀，连接光滑，各类图线规格一致。
(3) 尺寸箭头符合要求，数字注写正确。
(4) 布图均匀，图面整洁，字体工整。

三、方法
(1) 将图纸固定在图板上。
(2) 用 H、HB 铅笔画底稿，下笔要轻，色淡线细，水平线要利用丁字尺，垂直线用三角板配合丁字尺画出，虚线、点画线线段长度和间隙要一致。
(3) 用 HB、B 铅笔加深，加深前应检查全图，改正错误并擦去多余线条，描深时用力要大且均匀，先曲后直。
(4) 填写标题栏。

| 1-6 绘制平面图形 | 班级 | 学号 | 姓名 |

一、内容
用 1∶1 比例抄画图形。

二、目的
(1) 学习平面图形的尺寸分析，掌握圆弧连接的作图方法。
(2) 学习画平面图形的方法和步骤。
(3) 贯彻国家标准中规定的尺寸注法。

三、要求
(1) 图形准确，作图方法正确。
(2) 图形均匀，连接光滑，各类图线规格一致。
(3) 尺寸箭头符合要求，数字注写正确。
(4) 布图均匀，图面整洁，字体工整。

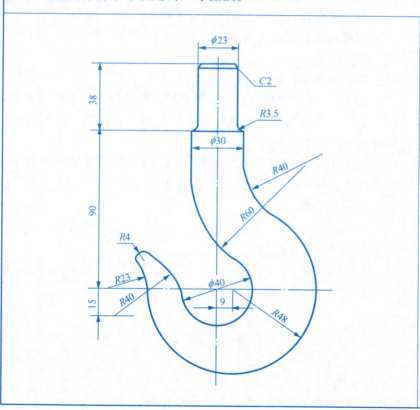

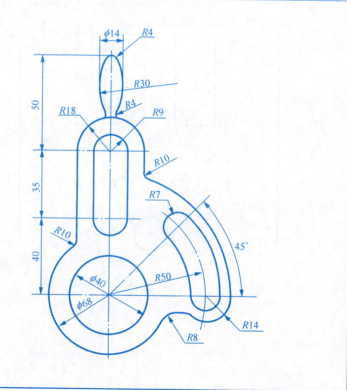

— 8 —

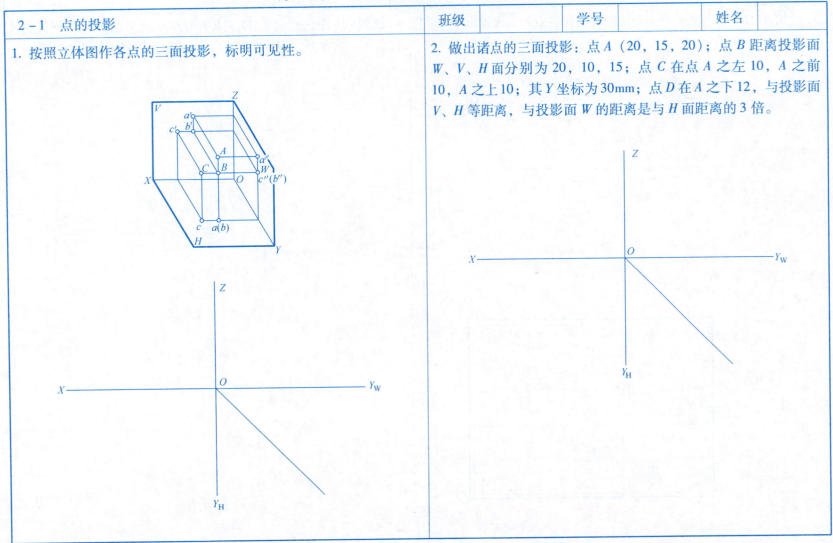

| 2-1 点的投影（续） | 班级 | 学号 | 姓名 |

3. 已知 A、B、C 各点对投影面的距离，作各点的三面投影。

4. 已知点 b 距离点 a 为 15，点 c 与点 a 是 V 面的重影点；点 d 在点 b 正下方 10。补全诸点的三面投影并标明可见性。

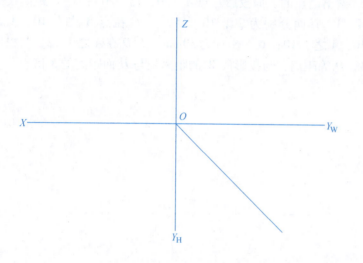

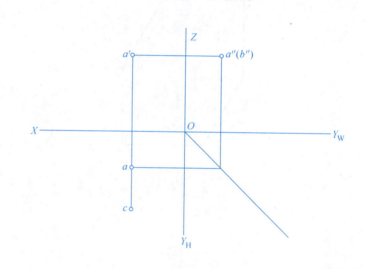

	距H面	距V面	距W面
A	25	20	25
B	0	10	25
C	35	0	0

2-1 点的投影（续） 班级 学号 姓名

5. 已知点的三面投影，判断它们的相对位置（上下、左右、前后），并填空。

6. 已知立体上三点 abc 的两个投影，求第三投影，并比较它们坐标大小。

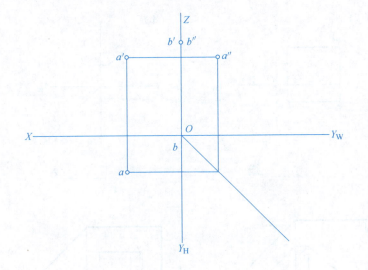

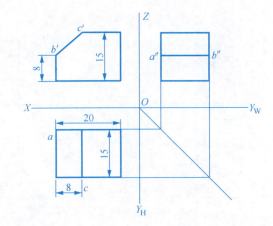

X_b 比 X_c ____；Y_b 比 Y_a ____；Z_a 比 Z_c ____。

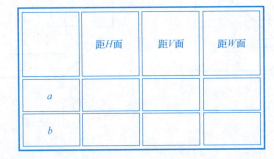

	距H面	距V面	距W面
a			
b			

点 a 在点 b 之（　）、（　）、（　）

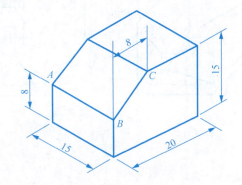

| 2-2 直线的投影 | 班级 | 学号 | 姓名 |

1. 根据下列直线的两面投影，判断直线对投影面的相对位置（填空），作出直线的第三投影，并在直观图中标出对应直线的题号（填空）和符号。

（1）    （2） 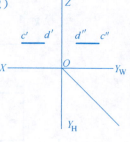   （3） 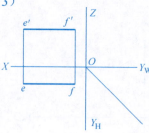   （4）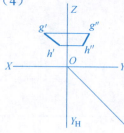

_____线　　　_____线　　　_____线　　　_____线

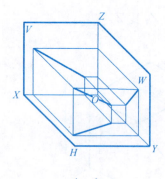　　　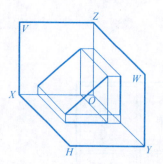　　　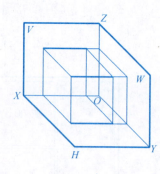

（　）　　　（　）　　　（　）　　　（　）

| 2-2 直线的投影（续） | 班级 | 学号 | 姓名 |

2. 在直线 AB 上求一点 C，使 AC：CB = 3：2，作出点 C 的投影。

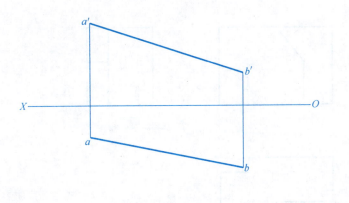

3. 过点 A 做水平线 AB，使倾角 $\beta=45°$，AB = 35mm，有几解？作出其中一解。

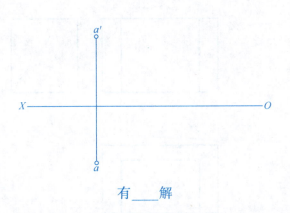

有___解

4. 已知水平线 AB 在 H 面上方 20mm，求作它的其余两面投影，并在该直线上取一点 K，使 AK = 20mm。

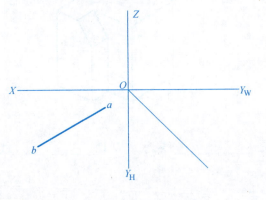

5. 已知 CD 为一铅垂线，它到 V 面及 W 面的距离相等，求作它的其余两个投影。

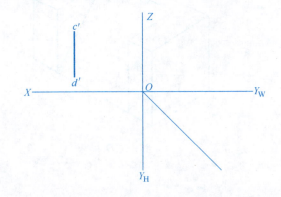

2-2 直线的投影（续）

6. 注出直线 AB、CD 的另两面投影符号，在立体图中标出 A、B、C、D，并填空说明其空间位置。

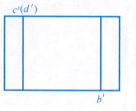 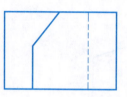

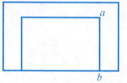 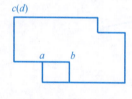

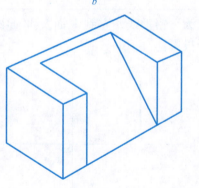 

　　AB 是_____线　　CD 是_____线　　　　　AB 是_____线　　CD 是_____线

2-3 平面的投影

1. 根据平面图形的两个投影,求作它的第三投影,并判断平面的空间位置。

(1)　　　　　　　　　(2)　　　　　　　　　(3)　　　　　　　　　(4)

_____面　　　　_____面　　　　_____面　　　_____面

2. 已知正垂面 P 与 H 面倾角为 30°,作出 V、W 面投影。

3. 包含直线 AB 作一个正方形,使它垂直于 H 面。

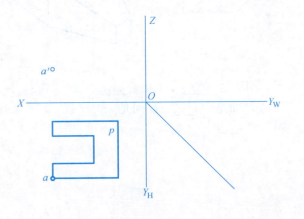

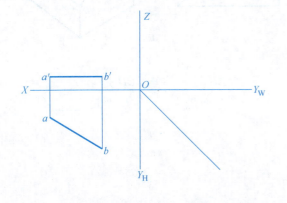

2-3 平面的投影（续）

4. 注全平面 P、Q 和直线 AB、CD 的三面投影，并根据它们对投影面的相对位置填空。

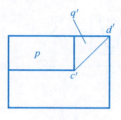 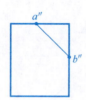 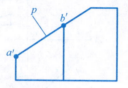

 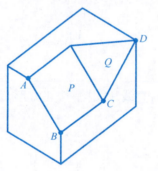 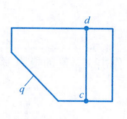 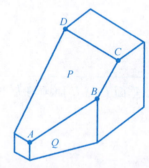

  AB 是＿＿＿，CD 是＿＿＿线   AB 是＿＿＿，CD 是＿＿＿线
  P 面是＿＿＿，Q 面是＿＿＿线   P 面是＿＿＿，Q 面是＿＿＿线

| 2-3 平面的投影（续） | 班级　　　　　学号　　　　　姓名 |

5. 判断点 K 和直线 MS 是否在 △MNF 平面上？在图下文字中的横线上填写"在"或"不在"。

6. 完成五边形 ABCDE 的两面投影。

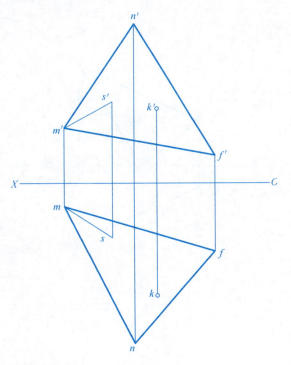

点 K ＿＿＿＿＿＿ △MNF 平面上；
直线 MS ＿＿＿＿＿＿ △MNF 平面上。

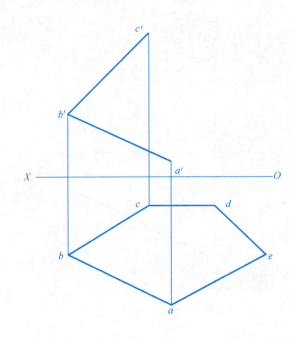

2-4 求直线的实长和平面的实形

1. 求作 AB 的实长和倾角 β。

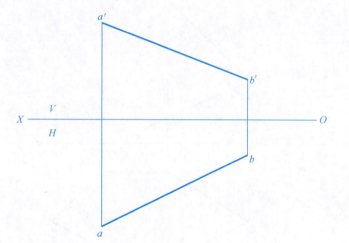

2. 求作 △ABC 的实形。

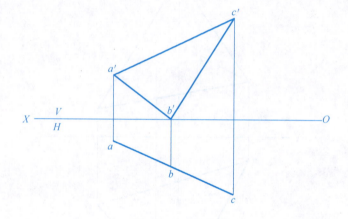

2-5 完成立体的三投影，并补全立体表面点的其余投影 | 班级 | 学号 | 姓名

1.

2.

3.

4.

— 19 —

2-5 完成立体的三投影，并补全立体表面点的其余投影（续） | 班级 | 学号 | 姓名

5.

6.

7.

8.

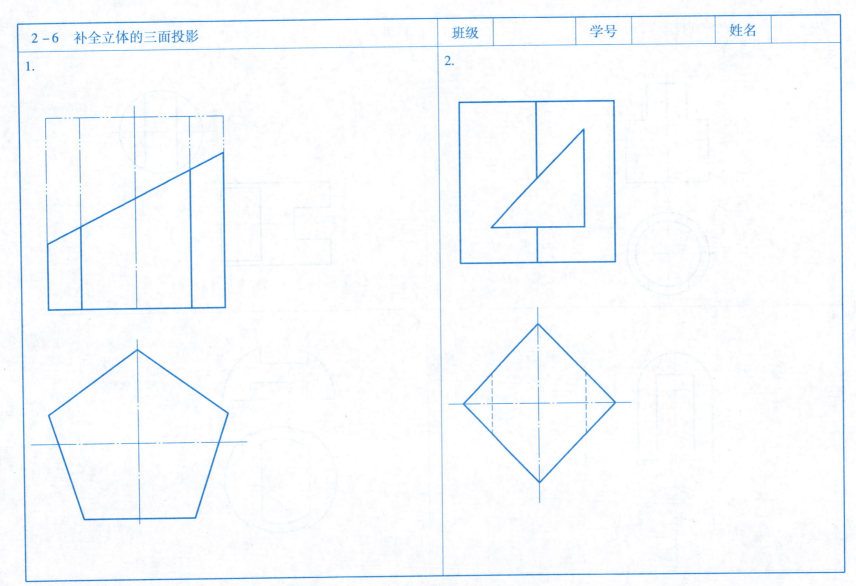

2-6 补全立体的三面投影（续） 班级　　　学号　　　姓名

3.

4.

5.

6.

2-6 补全立体的三面投影（续）

班级　　　学号　　　姓名

7.

8.

9.

10.

2-7 完成相惯体的各投影

1.

2.

3.

4.

2-7 完成相惯体的各投影（续） 班级 学号 姓名

5.

6.

2-7 完成相惯体的各投影（续）　　班级　　学号　　姓名

7.

8.

2-8　找出与立体图相对应的物体的三视图，并填写序号

1. 三视图。

2. 立体图。

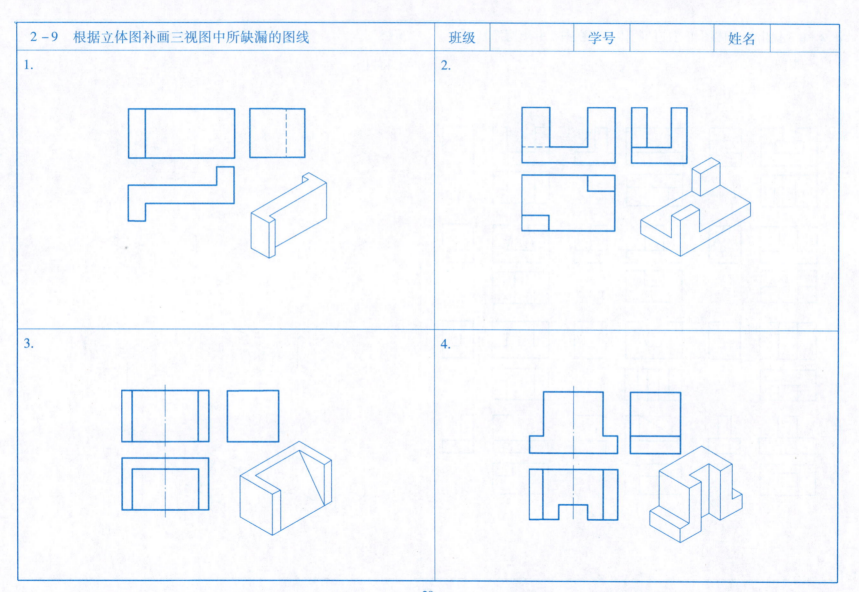

2-10 根据立体图辨认其相应的两视图，补画出第三视图

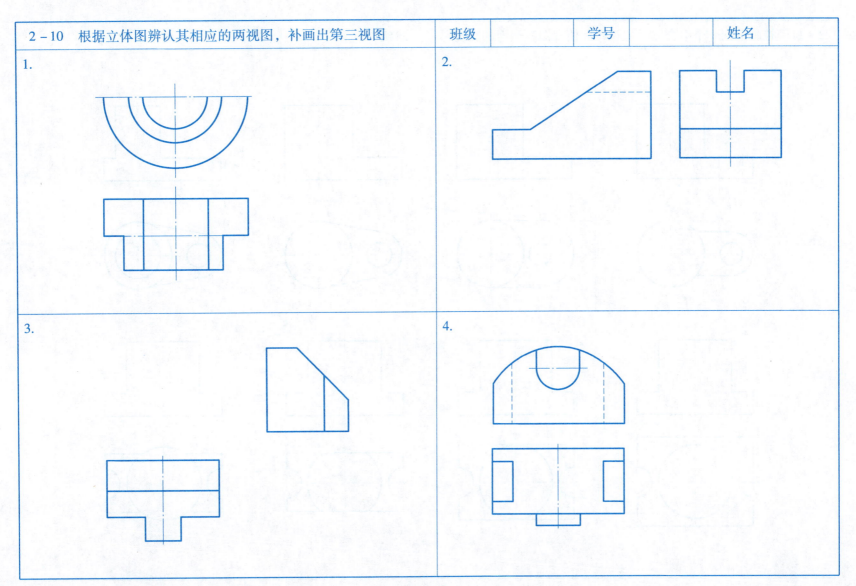

2-11 补画下列8个组合体（主视图和俯视图）表面的交线

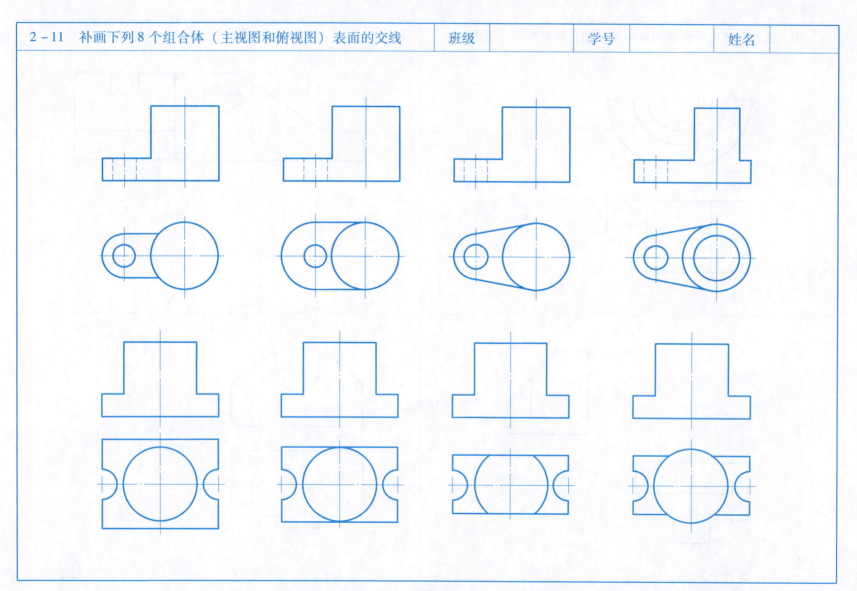

| 2-12　根据立体图上所注尺寸，按 1：2 比例画组合体的三视图 | 班级 | 学号 | 姓名 |

1.

2.

2-12　根据立体图上所注尺寸，按1∶2比例画组合体的三视图（续）　班级　　　学号　　　姓名

3.

4.

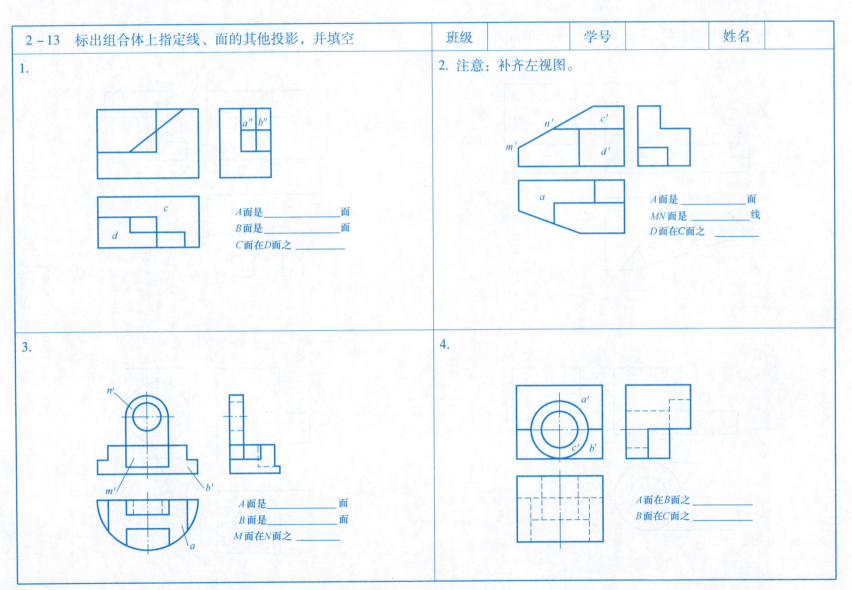

2-14 想出组合体的形状，补画视图中所缺漏的图线

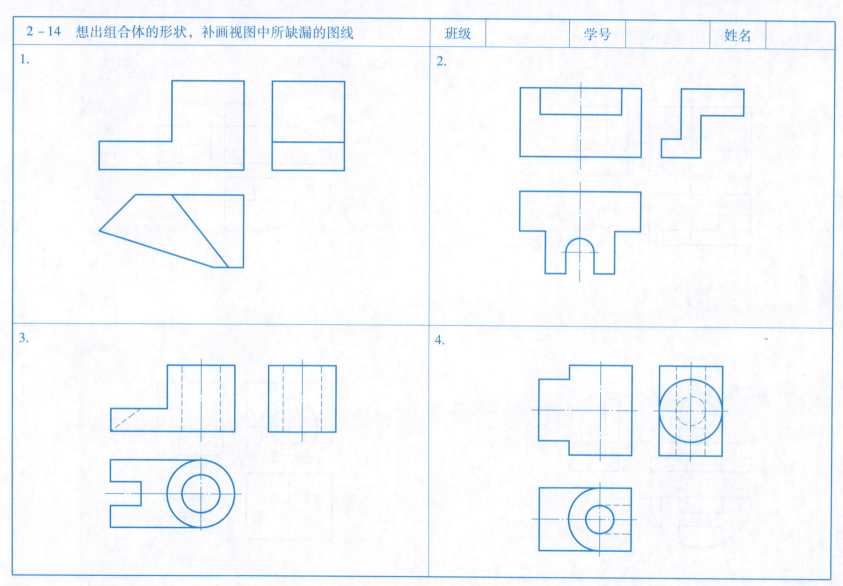

2−15 根据两个视图，求作第三个视图　　班级　　学号　　姓名

1.

2.

3.

4.

2-15 根据两个视图，求作第三个视图（续） 班级　　　学号　　　姓名

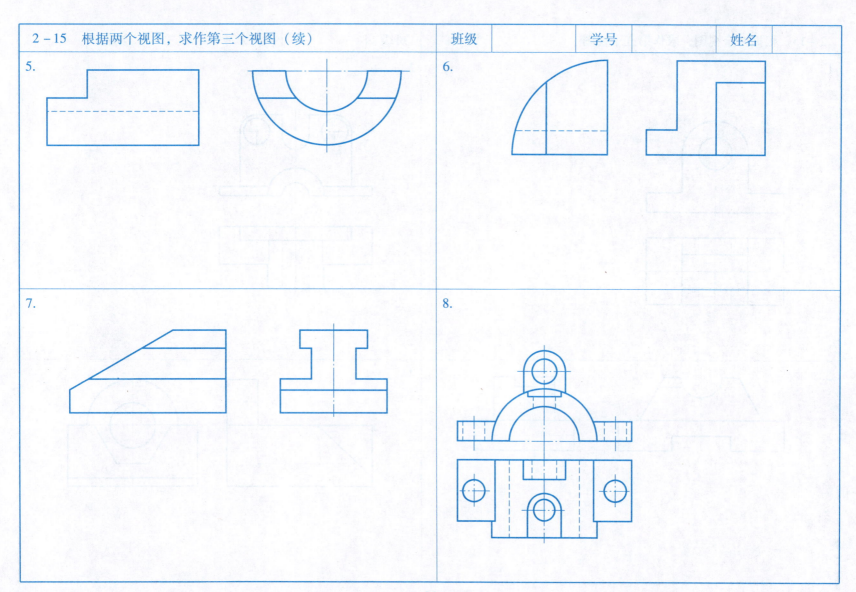

— 36 —

2-16　标出宽度、高度方向主要尺寸基准，并补注其余尺寸　　班级　　学号　　姓名

1.

2.

2-17 标注组合体的尺寸　　　　　班级　　　　学号　　　　姓名

1.

2.

第3章 轴测图

| 3-1　正等轴测图 | 班级　　　学号　　　姓名 |

1. 由视图画正等轴测图，并补画视图中所缺漏的线。

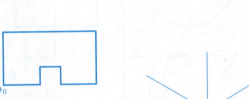
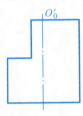

2. 由视图画正等轴测图。

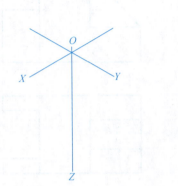

3. 由视图画正等轴测图

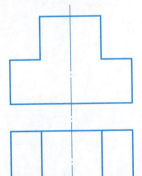
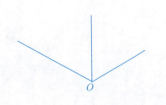

4. 由三视图画出物体的正等轴测图。

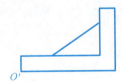
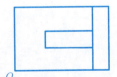

3-2 斜等轴测图　　　班级　　　学号　　　姓名

1. 由视图画斜二轴测图。

2. 由视图画斜二轴测图。

| 3-3 徒手绘轴测图 | 班级 | 学号 | 姓名 |

1. 由视图徒手画轴测图。

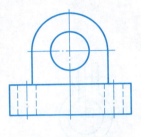

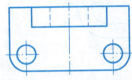

2. 由视图徒手画轴测图。

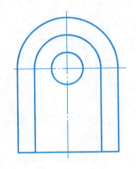

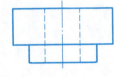

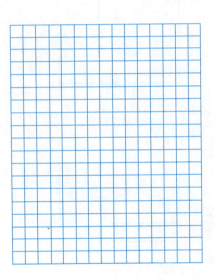

第4章 机械零件的常用表达方法

4-1 基本视图、向视图、局部视图和斜视图　　班级　　学号　　姓名

1. 在指定位置作出各个向视图。

2. 画出 A 向局部视图。

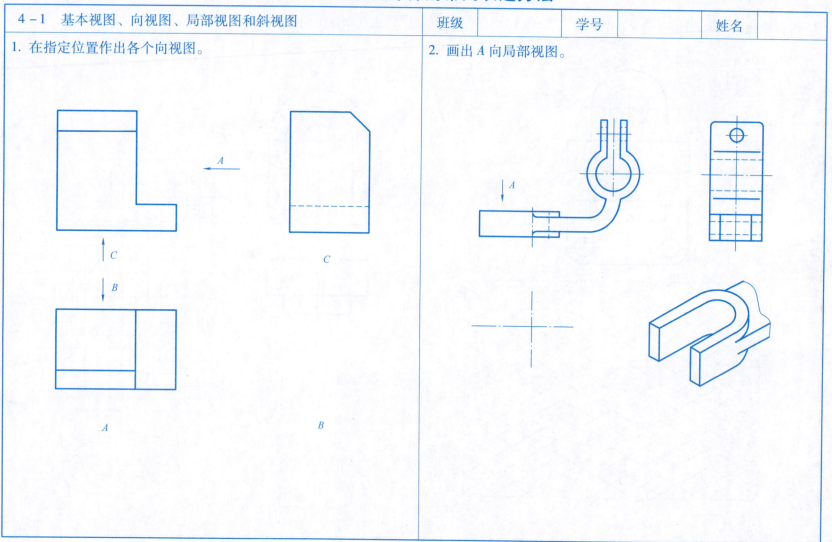

4-1　基本视图、向视图、局部视图和斜视图（续）　　班级　　学号　　姓名

3. 在指定位置画出 A 向斜视图和 B 向局部视图。

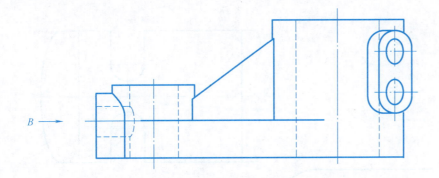

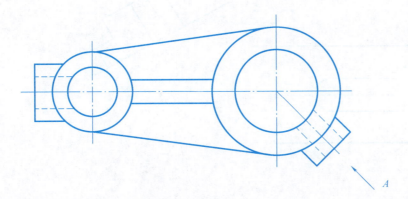

4−1　基本视图、向视图、局部视图和斜视图（续）　　班级　　　学号　　　姓名

4. 弄清各视图的名称和投影关系，并作必要的标注。

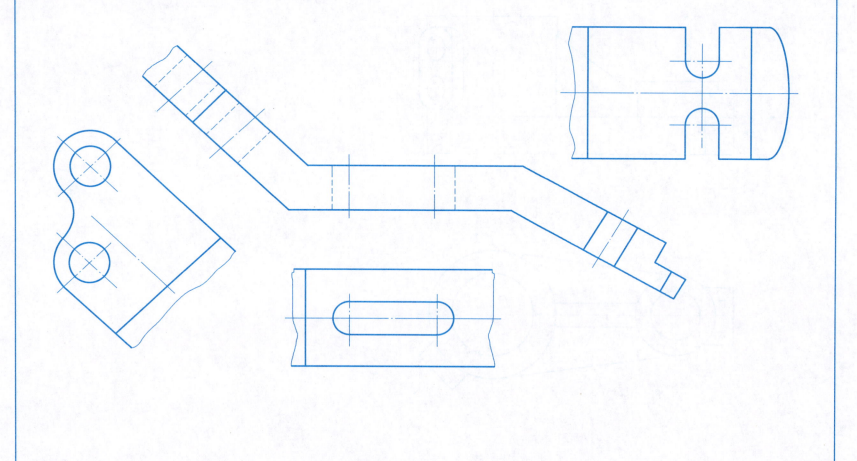

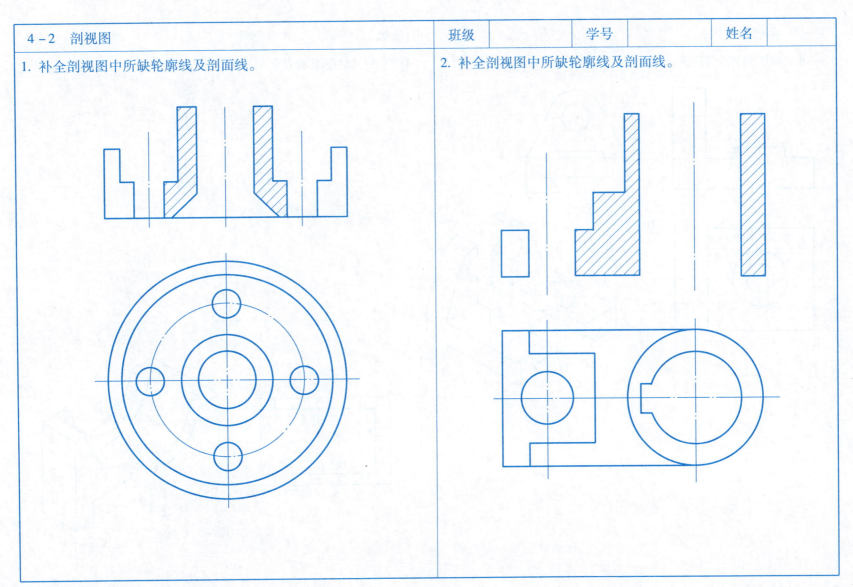

4－2 剖视图（续）　　　班级　　　学号　　　姓名

3. 将主视图画成全剖视图。

4. 将主、左视图画成全剖视图。

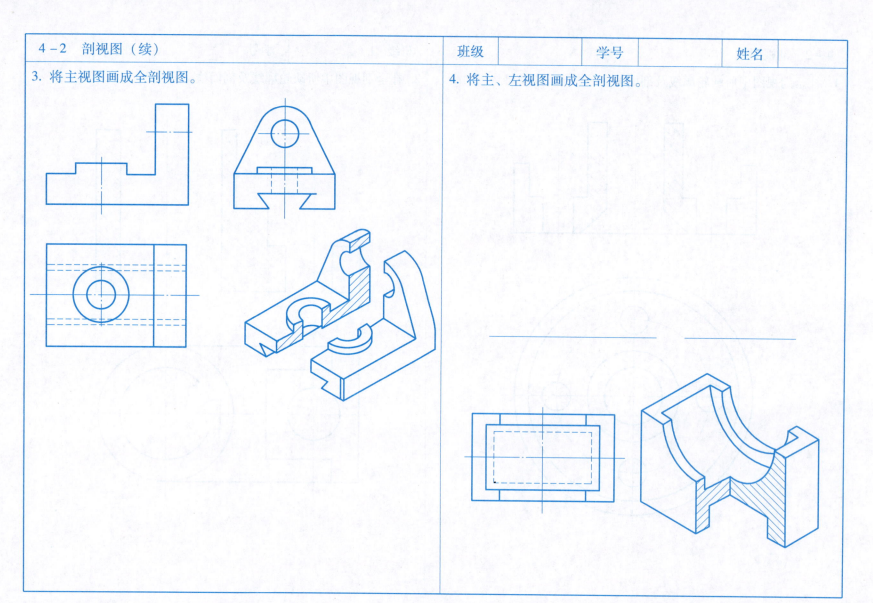

4-2　基本视图、向视图、局部视图和斜视图（续）　　班级　　学号　　姓名

5. 在指定位置将主视图改画成全剖视图。

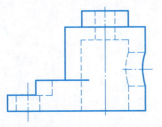

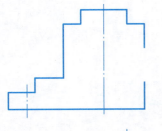

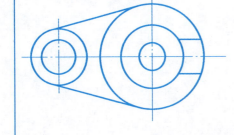

6. 将主视图改画成合适的剖视图。

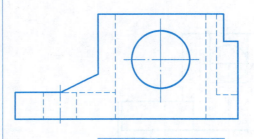

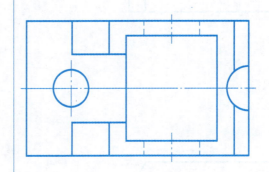

| 4-2 剖视图（续） | 班级 | 学号 | 姓名 |

7. 将主视图改画成半剖视图，左视图作全剖视图。

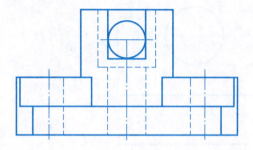

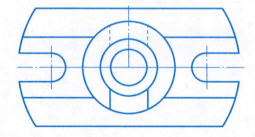

4-2 剖视图（续) 　　　班级　　　　学号　　　　姓名

8. 将主视图画成半剖视，左视图画成全剖视。

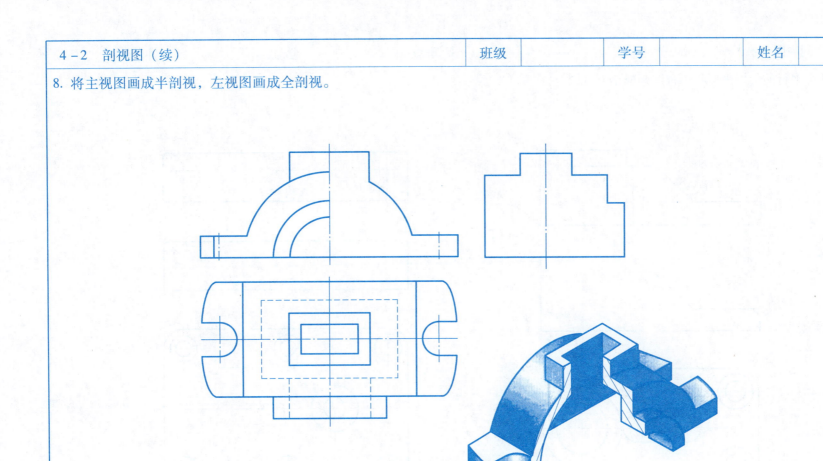

4-2 剖视图（续）

9. 用几个平行的剖切平面将主视图画成全剖视图。

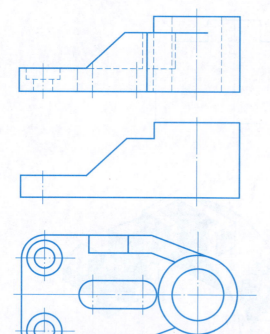
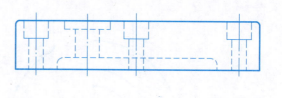

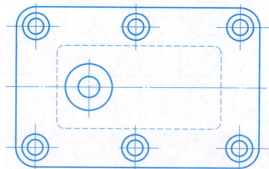

4－2　剖视图（续)

10. 利用两个相交的剖切面剖开机件，并画出全剖视图。

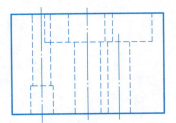

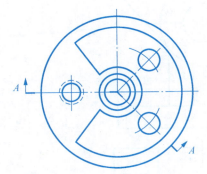

11. 用相交的剖切面剖开机件，在指定位置将主视图画成全剖视图

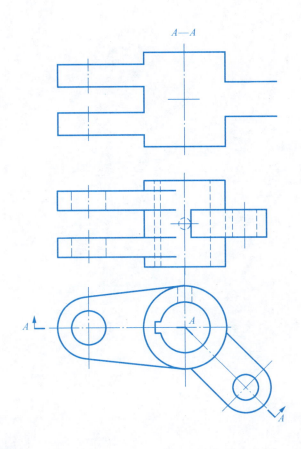

4-2 剖视图（续）　　　班级　　　学号　　　姓名

12. 按相同比例画出 A—A，B—B 的剖视图（画在指定位置处）。

A—A

B—B

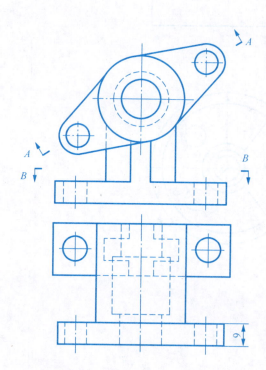

| 4-3 断面图 | 班级 | 学号 | 姓名 |

1. 画出指定的断面图（左端键槽深4mm，右端键槽深3.5mm）。

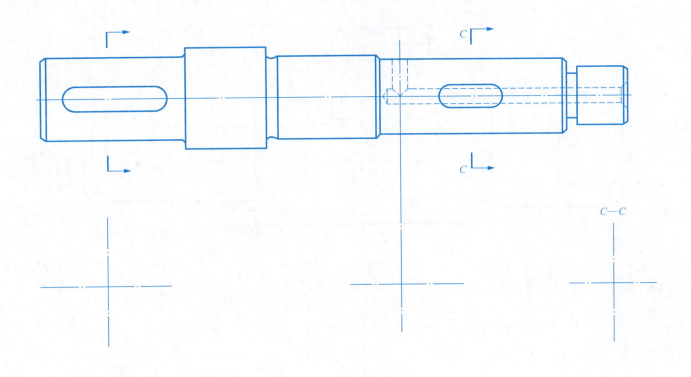

4-3 断面图（续） 班级　　　学号　　　姓名

2. 作出轴上平面（前后对称）、键槽、孔处的移出断面图。

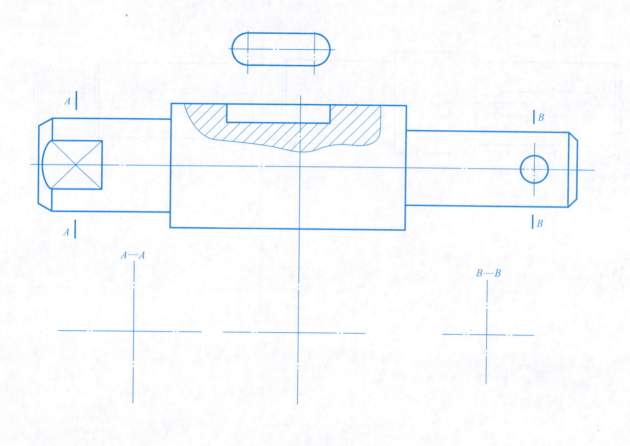

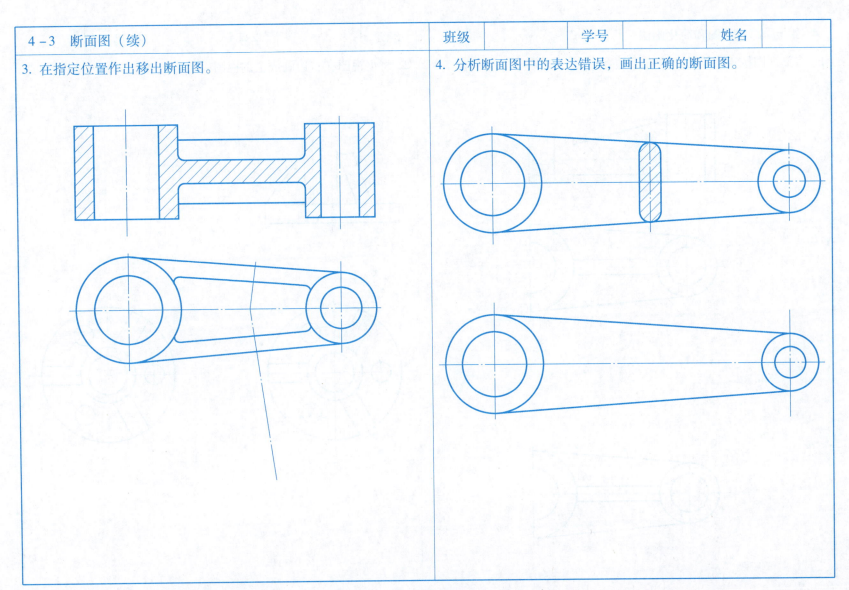

4-4 局部放大图和简化画法

1. 将剖视图按正确画法，画在下边。

2. 将主视图在右边画成全剖视图。

第 5 章 标准件及常用件

| 5-1 螺纹 | 班级 | 学号 | 姓名 |

1. 分析下列图中的错误,并在指定位置画出正确图形。

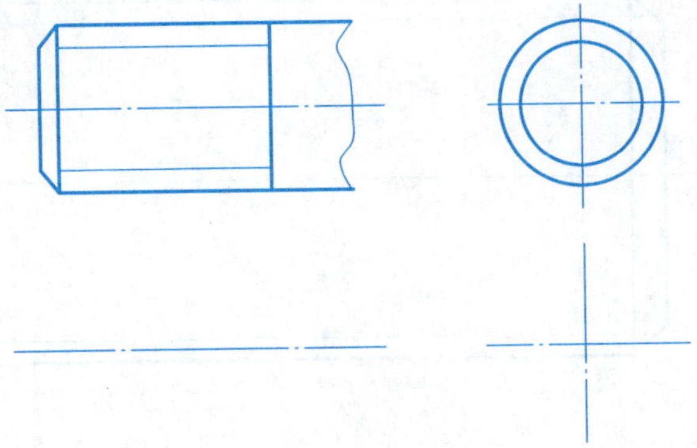

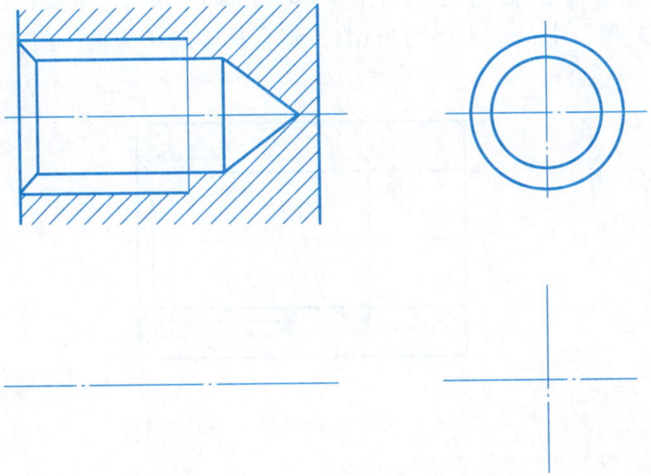

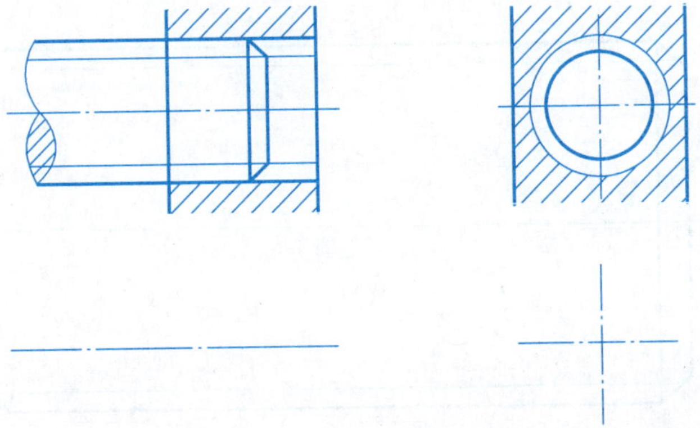

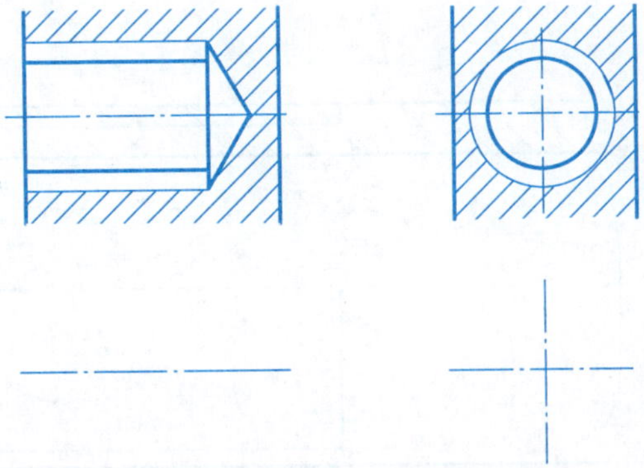

5-1 螺纹（续）

| 班级 | 学号 | 姓名 |

2. 根据下列给定的螺纹要素，标注螺纹的标记代号。

（1）粗牙普通螺纹，公称直径24mm，螺距3mm，单线，右旋，螺纹公差带：中径、小径均为6H，旋合长度属于短的一组。

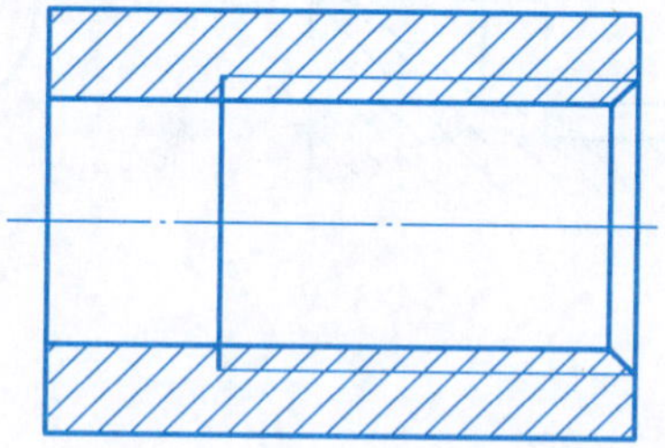

（2）细牙普通螺纹，公称直径30mm，螺距2mm，单线，右旋，螺纹公差带：中径5g，大径6g，旋合长度属于中等一组。

（3）非螺纹密封的管螺纹，尺寸代号3/4，公差等级为A级，右旋。

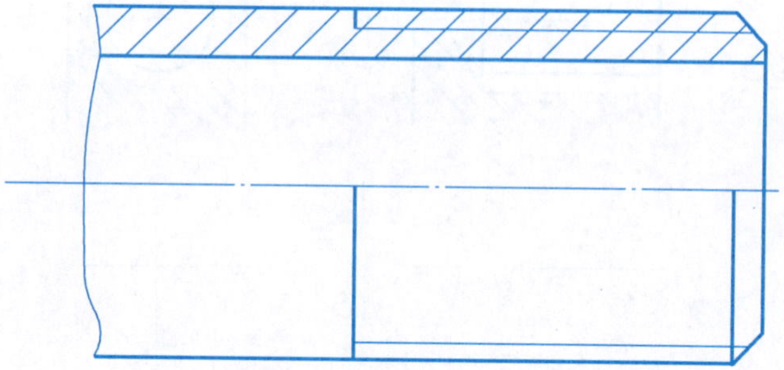

（4）梯形螺纹，公差直径30mm，螺距6mm，双线，左旋。

— 58 —

5-2　螺纹紧固件

1. 查表填写下列各紧固件的尺寸。
(1) 六角头螺栓：螺栓 GB/T 5782—2000 M16×65。

(2) 开槽沉头螺钉：螺钉 GB/T 68—2000 M10×50。

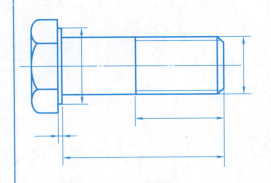
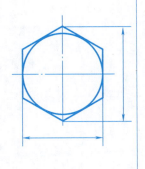
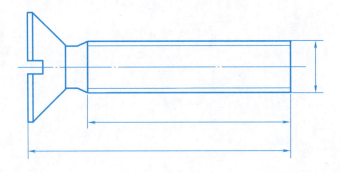

2. 根据所注规格尺寸，查表写出各紧固件的规定标记。
(1) A 级的 I 型六角螺母。

(2) A 级的平垫圈。

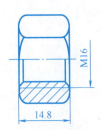

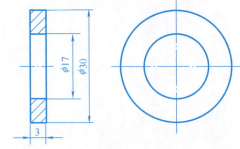

5-2 螺纹紧固件（续）　　班级　　　学号　　　姓名

3. 已知：螺栓 GB/T 5782 M12×1，螺母 GB/T 6170 M12，垫圈 GB/T 97.112；被连接件厚度 $\delta_1=20\text{mm}$，$\delta_2=16\text{mm}$，先确定螺栓公称长度，然后用 1：1 的比例画出螺栓装配三视图（主视图画成全剖视图，左视图不剖）。

| 5-2 螺纹紧固件（续） | | 班级 | | 学号 | | 姓名 | |

4. 已知螺柱 GB/T 898—1988 M16×40、螺母 GB/T 6170—2000 M16，垫圈 GB/T 97.1—2002 16，有通孔的被连接件厚度 $\delta = 18\,\text{mm}$，用近似画法作出连接后的主、俯视图（比例 1∶1）。

5. 已知螺钉 GB/T 67—2000 M8×30，第一个被连接件厚 12mm，其上沉孔深 5mm，用近似画法作出连接后的主、俯视图（比例 2∶1）。

| 5-3 齿轮 | 班级 | 学号 | 姓名 |

1. 已知大齿轮的模数 $m=4$，齿数 $z_2=38$，两齿的中心距 $a=108$mm，用 1∶2 比例补全直齿圆柱齿轮的啮合图。

　　计算：（1）小齿轮分度圆 $d_1=$ 　　　　齿顶圆 $da_1=$ 　　　　齿根圆 $d_{f1}=$

　　　　　（2）大齿轮分度圆 $d_2=$ 　　　　齿顶圆 $da_2=$ 　　　　齿根圆 $d_{f2}=$

　　　　　（3）传动比 $i=$

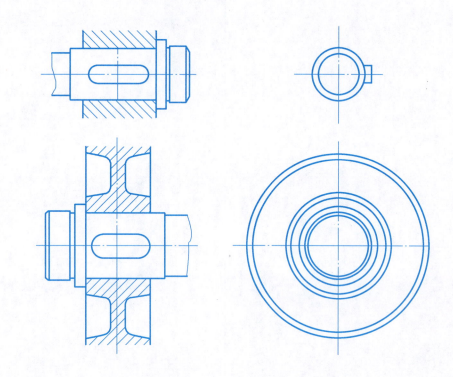

5-3 齿轮（续）

2. 已知直齿圆柱齿轮 $m=2.5$，$z=32$，完成视图。

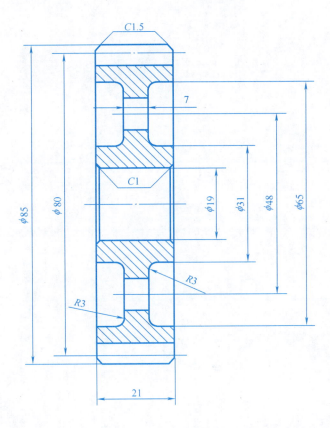

| 5-3 齿轮（续） | 班级 | 学号 | 姓名 |

3. 一直齿圆锥齿轮 $m=3$，$z=30$，试完成完整视图。

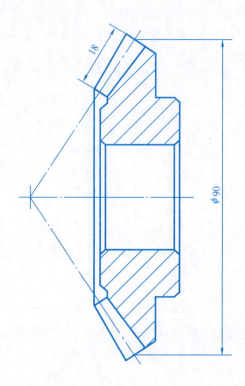

5-4 键、销连接　　　　　班级　　　　学号　　　　姓名

1. 根据轴径查出键的尺寸，画出轴的 $A-A$ 断面图，并标注键槽的尺寸。

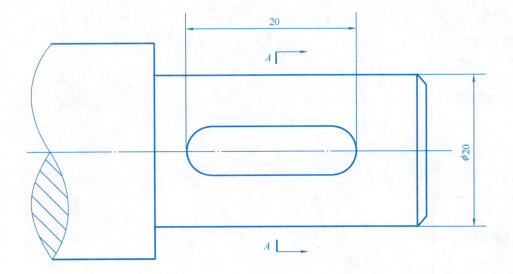

5-4 键、销连接（续）

2. 根据孔径查出键的尺寸，画出 A 向局部视图，并标注键槽的尺寸。

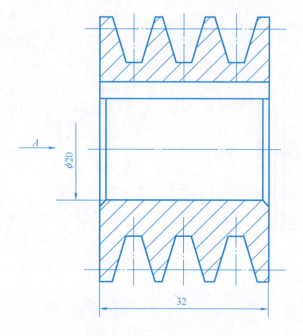

| 5-4 键、销连接（续） | 班级 | 学号 | 姓名 |

3. 用普通平键将 1、2 两题中的轴和带轮连接起来，画出键连接的装配图。

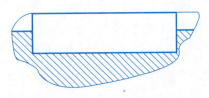

| 5－5　弹簧 | | 班级 | | 学号 | | 姓名 | |

已知圆柱螺旋压缩弹簧外径 $D=45$mm，簧丝直径 $d=5$mm，节距 $t=10$mm，有效圈数 $n=8$，支承圈数 $n_2=2.5$，右旋，根据弹簧画图步骤，画出此弹簧。

5-6 滚动轴承

根据下图，用1∶1的比例画出滚动轴承。

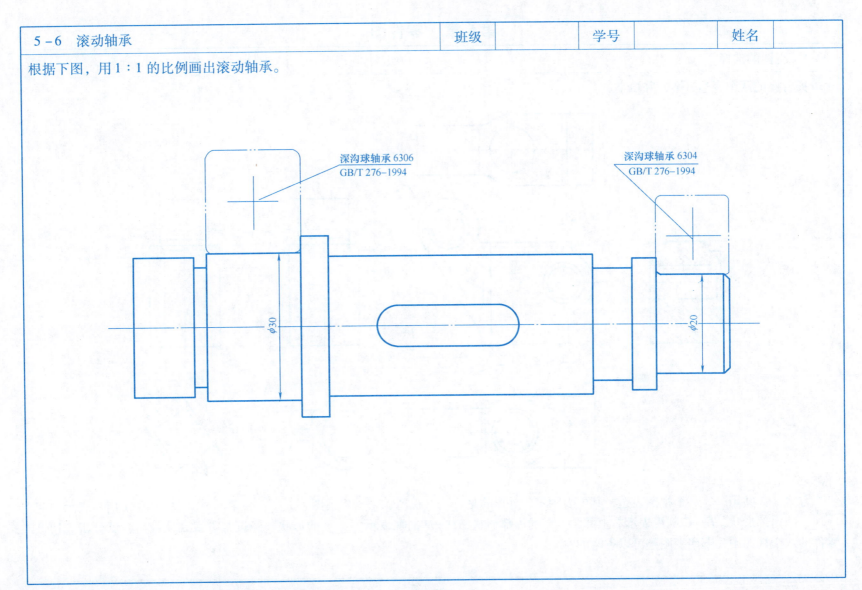

第6章 零件图

| 6-1 视图的选择 | 班级 | 学号 | 姓名 |

比较摇臂座的两个表达方案，并填空。

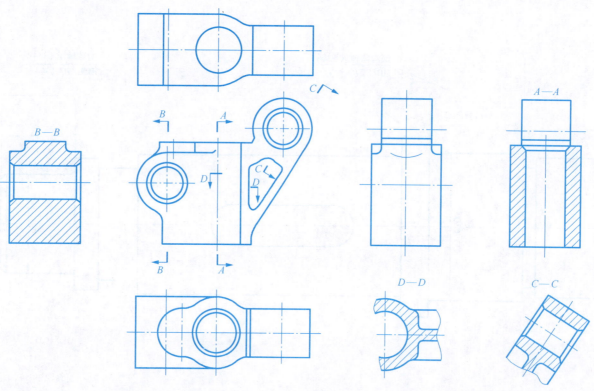

方案一：共用_____个视图表达，其中表示零件外形的是_____视图、_____视图、_____图和_____图。A—A剖视表示中间_____的内部形状，C—C剖视表示右上部_____的内部形状，D—D剖视表示_____的形状。经过与方案二比较后，试分析表达该零件的八个视图中，哪些视图是可以省略的？

6-1　视图的选择（续）

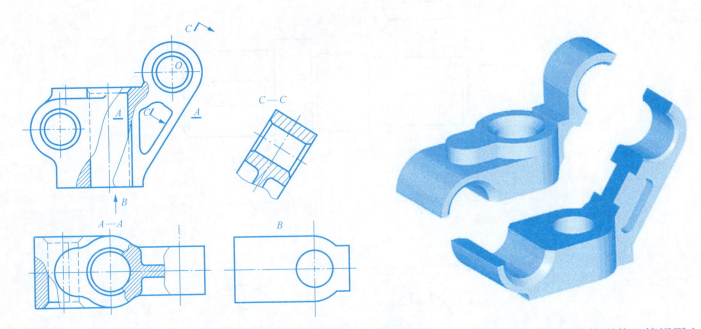

方案二：共用＿＿＿＿个视图表达。主视图主要表示零件的外形，并采用＿＿＿＿剖视图表示中间通孔的形状；俯视图上两处局部剖视分别表示＿＿＿＿和＿＿＿＿的局部形状；C—C 剖视表示＿＿＿＿的内部形状，B 向局部视图表示＿＿＿＿的外形。
试分析比较两个表达方案的优缺点。

| 6-2 零件图的尺寸标注 | 班级 | | 学号 | | 姓名 | |

标注零件的尺寸（尺寸值按 1∶1 从图中量取，取整数）。图中的外螺纹为 M16×1-6g，键槽尺寸、倒角、退刀槽尺寸应查表。

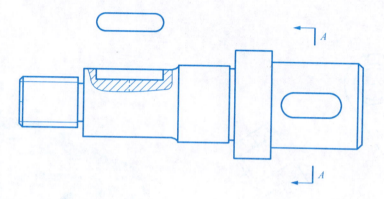

6-3　零件图的技术要求

1. 根据图中的标注，将有关数值填入表中。

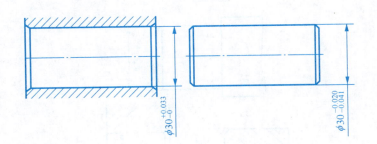

尺寸名称	数值/mm	
	孔	轴
基本尺寸		
最大极限尺寸		
最小尺寸		
上偏差		
下偏差		
公　差		

2. 用文字说明图中形位公差的含义。

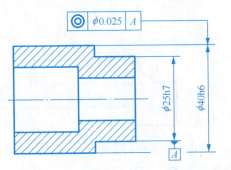

φ40h6 轴线对 φ25h7 轴线的 _____ 公差为 φ0.025。

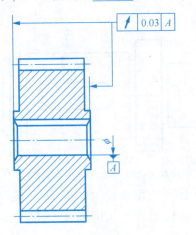

齿轮轮毂两端面对 _____ 的圆跳动公差为 _____ 。

6-3 零件图的技术要求（续）

3. 在图中标注形位公差。

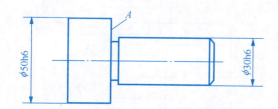

φ50h6 对 φ30h6 的径向圆跳动公差为 0.02mm，端面 A 对 φ30h6 轴线的端面圆公差为 0.04mm。

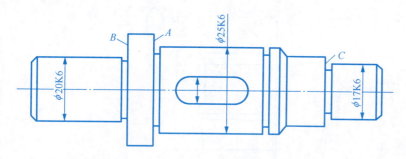

φ25K6 对 φ20K6 与 φ17K6 的径向圆跳动公差 0.025mm。平面 A 对 φ25K6 轴线的垂直度公差为 0.04mm，端面 B、C 对 φ20K6 和 φ17K6 轴线的垂直度公差为 0.04mm；键槽对 φ25K6 轴线的对称度公差为 0.01mm。

4. 根据零件图的标注，在装配图上标注出配合代号，并填空。

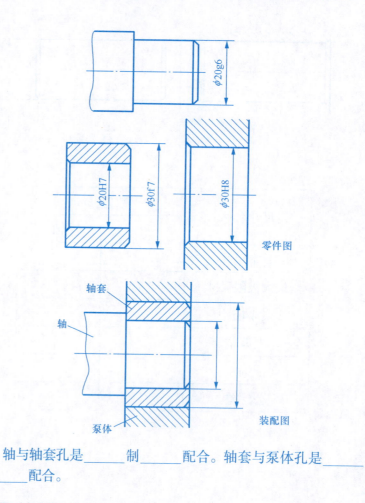

轴与轴套孔是_____制_____配合。轴套与泵体孔是_____制_____配合。

6-3　零件图的技术要求（续）　　班级　　　学号　　　姓名

5. 根据表中所给定的表面粗糙度数值，在视图中标注相应的表面粗糙度代号。

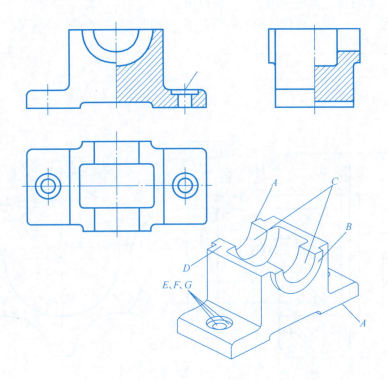

表面	A、B	C	D	E、F、G	其余
表面粗糙度代号	$\sqrt{Ra6.3}$	$\sqrt{Ra1.6}$	$\sqrt{Ra3.2}$	$\sqrt{Ra12.5}$	$\sqrt{\ }$

6-4　读零件图

1. 读手柄零件图，并回答下列问题：
   (1) 该零件图的主视图为_____剖视图，也可采用_____剖视图。
   (2) 该零件的内外部结构主要是_____体，故设计基准是指_____向和_____向的主要基准。
   (3) $\phi 4H7 \ (^{+0.012}_{\ 0})$ 的含义是_____。
   (4) 右端面形位公差框格的含义是_____。
   (5) 补画 A—A 断面图。

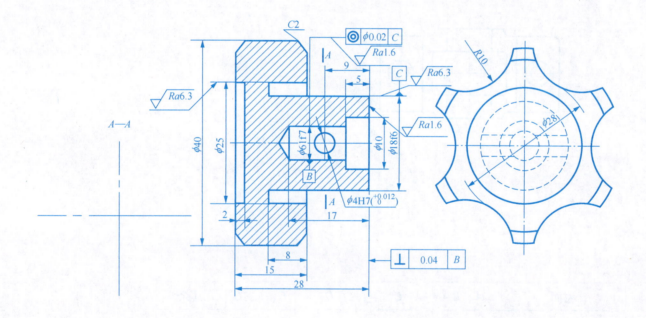

手　柄	比例	数量	材料
制图		1	Q235

6-4 读零件图（续）

2. 读凹模零件图，并回答下列问题：
（1）用指引线和文字在图中注明该零件的尺寸基准。
（2）孔 $\phi 85.8$（$^{+0.035}_{\ \ 0}$）的上偏差为_____，下偏差为_____，公差为_____。
（3）图中哪些尺寸属于定形尺寸？哪些尺寸属于定位尺寸？
（4）该零件表面粗糙度最高的是_____表面。

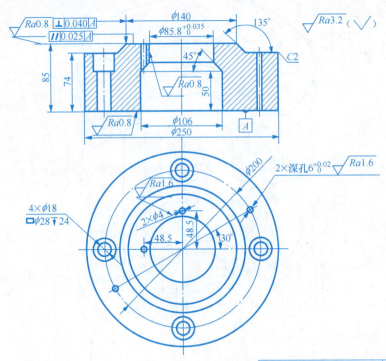

6−5 零件测绘 　　班级　　　　学号　　　　姓名

根据零件轴测图绘制零件图。用 A3 图幅绘制，比例 1∶1。

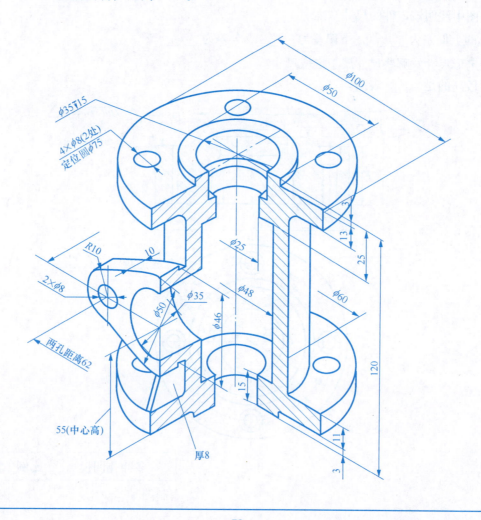

第7章 装配图

| 7-1 由零件图画装配图 | 班级 | | 学号 | | 姓名 | |

作业指导

一、作业名称及内容
（1）图名：千斤顶。
（2）内容：根据所给装配体的结构特点画出装配图。
二、作业目的及要求
（1）目的：掌握绘制装配图的方法与步骤，为识读机械图样以及零件测绘打下基础。
（2）要求：选择恰当视图表达方案，标注必要的尺寸，编写零件序号，填写标题栏、明细表。
三、作业提示
（1）用 A3 图幅绘制，比例 1∶1。
（2）参阅千斤顶装配轴测图，看懂工作原理及全部零件图。
（3）部件中的标准件可在装配轴测图或示意图上注写标记，若种类多应列表说明。
（4）注意装配图上的规定画法，如剖面线的画法。剖视图中某些零件按不剖画法，允许简化或省略的各种画法等。
四、千斤顶的工作原理
　　千斤顶利用螺旋传动来顶重物，是机械安装或汽车修理常用的一种起重或顶压工具，工作时，绞杠（图中未示）穿在螺旋杆3上部的圆孔中，转动绞杠，螺杆通过螺母2中的螺纹上升而顶起重物。螺母镶嵌在底座里，用螺钉固定。在螺杆的球面形顶部套一个顶垫，为防止顶垫随螺杆一起转动时不脱落，在螺杆顶部加工一个环形槽，将一紧定螺钉的端部伸进环形槽锁定。

7-1　由零件图画装配图（续） 班级　　　学号　　　姓名

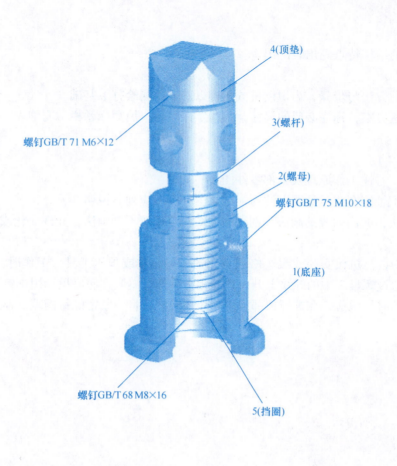

7-1 由零件图画装配图（续）

1. 底座（一）

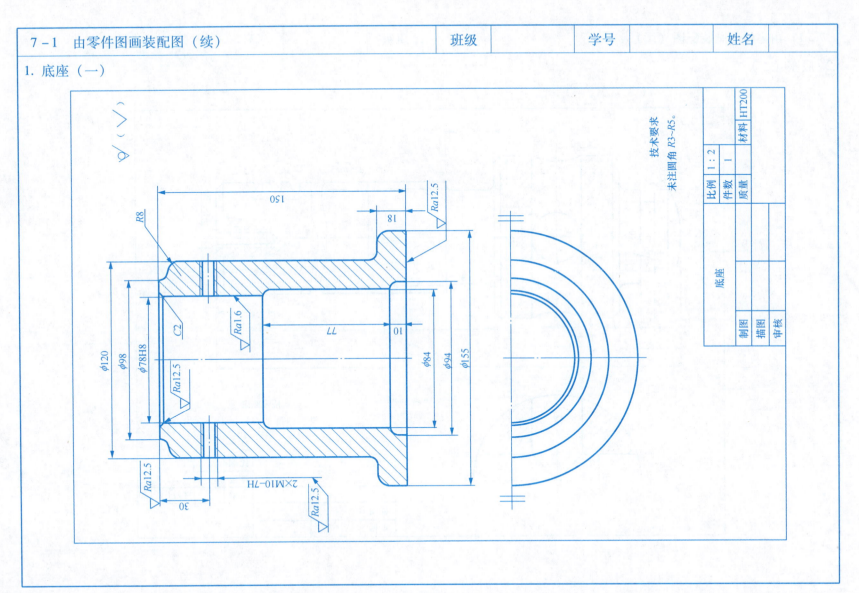

7–1 由零件图画装配图（续）　　班级　　学号　　姓名

2. 底座（二）

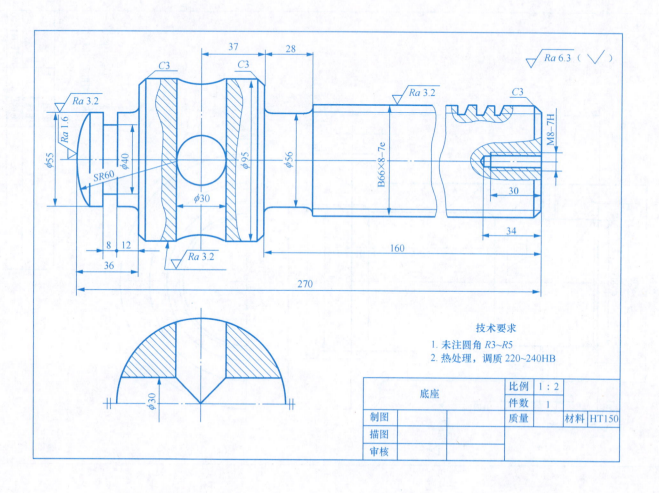

7-1 由零件图画装配图（续）　　班级　　　学号　　　姓名

3. 螺母

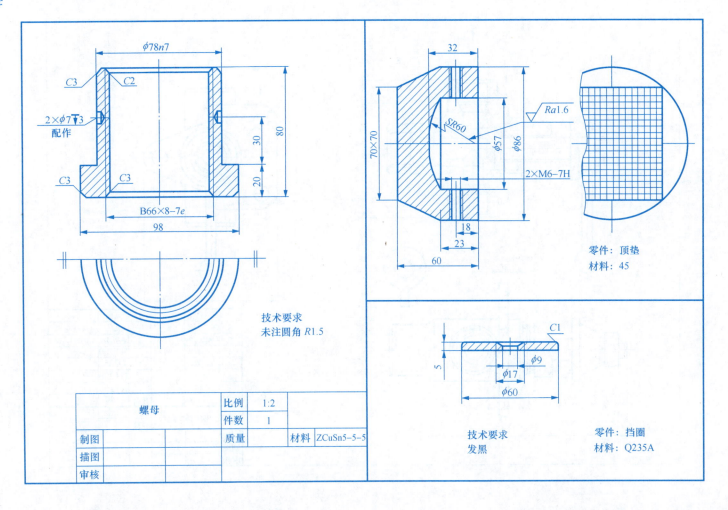

7-2 读换向阀装配图

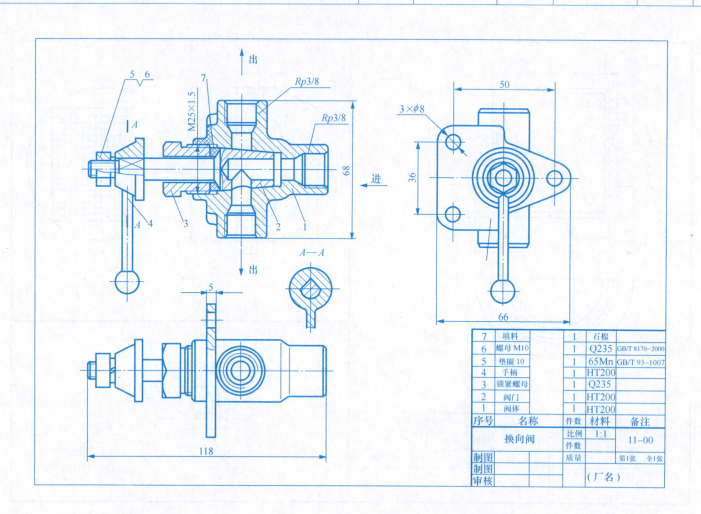

7-2　读换向阀装配图（续）　　班级　　　学号　　　姓名

工作原理

　　换向阀用于流体管道中控制流体的输出方向，在图示情况下，流体从右面进入，因上出口不通，就从下出口流出。当转动手柄4，使阀门2旋转180°时，则下出口不通，就从上出口流出。根据手柄转动角度的大小，还可以调节出口处的流量。

读图要求

1. 读懂换向阀装配图；
2. 拆画零件2阀门和零件3锁紧螺母；
3. 拆画零件1阀体。

锁紧螺母		比例	
		件数	
制图		质量	
描图			（厂名）
审核			

7-2　读换向阀装配图（续）　　班级　　　学号　　　姓名

	阀　门	比例	
		件数	
制图		质量	
描图		（厂名)	
审核			

7-2 读换向阀装配图（续）

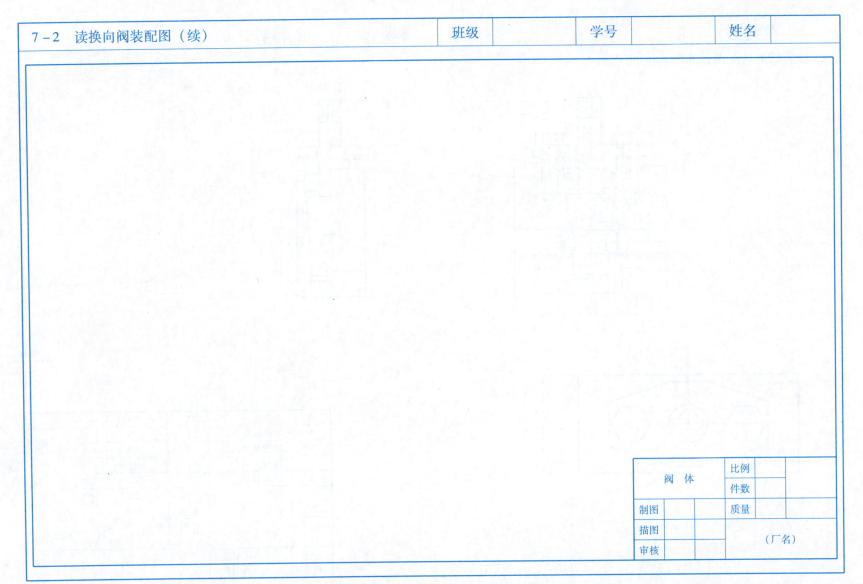

7-3 读装配图

1. 读旋阀的装配图，并回答读图问题。

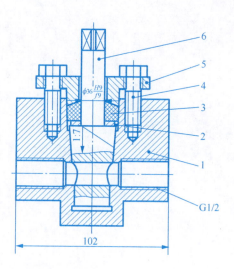
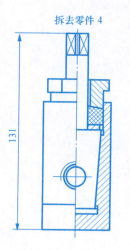
拆去零件4

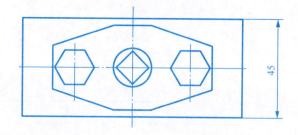

6	锥形塞	1	35	
5	填料压盖	1	35	
4	螺栓 M10×30	2	Q235A	GB/T 578—2000
3	填料	1	石棉绳	
2	垫圈16	1	30	GB/T 97.1—2002
1	阀体	1	35	
序号	名称	数量	材料	备注

旋阀　比例　重量　共 张　第 页　(图号)

制图　(日期)
校核　(日期)　(校名)

7-3 读装配图（续）

一、旋阀的工作原理

　　旋阀以阀体1两端的螺纹孔与管道连接，作为开关装置。其特点是可以迅速开启和关闭，并能控制液体流量。在旋阀装配图的主视图中，锥形塞6上圆孔的轴线与管道的轴线处于同一水平线上，表示旋阀全部开启。当锥形塞6旋转90°后，锥形塞6上圆孔的轴线与管道的轴线处于垂直位置，此时管道被锥形塞完全阻断，表示旋阀完全关闭。为了防止液体泄漏，在锥形塞的上部与阀体之间装有填料3（石棉绳），并通过螺栓4将填料压盖5压紧。

二、读懂旋阀的装配图，并回答下列问题

（1）旋阀由_____种零件组成，其中有标准件有_____种。

（2）旋阀用_____个视图表示，主视图采用了_____，是_____剖视图，左视图采用了_____，是_____图。

（3）为表达件6锥形塞上的孔与阀体1上的孔的连接和贯通关系，采用了_____剖视图。

（4）装配图中的尺寸102是_____，45是_____，131是_____。

（5）$\phi 36H9/f9$是零件_____与零件_____的_____尺寸，H9表示_____，f9表示_____，是基_____制的_____配合。

（6）图中的1：7表示_____。

（7）图中的G1/2表示_____。

（8）件6上的交叉细实线表示_____。

（9）图中的"拆去零件4"采用了_____画法，因为_____。

| 7-3 读装配图（续） | 班级 | 学号 | 姓名 |

（10）图中的件 4 采用了装配图的_____画法和_____画法。

三、拆画阀体 1 的零件图

高等院校"十二五"精品课程建设成果

画法几何与机械制图

（含习题集）

主　编　吴松林

副主编　王晋鹏　谢永辉

主　审　仝崇楼

北京理工大学出版社
BEIJING INSTITUTE OF TECHNOLOGY PRESS

内 容 简 介

本书是根据教学内容和课程体系改革的需要,以掌握基本理论,注重技能培养和提高综合素质为主导思想,全面贯彻"理论够用,重在应用"的编写原则,在总结"机械制图"课程教学改革与"质量工程建设"成果的基础上编写而成。全书共7章,分别介绍了机械制图的基础知识及基本的机械制图技能,详细论述了画法几何的概念及原理,介绍了轴测图、斜二测图的画法及基本视图的概念及常用的表达方法,重点阐述了标准件、常用件的制图方法,零件图及装配图的画法和基本的技术要求。同时,为方便学生学习使用,编写有配套的《画法几何与机械制图习题集》。

本书可作为四年制本科高等教育机电类或近机电类专业的技术基础课教材,也可作为其他类型高校相关专业的教学用书,亦可供有关的工程技术人员参考。

版权专有　侵权必究

图书在版编目(CIP)数据

画法几何与机械制图:含习题集/吴松林主编. —北京:北京理工大学出版社,2012.7(2015.8 重印)

ISBN 978-7-5640-6097-8

Ⅰ.①画… Ⅱ.①吴… Ⅲ.①画法几何-高等学校-教材②机械制图-高等学校-教材　Ⅳ.①TH126

中国版本图书馆 CIP 数据核字(2012)第 133033 号

出版发行 / 北京理工大学出版社	
社　　址 / 北京市海淀区中关村南大街 5 号	
邮　　编 / 100081	
电　　话 / (010)68914775(办公室)　68944990(批销中心)　68911084(读者服务部)	
网　　址 / http:// www.bitpress.com.cn	
经　　销 / 全国各地新华书店	
印　　刷 / 保定市中画美凯印刷有限公司	
开　　本 / 787 毫米×1092 毫米　1/16	
印　　张 / 22	
字　　数 / 555 千字	责任编辑 / 葛仕钧
版　　次 / 2012 年 7 月第 1 版　2015 年 8 月第 3 次印刷	申玉琴
印　　数 / 4001~5000 册	责任校对 / 周瑞红
总 定 价 / 39.80 元(含配套习题集)	责任印制 / 吴皓云

图书出现印装质量问题,本社负责调换

前　言

随着科学技术的不断发展及教学改革的深入，我国高等院校"机械制图"课程也发生了深刻的变化。其中最突出的是教学内容的更新、课程体系的改革与相应教学手段、方法的改进和现代化。为了适应不断变化、发展的高等教育特色，突出教学改革成果，满足高级人才的培养需求，本教材在编写过程中，以掌握基本理论，注重技能培养和提高综合素质为主导思想，全面贯彻"理论够用，重在应用"的编写原则，并根据教育部的有关要求，结合编者二十余年的教学经验，在总结"机械制图"课堂教学与教学改革的基础上编写而成。

本教材全面贯彻技术制图与机械制图及相关的国家标准，特点是注重应用能力的培养。机械制图的实践性强，本教材加强了实践教学的内容，使学生能够通过实物测绘进一步理解生产实践中的具体问题，重点培养其图形表达能力、形体分析能力、几何构形能力及动手能力和创新意识。另外，编写有配套的《画法几何与机械制图习题集》供学生学习使用。

本教材可作为四年制本科机械设计制造及其自动化专业学生的技术基础课教材，也可根据需要选择适当章节，作为三年制机电一体化、数控技术等专业（高职高专）相关课程的教材，也可供有关专业的师生及从事机械工程工作的技术人员参考。

全书共7章，第1章介绍机械制图的基础知识；第2章详细论述了投影学原理及其表达方法；第3章、第4章分别介绍了轴测图、斜二测图的画法，基本视图的概念及常用的表达方法；第5章、第6章及第7章重点学习标准件、常用件的制图方法，零件图及装配图的画法和基本的技术要求。

全书由西京学院机电工程系吴松林副教授任主编，王晋鹏讲师、谢永辉讲师担任副主编，仝崇楼副教授主审。参加本书编写的有：吴松林（绪论及第7章）、赵虎城（第5章部分，第7章部分）、李少海（第1章、第2章）、王小博（第2章部分，第3章部分）、谢永辉（第3章）、西安铁路职业技术学院王玲讲师（第4章、附录）、王晋鹏（第5章、第6章）。

本书的编写与出版得到了西京学院机电工程系相关人员的大力支持和帮助，得到了陕西省教改立项重点项目"机制专业创新能力培养的教学内容更新与课程体系改革研究"（11BY99）的资助，在此一并表示感谢。

本书参考了其他院校的机械制图等相关教材、著作，在此，表示衷心感谢。

书中如有不妥或错误之处，殷切希望广大师生批评指正。

编　者

目 录

绪 论 ………………………………………………………………………………………… (1)
第1章 机械制图的基础知识 ………………………………………………………………… (4)
　1.1 机械制图的基本原理、国家标准及相关规定 ……………………………………… (4)
　　1.1.1 图纸幅面（GB/T 14689—1993）和标题栏（GB/T 10609.1—1989） …… (4)
　　1.1.2 比例（GB/T14690—1993） ……………………………………………… (7)
　　1.1.3 字体（GB/T14691—1993） ……………………………………………… (7)
　　1.1.4 图线及画法（GB/T 17450—1998、GB/T 4457.4—2002） ……………… (8)
　　1.1.5 尺寸标注（GB/T4458.4—2003） ………………………………………… (9)
　1.2 常用工具及其使用方法 ……………………………………………………………… (13)
　　1.2.1 绘图工具及使用 …………………………………………………………… (13)
　　1.2.2 绘图仪器 …………………………………………………………………… (14)
　　1.2.3 绘图用品 …………………………………………………………………… (16)
　1.3 几何作图、平面图形的分析及画法 ………………………………………………… (17)
　　1.3.1 等分已知线段 ……………………………………………………………… (17)
　　1.3.2 等分圆周及作正多边形 …………………………………………………… (17)
　　1.3.3 斜度和锥度 ………………………………………………………………… (18)
　　1.3.4 圆弧连接 …………………………………………………………………… (20)
　　1.3.5 椭圆的画法 ………………………………………………………………… (22)
　1.4 绘图的方法、步骤 …………………………………………………………………… (22)
　　1.4.1 平面图形的尺寸分析 ……………………………………………………… (23)
　　1.4.2 平面图形的线段分析 ……………………………………………………… (23)
　　1.4.3 平面图形的作图步骤 ……………………………………………………… (23)
　　1.4.4 平面图形的尺寸标注 ……………………………………………………… (24)
第2章 投影学原理及其表达方法 …………………………………………………………… (25)
　2.1 投影法基础 …………………………………………………………………………… (25)
　　2.1.1 投影法的基本知识 ………………………………………………………… (25)
　　2.1.2 投影法的分类 ……………………………………………………………… (26)
　　2.1.3 正投影的基本性质 ………………………………………………………… (26)
　　2.1.4 三视图的形成 ……………………………………………………………… (27)

2.1.5　三视图之间的对应关系 …………………………………………………（28）
2.2　点的投影 ………………………………………………………………………（29）
　　2.2.1　点的三面投影 ……………………………………………………………（29）
　　2.2.2　点的投影与直角坐标的关系 ……………………………………………（30）
　　2.2.3　两点的相对位置 …………………………………………………………（31）
　　2.2.4　重影点 ……………………………………………………………………（32）
2.3　直线的投影 ……………………………………………………………………（33）
　　2.3.1　各种位置直线的投影特性 ………………………………………………（33）
　　2.3.2　点、线的相对位置及投影特性 …………………………………………（36）
　　2.3.3*　求一般位置线段的实长 ………………………………………………（39）
2.4　平面的投影 ……………………………………………………………………（43）
　　2.4.1　平面的表示法 ……………………………………………………………（43）
　　2.4.2　各种位置平面的投影 ……………………………………………………（44）
　　2.4.3　平面上直线和点的投影 …………………………………………………（46）
　　2.4.4　直线与平面、平面与平面的相对位置 …………………………………（49）
　　2.4.5*　平面图形的实形 ………………………………………………………（51）
2.5　平面立体投影 …………………………………………………………………（53）
　　2.5.1　棱柱 ………………………………………………………………………（53）
　　2.5.2　棱锥 ………………………………………………………………………（54）
2.6　曲面立体投影 …………………………………………………………………（56）
　　2.6.1　圆柱 ………………………………………………………………………（56）
　　2.6.2　圆锥 ………………………………………………………………………（57）
　　2.6.3　圆球 ………………………………………………………………………（59）
　　2.6.4　圆环 ………………………………………………………………………（60）
　　2.6.5　截交线 ……………………………………………………………………（62）
　　2.6.6　相贯线 ……………………………………………………………………（67）
　　2.6.7　简单形体的尺寸标注 ……………………………………………………（72）
2.7　组合体概述 ……………………………………………………………………（74）
　　2.7.1　组合体的组合形式 ………………………………………………………（74）
　　2.7.2　组合体的表面连接关系 …………………………………………………（74）
　　2.7.3　形体分析法 ………………………………………………………………（75）
　　2.7.4　组合体三视图的画法 ……………………………………………………（75）
　　2.7.5　组合体的尺寸注法 ………………………………………………………（77）
　　2.7.6　读组合体视图 ……………………………………………………………（78）

第3章　轴测图 …………………………………………………………………………（83）
　3.1　基本知识 ……………………………………………………………………（83）

3.1.1 轴测图的形成 …………………………………………………… (83)
  3.1.2 轴测图名词解释 ………………………………………………… (84)
  3.1.3 轴测投影的特性 ………………………………………………… (84)
  3.1.4 轴测图的种类 …………………………………………………… (84)
 3.2 正等轴测图的画法 …………………………………………………… (85)
  3.2.1 正等轴测图的形成 ……………………………………………… (85)
  3.2.2 平面立体正等测图的画法 ……………………………………… (85)
  3.2.3 曲面立体正等测图的画法 ……………………………………… (87)
 3.3 斜二测图的画法 ……………………………………………………… (88)
  3.3.1 斜二测图的形成 ………………………………………………… (88)
  3.3.2 参数 ……………………………………………………………… (89)
  3.3.3 斜二测图的画法 ………………………………………………… (89)

第4章 机械零件的常用表达方法 …………………………………………… (93)
 4.1 视图 …………………………………………………………………… (93)
  4.1.1 基本视图 ………………………………………………………… (93)
  4.1.2 向视图 …………………………………………………………… (95)
  4.1.3 局部视图 ………………………………………………………… (95)
  4.1.4 斜视图 …………………………………………………………… (96)
 4.2 剖视图 ………………………………………………………………… (97)
  4.2.1 剖视图的概念及画法 …………………………………………… (97)
  4.2.2 剖切面的种类和剖切方法 ……………………………………… (100)
  4.2.3 剖视图的种类 …………………………………………………… (104)
 4.3 断面图 ………………………………………………………………… (107)
  4.3.1 断面图的概念 …………………………………………………… (107)
  4.3.2 断面图的种类及画法 …………………………………………… (108)
  4.3.3 断面的标注 ……………………………………………………… (110)
 4.4 局部放大图和简化画法 ……………………………………………… (111)
  4.4.1 局部放大图 ……………………………………………………… (111)
  4.4.2 简化画法及规定画法 …………………………………………… (112)
 4.5 机件表达方法综合应用举例 ………………………………………… (116)

第5章 标准件及常用件 ……………………………………………………… (119)
 5.1 螺纹 …………………………………………………………………… (119)
  5.1.1 螺纹的形成 ……………………………………………………… (119)
  5.1.2 螺纹的要素 ……………………………………………………… (120)
  5.1.3 螺纹的种类 ……………………………………………………… (122)
  5.1.4 螺纹的规定画法 ………………………………………………… (123)

  5.1.5 螺纹的标注 ·· (125)

 5.2 螺纹紧固件 ··· (128)

  5.2.1 螺纹紧固件的种类及标记 ··· (128)

  5.2.2 螺纹紧固件装配图的画法 ··· (131)

 5.3 齿轮 ·· (134)

  5.3.1 渐开线圆柱齿轮 ·· (134)

  5.3.2 圆锥齿轮 ··· (137)

 5.4 键、销连接 ··· (138)

  5.4.1 键及其连接 ·· (138)

  5.4.2 销连接 ··· (141)

 5.5 弹簧 ·· (142)

  5.5.1 圆柱螺旋压缩弹簧的术语、各部分名称及尺寸关系 ························ (143)

  5.5.2 圆柱螺旋压缩弹簧的画法 ··· (144)

 5.6 滚动轴承 ··· (145)

  5.6.1 滚动轴承的构造和种类 ··· (145)

  5.6.2 滚动轴承的代号 ·· (146)

  5.6.3 滚动轴承的画法 ·· (147)

第6章 零件图 ··· (148)

 6.1 零件图的作用、内容 ·· (148)

  6.1.1 零件的分类 ·· (148)

  6.1.2 零件图的作用、内容 ··· (149)

 6.2 视图的选择 ··· (150)

  6.2.1 零件图视图的选择 ··· (150)

  6.2.2 典型零件的表达方法 ··· (151)

 6.3 零件图的尺寸标注 ·· (153)

  6.3.1 尺寸基准及其选择 ··· (153)

  6.3.2 尺寸标注的形式 ·· (155)

  6.3.3 合理标注尺寸应注意的问题 ··· (156)

  6.3.4 零件上常见结构要素的尺寸标注 ··· (158)

  6.3.5 零件尺寸标注的方法步骤 ··· (161)

 6.4 零件上常见的工艺结构 ··· (164)

  6.4.1 铸造工艺结构 ·· (164)

  6.4.2 零件上的机械加工工艺结构 ··· (166)

 6.5 零件图的技术要求 ·· (169)

  6.5.1 表面粗糙度 ·· (169)

  6.5.2 极限与配合 ·· (171)

6.5.3　形状和位置公差 …………………………………………………………………… (177)
6.6　读零件图 …………………………………………………………………………………… (183)
　　6.6.1　读零件图的方法和步骤 …………………………………………………………… (183)
　　6.6.2　读零件图举例 ……………………………………………………………………… (183)
6.7　零件测绘 …………………………………………………………………………………… (185)
　　6.7.1　零件草图的绘制 …………………………………………………………………… (185)
　　6.7.2　零件尺寸的测量 …………………………………………………………………… (188)

第7章　装配图 …………………………………………………………………………………… (192)
7.1　装配图的作用和内容 ……………………………………………………………………… (192)
　　7.1.1　装配图与零件图的关系 …………………………………………………………… (192)
　　7.1.2　装配图的作用 ……………………………………………………………………… (192)
　　7.1.3　装配图的内容 ……………………………………………………………………… (192)
7.2　装配图的表达方法 ………………………………………………………………………… (194)
　　7.2.1　装配图的规定画法 ………………………………………………………………… (194)
　　7.2.2　装配图的简化画法和特殊画法 …………………………………………………… (195)
7.3　装配图中的尺寸标注和技术要求 ………………………………………………………… (198)
　　7.3.1　装配图中的尺寸标注 ……………………………………………………………… (198)
　　7.3.2　装配图中的技术要求 ……………………………………………………………… (198)
7.4　装配图中的零件序号和明细栏 …………………………………………………………… (199)
　　7.4.1　零件序号 …………………………………………………………………………… (199)
　　7.4.2　明细栏 ……………………………………………………………………………… (200)
7.5　装配结构的合理性 ………………………………………………………………………… (200)
7.6　由零件图画装配图 ………………………………………………………………………… (203)
7.7　读装配图和由装配图拆画零件图 ………………………………………………………… (207)
　　7.7.1　读装配图的方法和步骤 …………………………………………………………… (207)
　　7.7.2　由装配图拆画零件图 ……………………………………………………………… (207)
　　7.7.3　读装配图举例 ……………………………………………………………………… (211)

附　录 …………………………………………………………………………………………… (214)
附录A　螺纹 …………………………………………………………………………………… (214)
附录B　常用标准件 …………………………………………………………………………… (218)
附录C　极限与配合 …………………………………………………………………………… (229)
附录D　标准结构 ……………………………………………………………………………… (238)
附录E　常用材料 ……………………………………………………………………………… (240)

参考文献 ………………………………………………………………………………………… (245)

绪　　论

1. 本课程的研究对象

在现代工业生产和科技活动中，无论是制造机械设备、电气设备，或是加工电子元器件，都离不开工程图样。机械制图是用图样确切表示机械的结构形状、尺寸大小、工作原理和技术要求的学科。图样由图形、符号、文字和数字等组成，既是表达设计意图和指导生产的重要技术文件，也是进行技术交流的重要工具，所以图样有"工程界共同的技术语言"之称。作为工程技术人员，图样的绘制和阅读是必须掌握的一种技能，不掌握这种"语言"，就无法从事工程技术工作。本课程是研究工程图样的绘制和阅读以及用正投影法解决空间几何问题的一门学科，是高等院校工科学生必修的一门技术基础课，它研究在平面上表达空间物体，以《技术制图与机械制图》国家标准为基础，研究工程图样的绘制和阅读问题。

2. 本课程的目的和任务

本课程是高等工科院校中一门既有理论又有实践的技术基础课。主要目的是培养学生绘制和阅读工程图样的能力以及几何形体的设计能力，同时培养和发展学生的空间想象能力和分析能力。

本课程的主要任务是：

（1）学习、掌握正投影法的基本原理及其应用；

（2）学习利用绘图仪器工具及徒手绘制工程图样的方法与基本技能；

（3）培养初步的空间想象力和形体构思能力；

（4）培养阅读工程图样的能力；

（5）培养徒手绘制草图的能力；

（6）培养三维空间逻辑思维和形象思维的能力；

（7）熟悉《技术制图与机械制图》相关的国家标准，培养查阅、选用标准件、标准结构的能力；

（8）培养认真负责的工作态度和严谨细致的工作作风。

3. 本课程的主要内容

在设计、制造机器设备过程中，设计人员的设计思想和技术要求必须通过图纸表达出来。在机器制造过程中的每一环节，都是以图样为依据的。在使用机器设备时，也要通过图纸来了解设备的结构和性能。由此可见，工程图样是工程装备设计、制造和使用过程中的主要技术文件。

随着计算机硬、软件的迅速发展，计算机图学应运而生。目前，在设计、生产部门中采用计算机绘制工程图样的比例快速增加。所以，计算机绘图与工程制图的有机结合是必然的趋势，其结果产生了"计算机工程制图"课程。本课程的内容、理论和方法是计算机绘图的基础，要在未来的工作中更好地应用计算机绘图，必须掌握本课程的相关知识。

本课程的主要内容如下：

（1）画法几何。画法几何是本课程的理论基础，它运用正投影原理在平面上正确地图示空间几何问题。

（2）几何形体的设计。几何形体的设计是培养学生创造性思维的有效方法，是工程制图的基础。

（3）草图的绘制。草图的绘制是工程技术人员的一种基本技能，是设计人员快速表达设计思想时，用尺规或计算机绘画工程图样的基础。

（4）国家标准的使用。国家标准是绘制工程图样和制定技术文件时所必须遵守的，它起到统一工程语言的作用。本课程介绍的是常用的工程制图的国家标准，培养学生独立查阅标准和使用标准技术资料的能力是本课程主要目的之一。

（5）阅读工程图样。阅读工程图样的技能是本课程的主要内容之一，根据工程制图的国家标准及按照形体分析等方法进行读图，是学生必须掌握的。

4. 本课程的学习方法

本课程是一门与生产实际密切相关的实践性很强的课程。学习时应注意：

（1）掌握正投影原理和方法，注意空间形体与其投影图之间的联系。

（2）注意培养从空间（物体）到平面（图样），再从平面到空间的想象能力和几何形体的构思能力。

（3）养成自觉遵守工程制图国家标准的良好习惯，不断提高查阅标准的能力。

（4）掌握形体分析方法和线面分析方法，通过一系列的绘图实践，多看多想多画，提高独立分析能力、看图及画图的能力。

（5）自觉完成作业，逐步提高绘图的速度、精度和技能。认真参加计算机绘图的上机操作，不断提高用绘图软件绘制工程图样的能力。

（6）图样在生产上起着指导作用，绘图和读图的任何差错将给生产带来程度不同的损失。因此，在课程学习以及完成作业时，要培养耐心细致的工作作风和树立严肃认真的工作态度。

（7）网上学习时应注意下列几点：正确利用导航图快速进入要学习的知识点（本课程由很多知识点组成）。要注意，本课程的每一知识点既可以由章节导航进入，也可以由关键词导航进入。在学习重点、难点内容（知识点）时，应采用导航功能进行反复学习。对作图难度较大的内容（知识点），应采用"动画演示"或"作图演示"功能进行学习，以加强绘图基础知识的学习。

（8）要注意提高自学能力。读课本或看网页时要边看边动手画插图，然后带着弄不清的问题去听教师的辅导。投影理论一环扣一环，前面学习不透彻、不牢固，后面必然越学越困难。因此，必须扎扎实实，由浅入深，循序渐进。

5. 本课程的发展

随着科学技术的不断发展，我国高等院校"机械制图"课程也发生了深刻的变化。其中最突出的是教学内容的更新、课程体系的改革与相应教学手段、方法的改进和现代化，这些改变归纳起来主要有以下几点：

（1）课程的理论基础不会有变化，但引入了新的图形理论，例如，计算机图形学。

（2）表达方法进一步简化。

（3）绘图技术有了根本性的变革，应用计算机绘图技术是必然的趋势。因此，对手工绘图训练相对减弱，同时对掌握计算机图形学的方法和理论，应用计算机软件进行机械制图及产品设计提出了更高的要求。

（4）创新能力的培养、联系实际能力的培养、快速表达空间构思能力的培养等在课程中得到了加强。

（5）新的设计方法。如 CAD/CAE/CAM/CAPP/PDM 的无缝集成技术，ERP、SCM、CRM、PLM，并行设计、协同设计、智能设计、虚拟设计、敏捷设计、全寿命周期设计等，各种新技术不断在机械制图课程中体现。

（6）集成化、网络化、智能化代表了现代产品设计模式的发展方向，也必然在机械制图课程中体现。

第1章

机械制图的基础知识

1.1 机械制图的基本原理、国家标准及相关规定

技术图样是设计、生产、制造和进行技术交流的重要技术资料,是现代工业生产中的重要技术文件。为了便于技术信息交流,必须对图样的各个方面,如图幅的安排、尺寸注法、图纸大小、图线粗细等,都做出统一的规定,这些规定称为制图标准。中华人民共和国国家标准《技术制图》和《机械制图》,就是统一我国制图实践标准的最具权威的强制性文件,每一位工程技术人员在绘制图样时,都应严格遵守并认真执行。

对于标准代号,例如 GB/T 14689—1993,GB 为国(Guo)标(Biao)二字的汉语拼音首字母,T 为推荐的"推"字的汉语拼音字头,14689 为标准的编号,1993 为该标准颁布的年份。

本章将分别就国标中规定的图纸的幅面及格式、比例、字体和图线等内容作简要介绍。为了提高绘图质量和速度,本章也将对绘图工具的使用、基本几何作图、绘图方法、步骤等基本技能作简要介绍。

1.1.1 图纸幅面(GB/T 14689—1993)和标题栏(GB/T 10609.1—1989)

1. 图纸幅面

为了便于图样的绘制、使用和保存,机件图样通常都绘制在具有一定格式和幅面的图纸上。国家标准 GB/T 14689—1993 规定绘制图样时,应优先选用表 1-1 中规定的基本幅面。必要时,允许按照基本幅面的短边成整数倍加长,加长幅面尺寸见图 1-1。

表 1-1 图纸基本幅面及图框尺寸

幅面代号		A0	A1	A2	A3	A4
尺寸 $B \times L$		841×1 189	594×841	420×594	297×420	210×297
边框	a	25				
	c	10				5
	e	20			10	

第 1 章　机械制图的基础知识

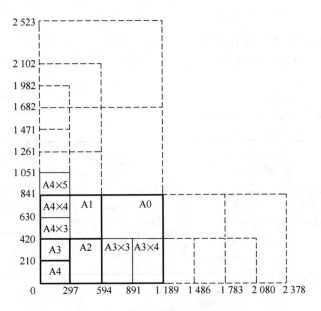

图 1-1　图纸基本幅面及加长幅面

2. 图框格式

在图纸上必须用粗实线画出图框，格式分为留装订边和不留装订边两种。如图 1-2 和图 1-3 所示，其中图框的尺寸按照表 1-1 中基本幅面尺寸确定。

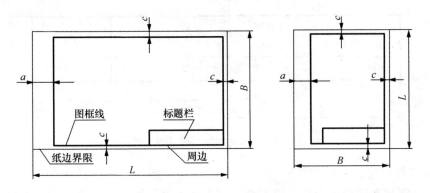

图 1-2　留有装订边的图框格式

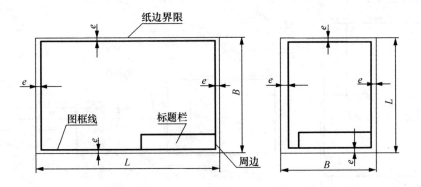

图 1-3　不留装订边的图框格式

3. 标题栏

标题栏的位置应位于图纸的右下角，其下边、右边与图框相应边线重合，其格式和尺寸按 GB/T 10609.1—1989 的规定画出，如图 1-4 所示。同时，标题栏决定看图方向。

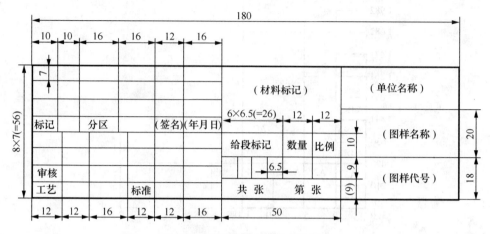

图 1-4　标题栏标准格式及尺寸

国家标准规定的生产上用的标题栏内容较多、较复杂，一般均印好在图纸上，不必自己绘制。在学校的制图作业中可以简化，采用的简化标题栏格式及尺寸如图 1-5 所示。

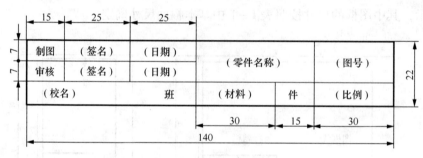

图 1-5　简化标题栏格式及尺寸

4. 附加符号

为了图样复制和缩微摄影时定位方便，在图纸各边长的中点处应分别画出对中符号。对中符号用粗实线绘制，从纸边界开始深入图框内约 5 mm，如图 1-6 所示。

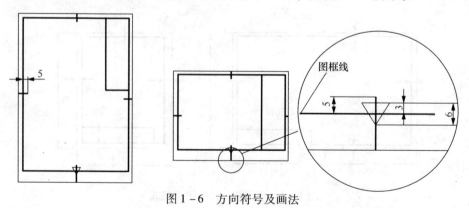

图 1-6　方向符号及画法

1.1.2 比例（GB/T 14690—1993）

图样及技术文件中的比例是指图形与其实物相应要素的线性尺寸之比。比例分为原值比例、放大比例和缩小比例三类。绘制图样时，应优先选用表1-2中比例系列一规定的比例，必要时允许选择表1-2中比例系列二规定的比例。

表1-2 比例

种 类	比例系列一	比例系列二
原值比例	1:1	
放大比例	2:1　　　5:1 $1\times10^n:1$　　$2\times10^n:1$ $5\times10^n:1$	2.5:1　　　4:1 $2.5\times10^n:1$　　$4\times10^n:1$
缩小比例	1:2　　　1:5 1:10　　　$1:2\times10^n$ $1:5\times10^n$	1:1.5　1:2.5　1:3　1:4 1:6　　　　$1:1.5\times10^n$ $1:2.5\times10^n$　$1:3\times10^n$ $1:4\times10^n$　$1:6\times10^n$

比例一般应标注在标题栏中的"比例"栏内，必要时，也可标注在视图名称的下方或右侧。不论采用何种比例，图形中所标注的尺寸数值必须是实物的实际大小，与图形的比例无关。

1.1.3 字体（GB/T 14691—1993）

图样上除表达物体形状的图形以外，还需要用文字和数字来说明机件的大小、技术要求和其他内容，在图样中书写字体必须做到：字体工整、笔画清楚、间隔均匀、排列整齐。

表1-3 字体示例

字 体		示 例
仿宋体字	10号	字体工整 笔画清楚
	5号	间隔均匀 排列整齐
	3.5号	横平竖直 注意起落 结构均匀 填满方格
拉丁字母	——	ABCDEFGHIJKLMNOPQRSTUVWXYZ
阿拉伯字母	直体	0123456789
阿拉伯字母	斜体	*0123456789*
罗马数字	直体	Ⅰ Ⅱ Ⅲ Ⅳ Ⅴ Ⅵ Ⅶ Ⅷ Ⅸ Ⅹ Ⅺ Ⅻ
罗马数字	斜体	*Ⅰ Ⅱ Ⅲ Ⅳ Ⅴ Ⅵ Ⅶ Ⅷ Ⅸ Ⅹ Ⅺ Ⅻ*

汉字应写成长仿宋体，并采用我国国务院正式公布的简化字。字体的高度称为号数，公称尺寸系列为：1.8，2.5，3.5，5，7，10，14，20，单位为 mm。如需更大的字，其字高应按 $\sqrt{2}$ 的比率递增。汉字字高不应小于 3.5 mm。

数字和字母有 A 型和 B 型之分，A 型字体的笔画宽度为字高的 1/14，B 型字体的笔画宽度为字高的 1/10。数字和字母可写成直体或斜体，一般采用斜体，斜体字字头向右倾斜，与水平基准线成 75°。在同一张图上，只允许选用一种形式的字体。

1.1.4 图线及画法（GB/T 17450—1998、GB/T 4457.4—2002）

机械图样中的图形是用各种不同粗细和形式的图线画成的，不同的图线在图样中表示不同的含义。绘制图样时，应采用表 1-4 中规定的图线形式来绘图。

1. 线型

国家标准 GB/T 17450—1998 规定了绘制图线时可采用的 15 种基本线型。表 1-4 列出了绘制工程图样时常用的 8 种图线的线型、线宽和主要用途。图 1-7 为图线应用实例。

2. 线宽

机械图样中图线分为粗线和细线两种。图线宽度 d 应根据图形的大小、复杂程度在 0.5 mm ~ 5 mm 选取。粗线的宽度推荐系列为：0.18 mm，0.25 mm，0.35 mm，0.5 mm，0.7 mm，1 mm，1.4 mm，2 mm。制图中一般常用的粗实线宽度为 0.7 mm ~ 1 mm；细实线的宽度约为 $d/2$。

表 1-4 图线

图线名称	线型	线宽	主要用途
粗实线	————————	d	可见轮廓线、可见过渡线
虚线	- - - - - - - -	约 $d/2$	不可见轮廓线、不可见过渡线
细实线	————————	约 $d/2$	尺寸线、尺寸界线、剖面线等
细点画线	—·—·—·—·—	约 $d/2$	轴线、中心线
双点画线	—··—··—··—	约 $d/2$	极限位置轮廓线
波浪线	～～～～～	约 $d/2$	断裂处的边界线
粗点画线	━·━·━·━·━	d	有特殊要求的线等
双折线	—/\—/\—	约 $d/2$	断裂处的边界线

3. 画法

同一图样中同类图线的宽度应基本一致。虚线、点画线、双点画线的线段长度和间隙应大致相等。

两条平行线之间的距离应不小于粗实线宽度的两倍，其最小距离不得小于 0.7 mm。

绘制圆的对称中心线时，圆心应为线段的交点。点画线的首末两端应是长画，而不应是短画，且应超出圆外 2~5 mm。在较小的图形上绘制点画线有困难时，可用细实线代替。

虚线与各图线相交时，应以线段相交；虚线作为粗实线的延长线时，实虚变换处要空开。如图1-8所示。

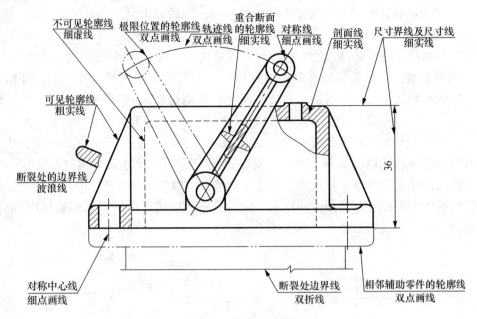

图1-7 图线应用实例

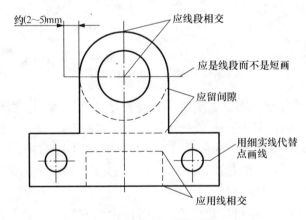

图1-8 图线画法

1.1.5 尺寸标注（GB/T 4458.4—2003）

机件的大小由标注的尺寸决定。标注尺寸时，应严格遵守国家标准有关尺寸标注的规定，做到正确、完整、清晰、合理。

1. 基本规则

（1）机件的真实大小应以图样上所注的尺寸数值为依据，与图形的大小及绘图的准确度无关。

（2）在机械图样（包括技术要求和其他说明）中的直线尺寸，规定以毫米（mm）为单位，不需标注计量单位的代号或名称。如果采用其他单位，如英寸、米等，则必须注明相应的计量单位的代号或名称。

（3）机件的每一尺寸，在图样上一般只标注一次。

（4）图样中所标注的尺寸，为该图样所示机件的最后完工尺寸，否则应另加说明。

2. 尺寸组成

一个完整的尺寸一般包括尺寸界线、尺寸线及终端、尺寸数字三部分。

（1）尺寸界线。尺寸界线用来表示所标注尺寸的范围。它用细实线绘制，并由图形的轮廓线、轴线或对称中心线处引出，并超出尺寸线末端约 2 mm。也可利用轮廓线、轴线或对称中心线作为尺寸界线。尺寸界线一般应与尺寸线垂直，必要时允许倾斜。

（2）尺寸线及终端。尺寸线用细实线绘制在尺寸界线之间，不得用其他图线代替，也不得与其他图线重合或画在其延长线上。标注线性尺寸时，尺寸线必须与所标注的线段平行，尺寸线和尺寸界线应该互相垂直。尺寸线的终端可以有两种形式，一种是采用箭头，适用于包括机械图在内的各种类型的图样。终端的另一种形式是采用 45°斜线，这种形式多用在建筑图样当中，斜线用细实线绘制（图 1-9）。

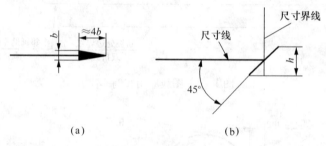

(a)　　　　　　　　　(b)

图 1-9　尺寸终端

(a) 机械制图终端样式；(b) 建筑制图终端样式

（3）尺寸数字。尺寸数字用以表示所注机件尺寸的实际大小。线性尺寸数字有两种注写方法：一是水平尺寸的数字字头向上，铅垂尺寸的数字字头朝左，倾斜尺寸的数字字头应有朝上的趋势；二是对于非水平方向的尺寸，其尺寸数字可水平注写在尺寸线的中断处。一般采用第一种方法注写，在不引起误解的情况下，也允许用第二种注写方法，但在同一张图样上，应尽可能采用一种方法注写。

如图 1-10（a）所示，尽可能避免在 30°范围内注写尺寸，若无法避免时，可以按照 1-10（b）的形式标注。标注尺寸时，应尽可能使用符号和缩写词。常用的符号及缩写词

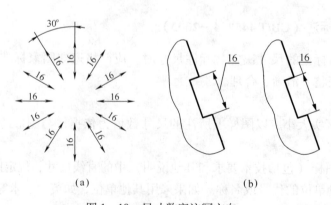

(a)　　　　　　　　　(b)

图 1-10　尺寸数字注写方向

见表 1-5。

表 1-5　常用的符号及缩写词

名　称	符号或缩写	名　称	符号或缩写
直径	φ	正方形	□
半径	R	45°倒角	C
球体直径	Sφ	深度	↓
球体半径	SR	深孔或锪平	⌴
厚度	t	埋头孔	∨
弧长	⌒	均布	EQS

3. 尺寸标注示例

常用尺寸标注如表 1-6 所示。

表 1-6　常用尺寸标注

项目	说　明	图　例
圆和圆弧	标注直径时，应在尺寸数字前加注符号"φ"；标注圆半径时，应在尺寸数字前加注符号"R"。当圆弧半径过大或在图纸范围无法注出其圆心位置时，可按右图 (a) 的形式标注；若不需要标注圆心的位置，则按右图 (b) 形式标注，但尺寸线应指向圆心	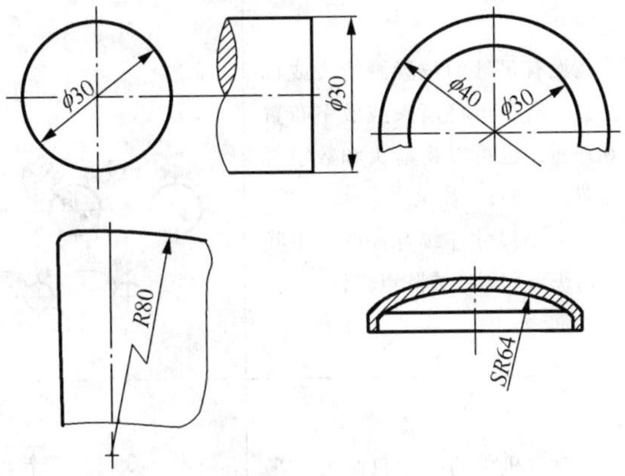 (图例：φ30、φ30、φ40、φ30、R80、SR64，(a) (b))
球面	标注球面直径或半径时，应在符号 φ 或 R 前加注符号"S"； 　对于螺钉、铆钉的头部、轴和手柄的端部等，在不致引起误会的情况下，可省略符号"S"	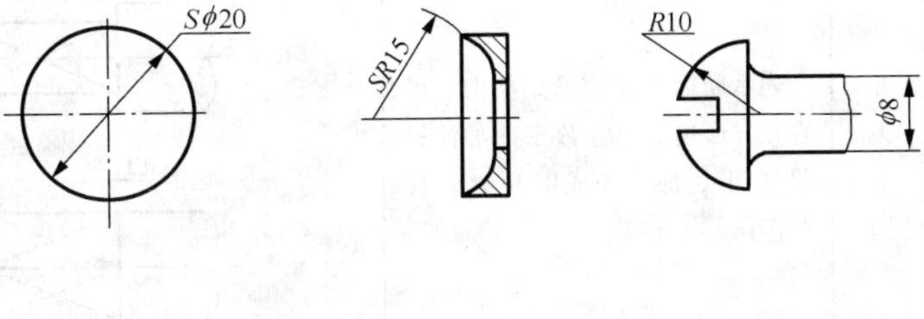 (图例：Sφ20、SR15、R10、φ8)

续表

项目	说 明	图 例
角度	尺寸界线应由径向引出，尺寸线画成圆弧，圆心是角的顶点。尺寸数字一律水平书写。一般注在尺寸线的中段处，必要时也可以写在尺寸线的上方或外面，也可以引出标注	
弦长和弧长	标注弦长和弧长时，尺寸界线应平行于弦的垂直平分线；标注弧长时，尺寸线用圆弧，并被放置于尺寸线的上方加注符号"⌒"	
狭小部分	在没有足够的位置画箭头或标注数字时，可将箭头或数字布置在外面，也可以将箭头和数字都布置在外面；几个小尺寸连续标注时，中间的箭头可用斜线或圆点代替	
对称机件	当对称机件的图形只画出一半或略大于一半时，尺寸线应略超过对称中心线或断裂处的边界线，并在尺寸线一端画出箭头	
方头结构	表示断面为正方形结构时，可在正方形边长尺寸数字前加注符号"□"，加□14 或用 14×14 代替□14。	

1.2 常用工具及其使用方法

正确使用手工绘图工具和仪器是保证手工绘图质量和加快绘图速度的一个重要方面。因此有必要对常用的绘图工具及其使用方法做一个简要介绍。

1.2.1 绘图工具及使用

1. 图板

图板一般用胶合板制作，四周镶硬质木条，要求板面平滑光洁，又因它的左侧边为丁字尺的导边，所以必须平直光滑，图纸用胶带纸固定在图板上，如图1-11所示。

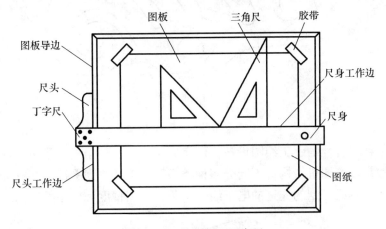

图1-11 绘图板和丁字尺

2. 丁字尺

使用时，必须随时注意尺头工作边（内侧面）与图板工作边靠紧。画水平线要用尺身工作边（上边缘），使用完毕应悬挂放置，以免尺身弯曲变形。

3. 三角板

一副三角板由45°和30°~60°两块组成。三角板与丁字尺配合可以画垂直线、从0°开始间隔15°的倾斜线及其平行线，如图1-12所示。

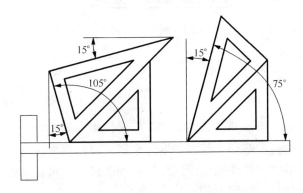

图1-12 丁字尺和三角板配合使用

4. 曲线板

曲线板用来画非圆曲线。描绘曲线时，先徒手将已求出的各点顺序轻轻地连成曲线，再根据曲线曲率大小和弯曲方向，从曲线板上选取与所绘曲线相吻合的一段与其贴合，每次至少对准四个点，并且只描中间一段，前面一段为上次所画，后面一段留待下次连接，以保证连接光滑流畅，如图 1-13 所示。

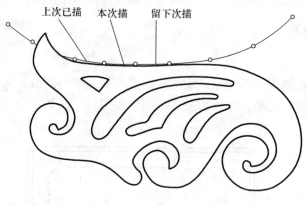

图 1-13 曲线板图

5. 绘图机

绘图机是一种综合性的手工绘图设备，可完成丁字尺、三角板和量角器等制图工具的工作，绘图效率较高。绘图机按构造不同分多种类型，图 1-14 为平行连杆机构绘图机。自动绘图机是由电子计算机控制的先进的电子绘图设备，绘图精度和效率都很高。

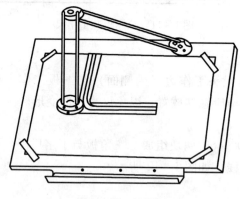

图 1-14 绘图机

1.2.2 绘图仪器

1. 圆规及其附件

圆规是绘图仪器中的主要仪器，如图 1-15 所示，用来画圆及圆弧。绘图时，先调整针尖和铅心插腿的长度，使针尖略长于铅芯。取好半径，以右手握住圆规头部，左手食指协助将针尖对准圆心，匀速顺时针转动圆规画圆。如所画圆较小，可将插腿及钢针向内倾斜；若所画圆较大，可加装延伸杆，如图 1-16 所示。

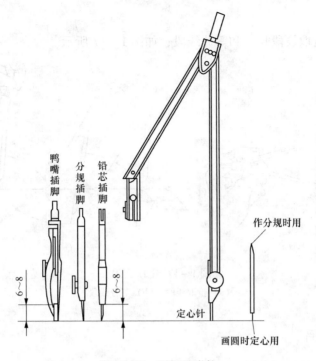

图 1-15 圆规及附件

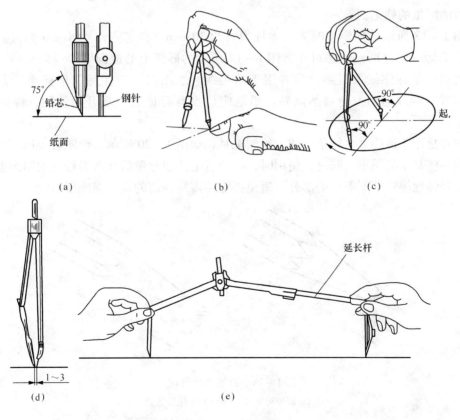

图 1-16 圆规绘图
(a) 调整两脚；(b) 固定针脚；(c) 旋转方向；(d) 绘制小圆；(e) 绘制大圆

2. 分规

分规主要用来量取线段长度和等分线段，如图 1-17 所示。

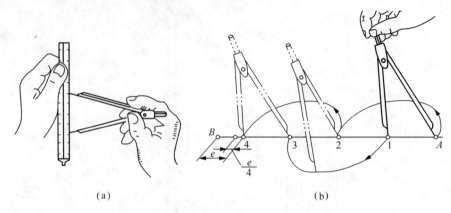

图 1-17 圆规绘图
(a) 量取线段；(b) 等分线段

1.2.3 绘图用品

绘图时还要备好绘图纸、粘贴图纸的胶纸带、绘图铅笔、削铅笔刀、磨铅芯的砂纸板、橡皮、清洁图纸的软毛刷等。

如图 1-18 所示，削铅笔时先将木杆削去约 30 mm，铅芯露出约 8 mm 为宜，太长容易折断，太短又不经磨。铅芯可在如图 1-19 所示的砂纸上磨成圆锥形或四棱柱形，前者用于画底稿、加深细线及写字，后者用于描粗线。绘图时，应保持铅笔杆前后方向与纸面垂直，并向画线运动方向自然倾斜。铅笔应从没有标记的一端开始使用，保留标记易于识别。

擦图片是用于擦除多余线条的辅助绘图工具，如图 1-20 所示，绘图者应用擦图片可以快速绘制一些基本的图形，同时在使用时，绘图者把擦图片覆盖在所需修改的图形上方，然后用橡皮轻轻地擦除掉不需要的部分，避免擦除掉需要保留的线条或图形。

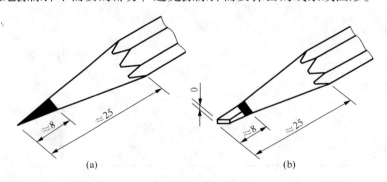

图 1-18 铅笔笔尖形状
(a) 圆锥形笔尖；(b) 四棱柱形笔尖

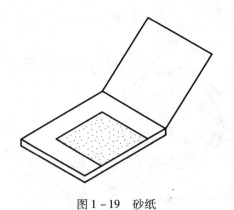

图 1-19 砂纸

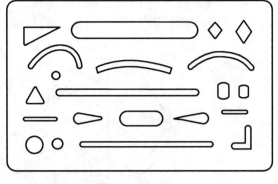

图 1-20 擦图片

1.3 几何作图、平面图形的分析及画法

机械图样纷繁复杂,类型多样,但它们都是由线段、圆弧和其他一些曲线所组成,因而,在绘制图样时,常常要作一些基本的几何图形,下面就此进行简单介绍。

1.3.1 等分已知线段

将已知线段 AB 三等分的作图步骤如图 1-21 所示:

(1) 过端点 A 作任一直线 AC;
(2) 用分规以任意的长度在 AC 上截取三等分得 1、2、3 点;
(3) 连接 3、B 两点,分别过 1、2 点作 $3B$ 的平行线交 AB 于 $1'$、$2'$ 即得三等分点。

1.3.2 等分圆周及作正多边形

1. 三等分圆周和作正三角形

三等分圆周和绘制正三角形的步骤如图 1-22 所示。

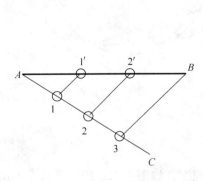

图 1-21 等分已知线段

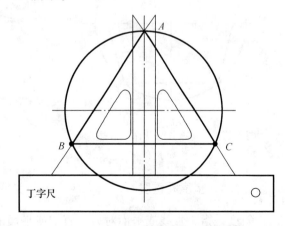

图 1-22 三等分圆及作正三角形

2. 六等分圆周和作正六边形

六等分圆和作正六边形的方法如图 1-23 所示。

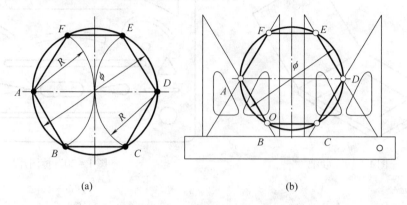

图 1-23 六等分圆及作正边形
（a）尺规六等分圆及作正六边形；（b）丁字尺和三角板六等分圆及作正六边形

3. 五等分圆周和作正五边形

如图 1-24 所示，先平分半径 OM 得 O_1 点，以点 O_1 为圆心，以 O_1A 为半径画弧，交 ON 于点 O_2。以 O_2A 为弦长，自 A 点起在圆周依次截取得各等分点 B、C、D、E，依次连接 A、B、C、D、E、A 各点即得正五边形。

4. 任意等分圆周和作正 n 边形（如正七边形）

如图 1-25 所示，先将已知直径 AK 七等分。以 K 点为圆心，AK 为半径画弧，交直径 PQ 的延长线于 M、N。自 M、N 分别向 AK 上的各偶数点（或奇数点）作直线并延长，交于圆周上，依次连接各点，得正七边形。

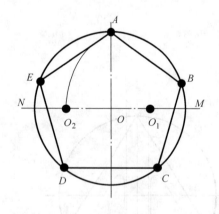

图 1-24 五等分圆及作正五边形

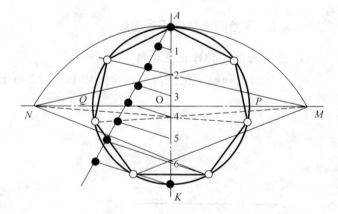

图 1-25 七等分圆及作正七边形

1.3.3 斜度和锥度

斜度是指一直线或平面对另一直线或平面的倾斜程度，如图 1-26 所示。其大小用两直线或平面夹角的正切来度量。即斜度 = $(T-t)/l = T/L = \tan \alpha$，在图上标注为 $1:n$，并在其前加斜度"∠"符号，且符号的方向与斜度的方向一致。

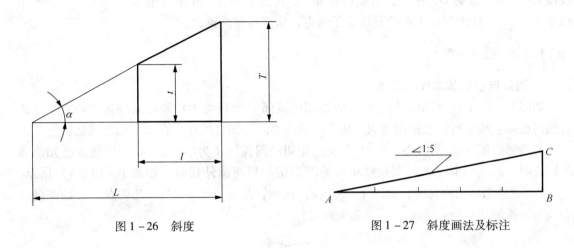

图 1-26 斜度　　　　　　　　　图 1-27 斜度画法及标注

[**例题** 1-1]　　求一直线 AC 对另一直线 AB 的斜度为 1∶5。

作图步骤（图 1-27）：

(1) 将 AB 线段 5 等分；

(2) 过 B 点作 AB 的垂直线 BC，使 BC∶AB=1∶5；

(3) 连接 AC，AC 即为所求的倾斜线。

锥度是指正圆锥体底圆的直径 D 与其高度 L 之比或圆锥台体两底圆直径之差 (D-d) 与其相对高度 L 之比，见图 1-28。即锥度 = D/L = (D-d)/l = 2 tanα，在图样上标注锥度时，用 1∶n 的形式，并在前加锥度符号"▷"，符号的方向与锥度方向一致。

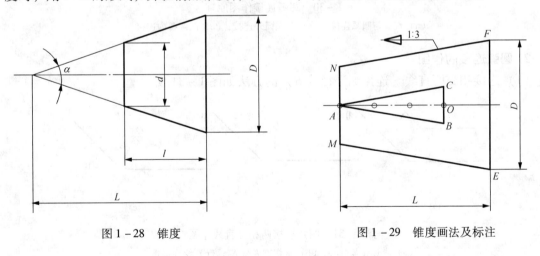

图 1-28 锥度　　　　　　　　　图 1-29 锥度画法及标注

[**例题** 1-2]　　已知圆锥台的锥度为 1∶3，作圆锥台。

作图步骤（图 1-29）：

(1) 自 A 点在轴线上量取 AO=3 个单位长度得 O 点；

(2) 过 O 点作轴线的垂线 BC，截取 OC=OB=0.5 个单位长度，即 BC∶AO=1∶3，连接 AB、AC 得圆锥体，其锥度为 1∶3；

(3) 根据已知尺寸 L，以 A 为端点截取 L 长度找出其与 AO 延长线的交点，过该分点做

线段 EF 使其长度为 D，从而找出端点 E 和 F，再过 E 点作 EM 平行于 AB，过点 F 作 FN 平行于 AC。两平行线与过 A 点的垂线交于两点，从而可得圆锥台。

1.3.4 圆弧连接

1. 圆弧连接的基本作图原理

如图 1-30（a）所示，与已知直线相切的圆弧（半径为 R）圆心轨迹是一条直线，该直线与已知直线平行，且距离为 R。从求出的圆心向已知直线作垂直线，垂足就是切点 K。

与已知圆弧（O_1 为圆心，R_1 为半径）相切的圆弧（R 为半径），圆心轨迹为已知圆弧的同心圆，该圆的半径 R_x，要根据相切情况而定，当两圆外切时，如图 1-30（b）所示，$R_x = R_1 + R$。当两圆内切时，如图 1-30（c）所示，$R_x = |R_1 - R|$。其切点 K 在两圆的连心线与圆弧的交点处。

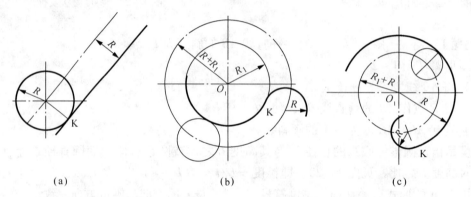

图 1-30 圆弧连接作图原理
(a) 直线与圆弧连接；(b) 两圆弧外连接；(c) 两圆弧内连接

2. 圆弧连接的作图

（1）连接相交两直线（连接弧半径为 R）的方法如图 1-31 所示。

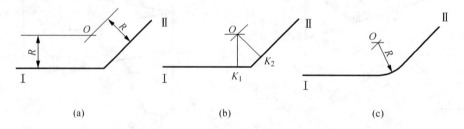

图 1-31 圆弧连接两相交直线作图
(a) 求连接弧圆心；(b) 求切点 K_1、K_2；(c) 绘连接弧

（2）连接一直线和一圆弧（连接弧半径为 R）的方法如图 1-32 所示。

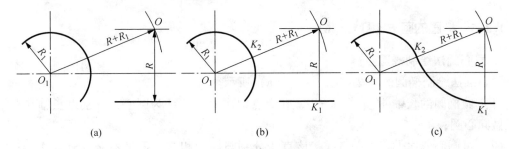

图 1-32　圆弧连接两相交直线作图

(a) 求连接弧圆心 O；(b) 求切点 K_1、K_2；(c) 绘连接弧

(3) 外接两圆弧（连接弧半径为 R）的方法如图 1-33 所示。

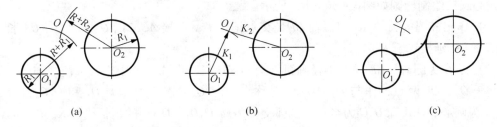

图 1-33　圆弧连接两相交直线作图

(a) 求连接弧圆心 O；(b) 求切点 K_1、K_2；(c) 绘连接弧

(4) 内接两圆弧（连接弧半径为 R）的方法如图 1-34 所示。

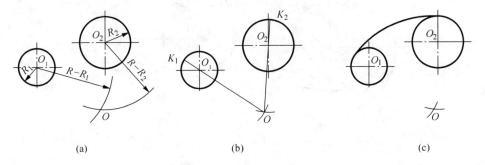

图 1-34　圆弧连接两相交直线作图

(a) 求连接弧圆心 O；(b) 求切点 K_1、K_2；(c) 绘连接弧

(5) 内、外接两圆弧（连接弧半径为 R）的方法如图 1-35 所示。

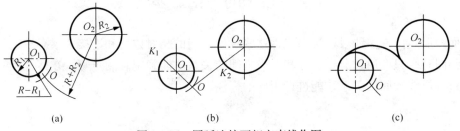

图 1-35　圆弧连接两相交直线作图

(a) 求连接弧圆心 O；(b) 求切点 K_1、K_2；(c) 绘连接弧

1.3.5 椭圆的画法 (图1-36)

1. 同心圆法绘制椭圆步骤

同心圆法绘制椭圆的方法如图1-36（a）所示。

（1）做椭圆的长轴 AB 和短轴 CD，其交点记作 O，以 O 为圆心，分别以长轴和短轴为直径做同心圆；

（2）过圆心依次做若干条直线，该直线分别与两圆相交，再过各交点分别作上述 AB、CD 的平行线，两平行线的交点即为椭圆上面的点；

（3）用曲线板依次光滑连接各点即可得椭圆。

2. 四心圆法绘制椭圆步骤

四心圆法绘制椭圆如图1-36（b）所示。

（1）作出椭圆的长轴 AB 和短轴 CD，交点记作 O，连接 AC，以 O 为圆心，OA 长为半径画弧交 DC 延长线于 E；

（2）以 C 为圆心，CE 长为半径画弧，交 AC 于 E_1，作 AE_1 的中垂线，使之与长、短轴分别交于 O_1、O_2 两点；作与 O_1、O_2 的对称点 O_3、O_4，连 O_2O_3、O_3O_4 和 O_1O_4，分别以 O_1、O_2 为圆心，O_1A 和 O_2C 为半径，画弧交 O_2O_1、O_4O_1、O_2O_3 的延长线于 K、K_1 和 N；

（3）同理以 O_3、O_4 为圆心，O_1A 和 O_2C 为半径画弧，与前所画圆弧连接即得椭圆。

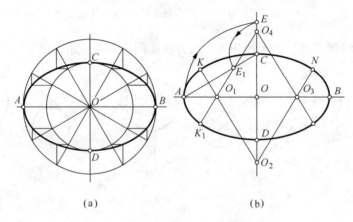

(a)　　　　　　　　(b)

图1-36　圆弧连接两相交直线作图
(a) 同心圆法绘制椭圆；(b) 四心圆法绘制椭圆

1.4 绘图的方法、步骤

平面图形是由许多线段连接而成，这些线段之间的相对位置和连接关系靠给定的尺寸确定。在画图时，只有通过分析尺寸和线段之间的关系才能确定画图步骤；在标注尺寸时，也只有通过分析线段间的关系才能进行正确的标注。

1.4.1 平面图形的尺寸分析

1. 定形尺寸

确定平面图形上几何要素大小的尺寸。如圆半径或直径的大小、直线的长短等，如图 1-37 中，15、R12、R15、φ20 等均为定形尺寸。

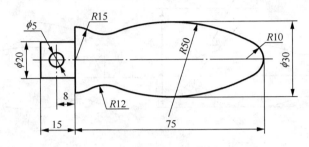

图 1-37 圆弧连接两相交直线作图

2. 定位尺寸

确定几何要素位置的尺寸。如圆心和直线相对于坐标系的位置等，图 1-37 中，8、75 等均为定位尺寸。标注定位尺寸时必须与尺寸基准（坐标轴）相联系。

尺寸基准是指标注尺寸的起点。

1.4.2 平面图形的线段分析

1. 已知弧

半径尺寸和圆心位置（两个坐标方向）尺寸已知的圆弧为已知弧。

2. 中间弧

半径尺寸和圆心的一个坐标方向的位置尺寸已知的圆弧为中间弧。

3. 连接圆弧

圆弧半径尺寸已知，无圆心坐标的圆弧为连接弧。连接弧缺少圆心坐标两个尺寸，必须利用与其相邻的两几何关系才能定出圆心位置。

1.4.3 平面图形的作图步骤

如绘制图 1-37 所示的手柄，其作图步骤如图 1-38 所示。

（1）绘制作图基准，如图 1-38（a）所示。
（2）绘制已知线段，如图 1-38（b）所示。
（3）绘制中间线段，如图 1-38（c）所示。
（4）绘制连接线段，如图 1-38（d）所示。
（5）检查加深，如图 1-38（e）所示。

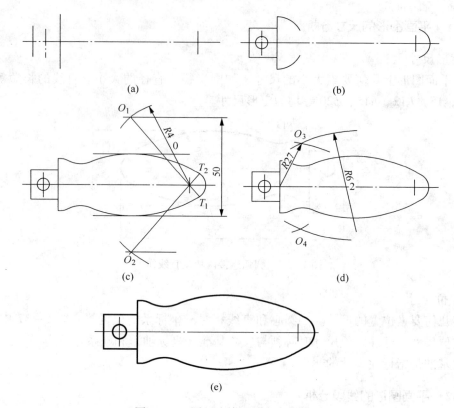

图 1-38 圆弧连接两相交直线作图
(a) 绘制基准图线和中心线；(b) 绘制已知线段和圆弧；(c) 根据尺寸确定中间线段并绘制；
(d) 绘制连接线段；(e) 检查无误后加深线条

1.4.4 平面图形的尺寸标注

如图 1-37 所示，标注尺寸要符合国家标准规定，尺寸不应出现重复和遗漏，尺寸要安排有序，布局整齐，注号清楚。

步骤：

（1）确定尺寸基准，在水平方向和铅垂方向各选一条直线作为尺寸基准。

（2）确定图形中各线段的性质，确定出已知线段、中间线段和连接线段。

（3）按确定的已知线段、中间线段和连接线段的顺序逐个标注出各线段的定形和定位尺寸。

第 2 章

投影学原理及其表达方法

2.1 投影法基础

2.1.1 投影法的基本知识

在日常生活中可以看到如灯光下的物影、阳光下的人影等,这些都是自然界的一种投影现象。在工业生产发展的过程中,为了解决工程图样的问题,人们将影子与物体关系经过几何抽象形成了"投影法"。

投影法就是投射线通过物体,向选定的投影面投射,并在该投影面上得到被投射物体图形的方法。如图 2-1 所示,设空间有定平面 P,平面外有一定点 S(投影中心),若把空间三角形平面投射到平面 P 上,连接 SA、SB 和 SC 并延长与平面 P 交于点 a、b、c,连接点 a、b、c,则三角形 abc 为空间三角形平面 ABC 在平面 P 上的投影。其中 P 称为投影面,S 为投影中心,SAa、SBb、SCc 称为投射线。

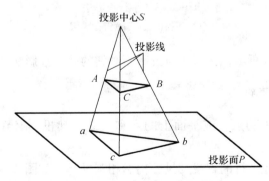

图 2-1 中心投影法图

2.1.2 投影法的分类

根据投射线是否平行,投影法分为中心投影法和平行投影法两类。

1. 中心投影法

如图2-1所示，投射线可以看做是从中心点 S 发出的，通过平面三角形 ABC，在投影面 P 上得到投影 abc，这种投射线都是从投射中心发出的投影法，称为中心投影法。这种投影法得到的图样立体感较强，因而常用于绘制建筑物或工业产品的透视图，如图2-2所示。

2. 平行投影法

如果投影中心在无限远处，所有的投射线将可看做是相互平行的，这种投射线相互平行的投影法，称为平行投影法。根据投射方向与投影面所成的角度不同，平行投影法又分为正投影法和斜投影法。

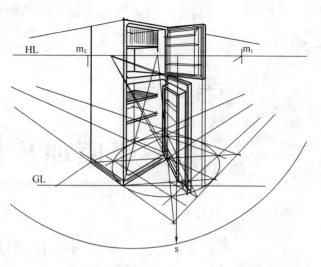

图2-2 中心投影应用（电冰箱两点透视图）

（1）如图2-3（a）所示，投射线与投影面垂直的平行投影法，称为正投影法。机械图样主要是根据正投影法绘制而成。

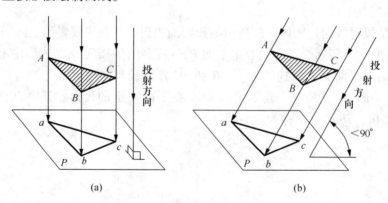

图2-3 平行投影法
(a) 正投影法；(b) 斜投影法

（2）如图2-3（b）所示，投射线与投影面倾斜的平行投影法，称为斜投影法。

2.1.3 正投影的基本性质

（1）从属性。直线上的点，或平面上的点和直线，其投影必在直线或平面的投影上，如图2-4（a）、(b) 所示。

（2）平行性。两相互平行的直线其投影仍然相互平行，如图2-4（c）所示。

（3）真实性。当线段或平面图形平行于投影面时，其投影反映实长或实形，如图2-4（d）、(e) 所示。

（4）积聚性。当直线或平面图形垂直于投影面时，其投影积聚为点或直线，如图2-4（f）所示。

(5) 类似性。当直线或平面图形既不平行，也不垂直于投影面时，直线的投影仍然是直线，平面图形的投影与原图形的类似形，如图 2-4（a）、(b) 所示。

(6) 定比性。两平行线段长度之比，与其投影长之比相等，即 $AB:CD=ab:cd$，如图 2-4（c）所示。

直线上两线段长度之比，与其投影长之比相等，即 $AB:BC=ab:bc$，如图 2-4（a）所示。

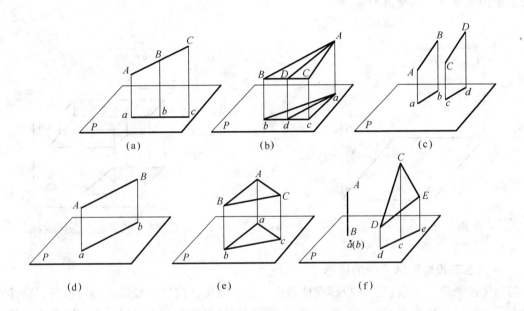

图 2-4 正投影法的基本性质

2.1.4 三视图的形成

图 2-5 表示形状不同的物体，在同一投影面上却得到相同的投影，这说明仅有一面投影无法确定空间物体的唯一形状，为了反映空间物体完整唯一的形状，必须增加由不同投射方向所得的几个投影，互相补充，才能将物体的外形表达清楚。用正投影法，将物体向投影面投射所得的图形，就称为视图。工程上常采用三视图。

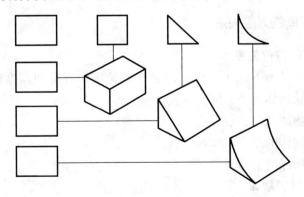

图 2-5 物体的单面投影

1. 三投影面体系的建立

三投影面体系由三个相互垂直的投影面所组成（图 2-6，图 2-7），三个投影面分别为：正立投影面，简称正面，用 V 表示；水平投影面，简称水平面，用 H 表示；侧立投影面，简称侧面，用 W 表示。相互垂直的投影面之间的交线，称为投影轴，它们分别是：OX 轴（简称 X 轴），是 V 面与 H 面的交线，代表长度方向；OY 轴（简称 Y 轴），是 H 面与 W 面的交线，代表宽度方向；OZ 轴（简称 Z 轴），是 V 面与 W 面的交线，代表高度方向。三根投影轴相互垂直，其交点 O 称为原点。

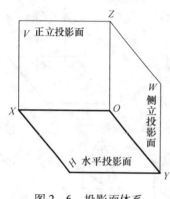

图 2-6 投影面体系

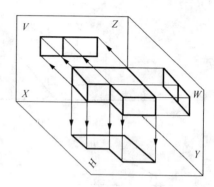

图 2-7 物体在三投影面体系中的投影

2. 物体在三投影面体系中的投影

将物体按一定方位放置于三投影面体系中，用正投影法向三个投影面进行投射，物体在正面上得到的投影称为正面投影，在水平面内得到的投影称为水平投影，在侧面内得到的投影称为侧面投影。由于正面投影是从前向后投射在正面上的视图，因而又称为主视图；同理，从上向下投射在水平面上的视图称为俯视图；从左向右投射在侧面上的视图称为左视图。把三个视图按正确的投影关系配置的视图，常称为三视图。

3. 三投影面的展开

为了作图和读图的方便性，常将三个视图绘制在一张图纸上，国家标准规定正面不动，假想沿 OY 轴将其剪开，然后将水平面绕 OX 轴向下旋转 90°，将侧面绕 OZ 轴向后旋转 90°，这样三个投影面就位于同一个投影面内，如图 2-8 所示。

2.1.5 三视图之间的对应关系

1. 三视图与物体的方位关系

物体有左右、前后、上下六个方位，即物体的长度、宽度和高度。从三视图中可以看出，每个视图只能反映物体两个方向的位置关系，即：

主视图——反映物体的左、右和上、下；
俯视图——反映物体的左、右和前、后；
左视图——反映物体的上、下和前、后。

2. 三视图之间的投影规律

主、俯视图——长对正（等长）；

主、左视图——高平齐（等高）；
俯、左视图——宽相等（等宽）。

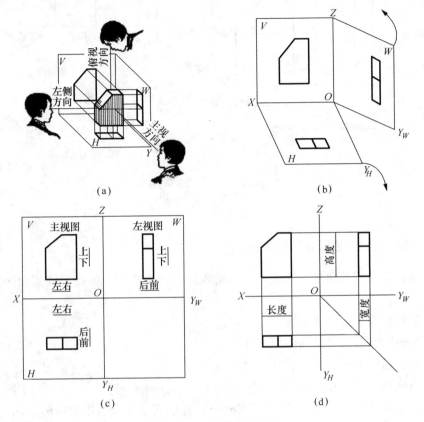

图 2-8　三视图及其展开

2.2　点的投影

任何物体都是由点、线、面等几何元素所构成，而点是构成其他一切基本要素的基础，只有很好地理解和掌握了点的投影特性，才能很好地掌握线、面和体等的投影特征，因而研究点的投影很有必要。

2.2.1　点的三面投影

当投影面和投影方向确定时，空间一点只有唯一的一个投影。假设空间有一点 A，过点 A 分别向 H 面、V 面和 W 面作垂线，得到三个垂足 a、a'、a''，便是点 A 在三个投影面上的投影，如图 2-9 所示。

通过作图过程和几何关系，我们可以得到点的投影规律如下。

（1）点的投影连线，必定垂直于相应的投影轴。即 $aa' \perp OX$ 轴，$a'a'' \perp OZ$ 轴。

（2）点的水平投影到 OX 轴的距离，等于该点的侧面投影到 OZ 轴的距离。即 $aa_X = a''a_Z$。

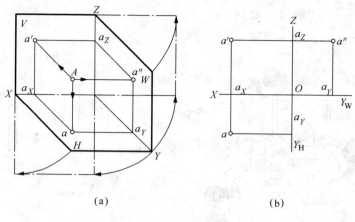

(a)　　　　　　　　　　(b)

图 2-9　点的投影

(a) 直观图；(b) 投影图

2.2.2　点的投影与直角坐标的关系

点的空间位置可用直角坐标来表示。即把投影面当做坐标面，投影轴当做坐标轴，O 即为坐标原点。则：

A 点的 X 坐标等于点到 W 面的距离 Aa''；

A 点的 Y 坐标等于点到 V 面的距离 Aa'；

A 点的 Z 坐标等于点到 H 面的距离 Aa。

如果将空间点 A 的三个坐标值分别记为 x、y、z，则水平投影点 a 可以用坐标 x、y 表示，即 $a(x,y)$；同理 $a'(x,z)$ 和 $a''(y,z)$ 分别表示 A 点的正面投影 a' 和侧面投影 a''。这样，就可以用点的坐标去表示空间点。因而知道点的三个坐标值便可以完成点的三面投影；反之，知道了点的三面投影也可以求点坐标值。

[例题 2-1]　已知 A 点的坐标值 $A(12,10,15)$，求作 A 点的三面投影图。

作图步骤如图 2-10 所示：

(1) 作投影轴 OX、OY_H、OY_N 和 OZ；

(2) 用分规分别在 X 轴、Z 轴和 Y 轴上截取 $Oa_X=12$、$Oa_Z=15$、$Oa_{YH}=Oa_{YW}=10$，得 a_X、a_Z、a_{YH}、a_{YW} 等点；

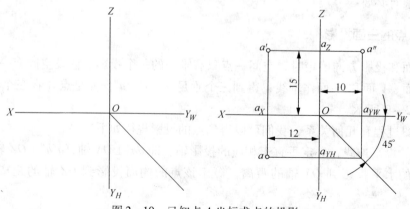

图 2-10　已知点 A 坐标求点的投影

(3) 过 a_X、a_Z、a_{YH}、a_{YW} 等点分别作所在轴的垂线，交点 a、a'、a'' 即为所求。

[**例题 2-2**]　已知 A 点的两面投影 a'、a''，如图 2-11（a）所示，求作 A 点的第三面投影。

作图步骤如下：

（1）作投影轴；

（2）过 a' 作 OX 轴的垂线 $a'a_X$，过 a'' 作 OY_W 的垂线 $a''a_{YW}$；

（3）过 $a''a_{YW}$ 与 45°斜线的交点作 OY_H 轴的垂线，该直线与 $a'a_X$ 交点 a 即为所求。

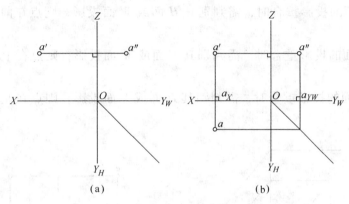

图 2-11　已知点 A 两面投影求点的投影
（a）已知条件；（b）求解过程

2.2.3　两点的相对位置

两点在空间的相对位置，由两点的坐标关系来确定，如图 2-12 所示。

两点的左、右相对位置由 x 坐标来确定，坐标大者在左方。故点 A 在点 B 的左方；

两点的前、后相对位置由 y 坐标来确定，坐标大者在前方。故点 A 在点 B 的后方；

两点的上、下相对位置由 z 坐标来确定，坐标大者在上方。故点 A 在点 B 的下方。

反过来，已知点 B 在点 A 的右、前、上方。可以判断点 B 的 X 坐标小于点 A 的 X 坐标，点 B 的 Y 坐标大于点 A 的 Y 坐标，点 B 的 Z 坐标大于点 A 的 Z 坐标。

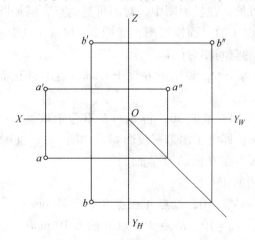

图 2-12　空间两点的相对位置

2.2.4 重影点

图 2-13 所示 E、F 两点的投影中，e' 和 f' 重合，这说明 E、F 两点的 X、Z 坐标相同，$X_E = X_F$、$Z_E = Z_F$，即 E、F 两点处于对正面的同一条投射线上。

可见，共处于同一条投射线上的两点，必在相应的投影面上具有重合的投影。这两个点被称为该投影面的一对重影点。

重影点的可见性需根据这两点不重影的投影的坐标大小来判别，即：

当两点在 V 面的投影重合时，需判别其 H 面或 W 面投影，则点在前（Y 坐标大）者可见；

当两点在 H 面的投影重合时，需判别其 V 面或 W 面投影，则点在上（Z 坐标大）者可见；

若两点在 W 面的投影重合时，需判别其 H 面或 V 面投影，则点在左（X 坐标大）者可见。

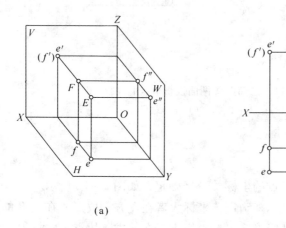

图 2-13 重影点
(a) 直观图；(b) 投影图

如图 2-13 中，e'、f' 重合，但水平投影不重合，且 e 在前 f 在后，即 $Y_E > Y_F$。所以对 V 面来说，E 可见，F 不可见。在投影图中，对不可见的点，需加圆括号表示。

[例题 2-3] 已知点 A 的三面投影图，如图 2-14（a）所示，作点 B（30，10，0）的三面投影，并判断两点的空间相对位置。

分析：点 B 的 Z 坐标等于 O，说明点 B 属于 H 面，点 B 的正面投影 b' 一定在 OX 轴上，侧面投影 b'' 一定在 OY_W 轴上。

作图：在 OX 轴上由 O 向左量取 30，得 b_x（b' 重合于该点），由 b_x 向下作垂线并量取 $b_x b = 10$，得 b。根据 b、b'，即可求出第三投影 b''，如图 2-13（b）所示。应注意，b'' 事实上在 W 面的 OY_W 轴上，而不在 H 面的 OY_H 轴上。

判别 A、B 两点在空间的相对位置：

左、右相对位置：$X_B - X_A = 10$，故点 A 在点 B 右方 10 mm；
前、后相对位置：$Y_A - Y_B = 10$，故点 A 在点 B 前方 10 mm；
上、下相对位置：$Z_A - Z_B = 10$，故点 A 在点 B 上方 10 mm。

即点 A 在点 B 的右、前、上方各 10 mm 处。

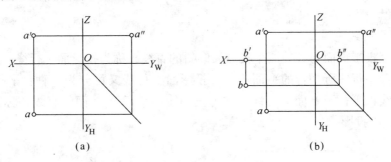

图 2-14 求重影点的投影

2.3 直线的投影

由几何知识知道，两点确定一条直线，求直线的投影实质就是求直线上任意两点的同面投影，顺次连接该同面投影就可以得到该直线的投影。如图 2-15 所示，分别连接直线 AB 上两端点的同面投影 ab、a'b'、a″b″，即得直线 AB 的投影。直线的投影通常情况下仍为直线。

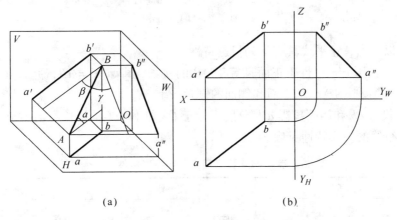

图 2-15 一般位置直线
(a) 直观图；(b) 投影图

2.3.1 各种位置直线的投影特性

按照直线对三个投影面的相对位置，可以把直线分为三类：一般位置直线、投影面平行线、投影面垂直线，后两类直线又称为特殊位置直线。

1. 一般位置直线

对三个投影面都倾斜的直线，称为一般位置直线，如图 2-15 所示，一般位置直线的投影特性如下：

(1) 一般位置直线的各面投影都与投影轴倾斜；
(2) 一般位置直线的各面投影的长度均小于实长，且不能反映直线与投影面倾角的真实大小。直线和投影面的夹角,叫直线对投影面的倾角,并以 α、β、γ 分别表示直线对 H、V、W 面的倾角。

2. 投影面平行线

平行于一个投影面而与其他两个投影面倾斜的直线,称为投影面平行线。

根据投影面平行线所平行的平面不同,投影面平行线又可分为三种:平行于 H 面的直线,称为水平线;平行于 V 面的直线,称为正平线;平行于 W 面的直线,称为侧平线。图 2-16 为正平线的投影。

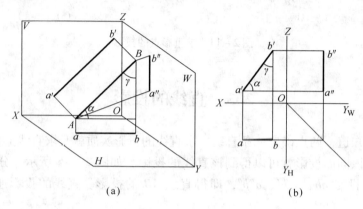

图 2-16 正平线投影特性
(a) 直观图;(b) 投影图

从图中可以看出,正平线具有下列投影特性:

(1) 正面的投影 $a'b'$ 平行于正面且等于 AB 的实长,即 $a'b' = AB$,并且 $a'b'$ 分别与 OX 轴和 OZ 轴的夹角反映 AB 与水平面和侧面的倾角 α 和 γ。

(2) 水平投影 ab 和侧面投影 $a''b''$ 分别平行于 OX 轴和 OZ 轴且长度均小于 AB 的实长。

投影面平行线的投影特性见表 2-1 所示。

表 2-1 投影面平行线投影特性

名 称	水平线	正平线	侧平线
轴测图			
投影图			

续表

名　称	水平线	正平线	侧平线
投影特性	（1）水平投影 $ab = AB$； （2）正面投影 $a'b' \parallel OX$ 轴，侧面投影 $a''b'' \parallel OY_W$ 轴，都不反映实长； （3）ab 与 OX 轴和 OY_H 轴的夹角 β、γ 等于 AB 对 V、W 面的倾角	（1）正面投影 $c'd' = CD$； （2）水平投影 $cd \parallel OX$ 轴，侧面投影 $c''d'' \parallel OZ$ 轴，都不反映实长； （3）$c'd'$ 与 OX 轴和 OZ 轴的夹角 α、γ 等于 CD 对 H、W 面的倾角	（1）侧面投影 $e''f'' = EF$； （2）水平投影 $ef \parallel OY_H$ 轴，正面投影 $e'f' \parallel OZ$ 轴，都不反映实长； （3）$e''f''$ 与 OZ 轴和 OY_W 轴的夹角 β、α 等于 EF 对 V、H 面的倾角
	总结：（1）在其所平行的投影面上的投影反映实长 （2）其他两面投影平行于相应的坐标轴 （3）反映实长的投影与相应投影轴所夹角度等于空间直线对相应投影面的倾角		

3. 投影面垂直线

垂直于一个投影面的直线，称为投影面垂直线。根据投影面垂直线垂直的投影面不同，投影面垂直线又可分为三种：垂直于 H 面的直线，称为铅垂线；垂直于 V 面的直线，称为正垂线；垂直于 W 面的直线，称为侧垂线。图 2-17 为铅垂线的投影。

从图中可以看出，铅垂线具有下列投影特性：

（1）铅垂线 AB 的水平投影积聚为一点 $b(a)$；

（2）正面投影 $a'b'$ 和侧面投影 $a''b''$ 分别垂直于 OX 轴和 OY_W 轴且长度等于 AB 的实长。

投影面垂直线的投影特性见表 2-2 所示。

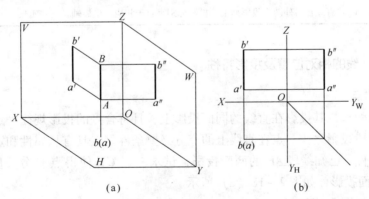

图 2-17　铅垂线投影特性

(a) 直观图；(b) 投影图

表 2-2 投影面垂直线投影特性

名称	铅垂线	正垂线	侧垂线
轴测图	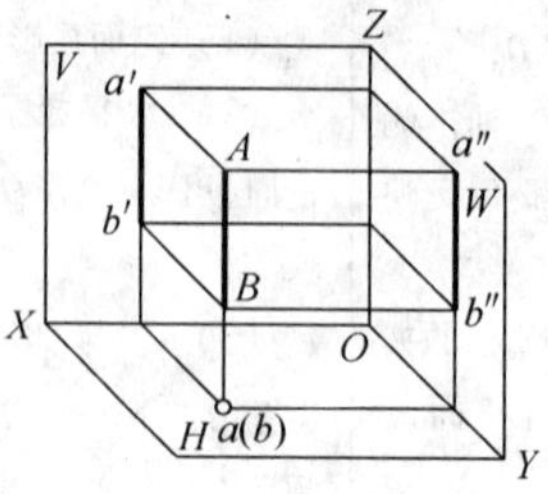	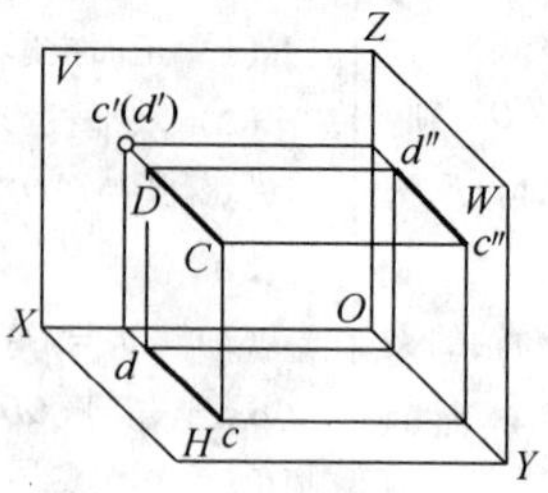	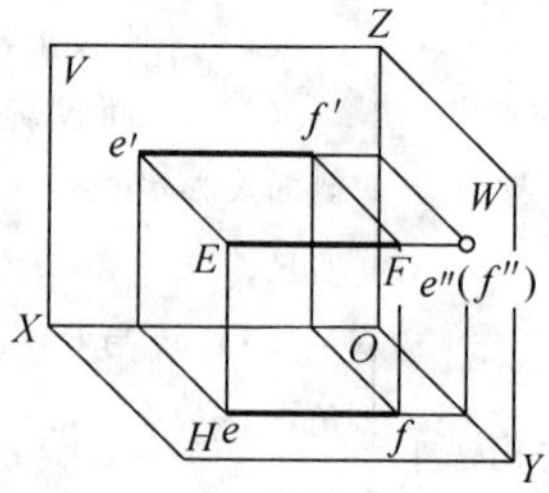
投影图	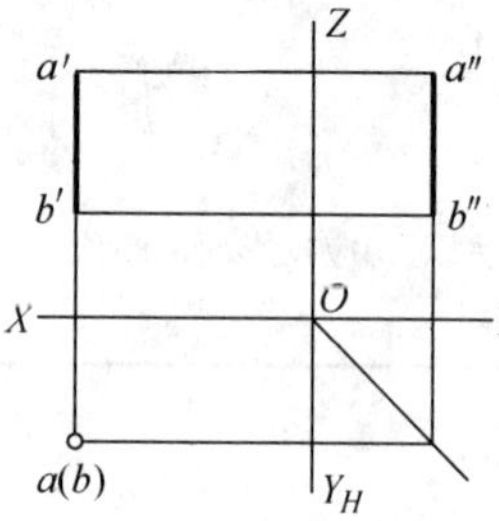	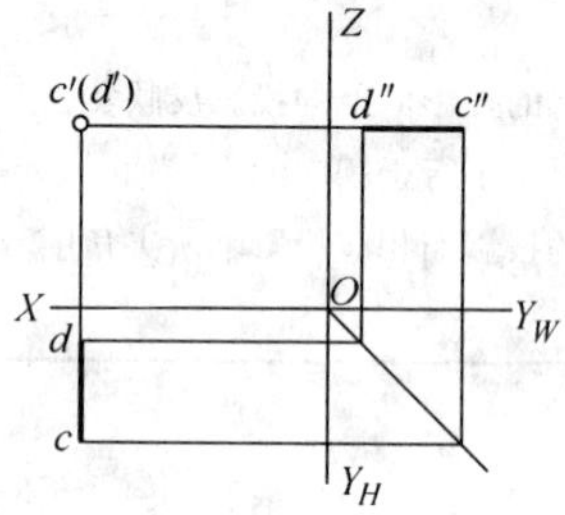	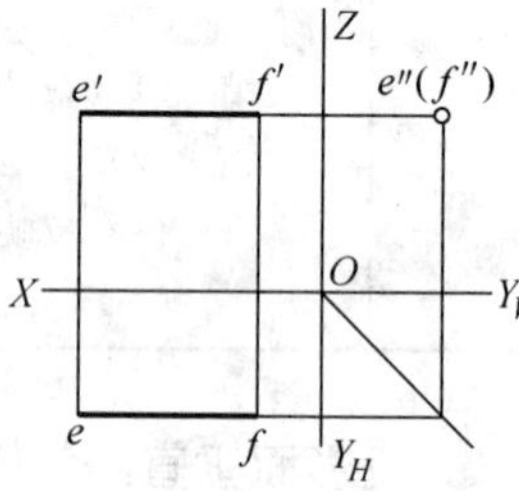
投影特性	(1) AB 的水平投影积聚为一点 a(b) (2) $a'b' = a''b'' = AB$ $a'b' \perp OX$, $a''b'' \perp OY_W$	(1) CD 的正面投影积聚为一点 c'(d') (2) $cd = c''d'' = CD$; $cd \perp OX$, $c''d'' \perp OZ$	(1) EF 的侧面投影积聚为一点 e''(f'') (2) $e'f' = ef = EF$ $e'f' \perp OZ$, $ef \perp OY_H$
	总结:(1) 直线在其所垂直的投影面上的投影积聚为一点 (2) 直线在另外两个投影面上的投影分别垂直于相应的坐标轴且反映实长		

2.3.2 点、线的相对位置及投影特性

1. 直线上的点

位于直线上的点，其投影在直线的同面投影上，且符合点的投影规律，点分线段之比等于点的投影分线段投影之比。点在直线上的充分必要条件是点具有从属性和定比性。

[例题 2-4] 已知线段 AB 的两面投影，试求一点 C，使得点 C 分线段 AB 的比例为 $2:1$，完成其两面投影，如图 2-18（a）所示。

作图步骤：见图 2-18（b）：

（1）过 a' 作任意线段 $a'4$，并在其上量取三个单位长度，得 1、2、3、4 四点，其中点 1 与点 a' 重合；

（2）连接线段 $4b'$，过 3 分点作 $4b'$ 的平行线 $3c'$，交 $a'b'$ 于 c'；

（3）根据点的投影规律，过 c' 作 OX 轴的垂线，该直线与 ab 的交点即为所求点的水平投影 c。

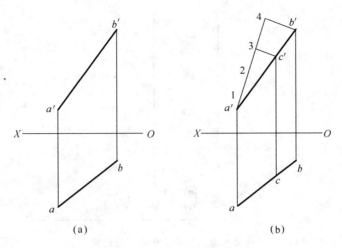

图 2-18 点分线段的投影
(a) 已知图形；(b) 作图步骤

2. 两直线的相对位置

我们都知道，空间两直线有共面和异面之分，共面直线又分为平行和相交两种，异面直线在机械制图中又称为交叉直线，因而空间两直线有平行、相交和交叉三种位置关系，它们的投影特性分述如下。

(1) 平行两直线。空间相互平行的两直线，它们的同面投影也一定相互平行，且满足定比性。如图 2-19 所示，ab // cd、$a'b'$ // $c'd'$、$a''b''$ // $c''d''$ 且 $ab:cd = a'b':c'd' = a''b'':c''d''$。

反之，如果空间两直线的三面投影都对应平行，则空间两直线相互平行。若空间两直线相对于同一投影面积聚为两个点且不重合，则空间两直线平行，两投影的连线等于空间两直线之间的距离，如图 2-20 所示。

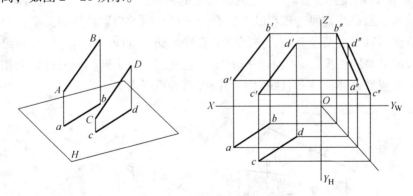

图 2-19 平行两直线的投影

(2) 相交两直线。空间相交的两直线，他们的同面投影也一定相交，交点为两直线的共有点，且应符合点的投影规律。反之，空间两直线在三个投影面内都有交点（或延伸后有交点），且交点符合投影规律，则空间两直线相交，如图 2-21 所示。

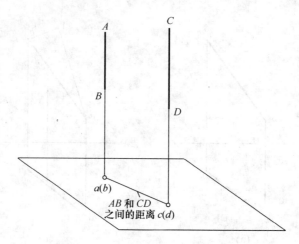

图 2-20 两铅垂线之间的距离

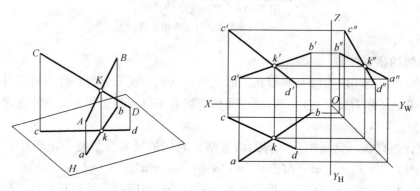

图 2-21 相交两直线的投影

（3）交叉两直线。在空间即不平行也不相交的两直线，叫交叉两直线，又称异面直线，如图 2-22 所示。如果两直线的投影既不符合两平行直线的投影特性，又不符合两相交直线的投影特性，则可判定这两条直线为空间交叉直线。交叉直线可能有一组或两组同面投影平行，但两直线的其余同面投影必定不平行；也可能在三个投影面的同面投影都相交，但交点不符合一个点的投影规律，是两直线对不同投影面的重影点。

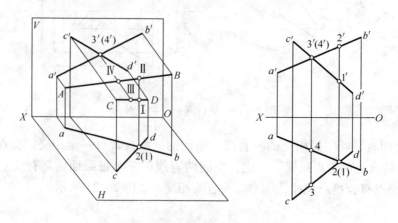

图 2-22 交叉两直线的投影

[**例题 2-5**]　已知直线 AB、CD 的两面投影，试判断直线 AB 与 CD 是否平行，如图 2-23（a）所示。

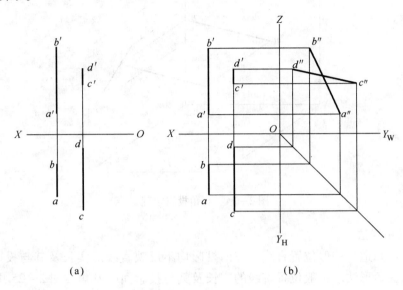

图 2-23　判断两直线是否平行
(a) 已知图形；(b) 作图步骤

判断 AB 与 CD 是否平行有两种方法：

（1）补画直线 AB 与 CD 的第三面投影，如图 2-23（b）所示，$a''b''$ 和 $c''d''$ 不平行，所以空间直线 AB 与 CD 不平行；

（2）如果两直线同向，且满足定比性，两直线就平行（针对给定两面投影都相互平行的情况）。如图 2-23（a）所示，AB 与 CD 虽然同向，但 $ab:cd$ 不等于 $a'b':c'd'$，同样可以判断出 AB 与 CD 不平行。

2.3.3*　求一般位置线段的实长

相交两直线的投影不一定能反映两直线夹角的实形。如果两直线垂直，其中一条直线是某一投影面的平行线，则该两直线在该投影面上的投影也垂直。这种投影特性称为直角投影定理。下面以两直线垂直相交，其中一直线为正平线为例进行证明，如图 2-24 所示。

已知：$MN \perp EF$，$MN /\!/ V$ 面。

求证：$m'n' \perp e'f'$。

证明：因为 $MN /\!/ V$ 面，$Nn' \perp V$ 面，所以 $MN \perp Nn'$。

已知 $MN \perp EF$，根据 $MN \perp Nn'$，所以 $MN \perp EF$ 所在平面 W。得 $MN \perp e'f'$。

又因为 $MN /\!/ V$ 面，得 $MN /\!/ m'n'$。

所以 $m'n' \perp e'f'$。

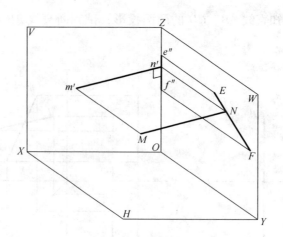

图 2-24 直角投影定理

1. 直角三角形法

由前面知识知道，一般位置直线的三面投影均不反映直线的实长及其与投影面的倾角。下面介绍直角三角形法求一般位置直线的实长及其与投影面的倾角。图 2-25 中的 AB 为一般位置线段，ab、$a'b'$ 都小于 AB 的实长。过点 A 作 $AC // ab$，交 Bb 于 C。此时，$\triangle ABC$ 为直角三角形，两直角边 $AC = ab$，$BC = Z_B - Z_A$，即 BC 等于点 a'、点 b' 到 X 轴的距离差；$\angle BAC = \alpha$，即 AB 对 H 面的倾角；AB 为直角三角形的斜边。可见，已知线段的两面投影，就相当于给定了直角三角形的两直角边，该直角三角形便可做出。步骤如下：

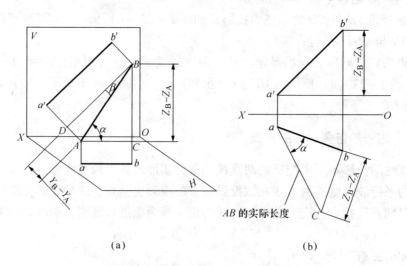

(a) (b)

图 2-25 直角三角形法求线段的实长
(a) 直观图；(b) 投影图

(1) 过 b 做 $bC \perp ab$，并且使 $bC = Z_B - Z_A$；
(2) 连接 aC，则 $aC = AB$，$\angle baC = \alpha$。

[例题 2-6] 已知 MN 实长为 25，试求图 2-26 中线段 mn 的水平投影。

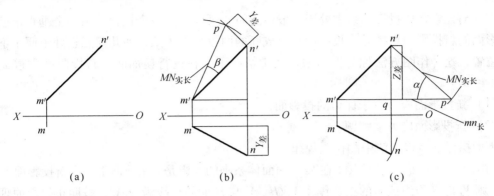

图 2-26 求线段 MN 的水平投影 mn
(a) 已知;(b) 求 Y 差;(c) 求 mn 长

作图步骤如下:
方法一:
(1) 过 n' 作 $n'p \perp m'n'$,以 m' 为圆心,MN 实长 25 为半径画圆弧,交 $n'p$ 于 p。
(2) 由直角三角形法可知,$n'p$ 即为 Y 差,再根据投影规律,过 n' 作 OX 轴的垂线,根据 Y 差可求出 N 点水平投影 n,连接 mn 即可得到 mn 的水平投影,如图 2-26 (b) 所示。
方法二:
(1) 过 m' 作 $m'q // OX$,以 n' 为圆心,MN 实长 25 为半径画圆弧,交 $m'q$ 延长线于 p。
(2) $n'q$ 即为 Z 差,由直角三角形法可知,pq 即为 MN 的水平投影长 mn,再以 m 为圆心,pq 长为半径画弧,交 $n'q$ 的延长线于 n,连接 mn 即可得到 mn 的水平投影,如图 2-26 (c) 所示。

2. 换面法

图 2-27 所示的直线 AB 在原 V/H 投影体系中是一般位置直线,要求其实长和对 H 面的倾角 α,可设一个新投影面 V_1 平行于 AB,且垂直于 H 面,则 H 面与面 V_1 组成新的投影体系 H/V_1,AB 在 V_1 面的新投影既反映实长,又反映直线与 H 面的倾角 α。

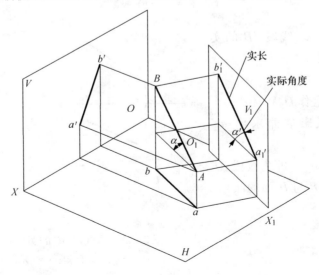

图 2-27 换面法

当几何元素在原投影体系中处于一般位置时，可以保留一个投影，用一个垂直于被保留的投影面的新投影面更换另一投影面，组成新的两投影面体系，使几何元素处于便于解题的特殊位置，这种作图方法称为换面法。通常情况下，在进行换面时，新投影面常遵循以下原则：

（1）新投影面应垂直于保留的投影面；
（2）新投影面应方便解题。

下面探讨点在换面法中的作图规律。

如图 2-28 所示，空间点 A 在 V/H 两面体系中的投影是 a' 和 a，用一个新投影面 V_1 代替 V 面，则 V_1 与 H 组成新的投影体系 V_1/H。V_1 与 H 面的交线为 O_1X_1，按照正投影原理作出点 A 在 V_1 面的新投影 a_1'，展开新投影体系后，我们可以看到点在新投影面上的投影规律如下：

（1）点的新投影和保留投影的连线垂直于新投影轴 O_1X_1。
（2）点的新投影到新投影轴的距离等于被换的原投影到旧投影轴的距离。

同样，也可以用 H_1 面来替代 H 面，作图方法与上述相仿。

某些问题要经过两次或多次换面才能解决，是在第一次换面的基础上再作第二次换面。只是在变换时投影面应交替变换，同时新旧投影面要随投影面变换而改变。

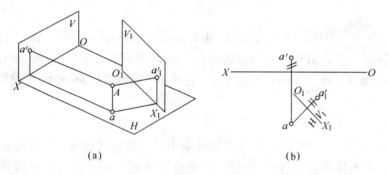

图 2-28 换面法投影规律
（a）直观图；（b）投影图

[例题 2-7] 求线段 AB 的实长及对 H 面的倾角 α。

作图步骤：
（1）在适当位置作 $O_1X_1 \parallel ab$；
（2）按点的投影规律求出 a_1' 和 b_1'；
（3）连接 a_1'、b_1'，即为线段 AB 的实长，α 为直线 AB 与 H 面的倾角，如图 2-29 所示。

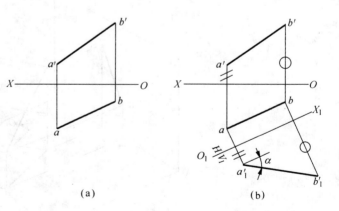

图 2-29 求线段 AB 的实长及对 H 面的倾角
（a）已知；（b）求解过程

[例题 2-8] 求点 P 到直线 MN 的距离,并完成该垂线的两面投影。

作图步骤:

(1) 在适当位置作 $O_1X_1 \parallel mn$,求出 p_1' 和 m_1' 及 n_1';

(2) 作 $O_2X_2 \perp n_1'm_1'$,求出 m_2、p_2 和 n_2;

(3) 根据投影规律,过 p_1' 作 $p_1'q_1' \perp n_1'm_1'$,q_1' 为垂足;由于 $n_1'm_1' \perp O_2X_2$,则 q_2 与 m_2、n_2 为重影点,p_2q_2 就是点 P 到线段 AB 距离的实长。MN 为 H_2 面的垂直线,那么 PQ 为 H_2 面的平行线,因此 $p_1'q_1' \parallel O_2X_2$,求出 PQ 的各面投影即为所求,如图 2-30 所示。

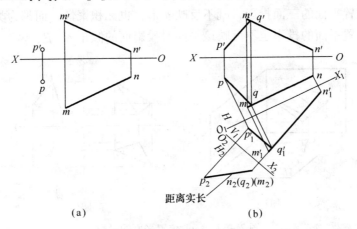

图 2-30 求点到直线距离
(a) 已知;(b) 求解过程

2.4 平面的投影

2.4.1 平面的表示法

不属于同一直线的三点可确定一平面。因此平面可以用图 2-31 中任何一组几何要素的投影来表示。在投影图中,常用平面图形来表示空间的平面。

平面的投影也是先画出平面图形各顶点的投影,然后将各点的同面投影依次连接,即为平面图形的投影。

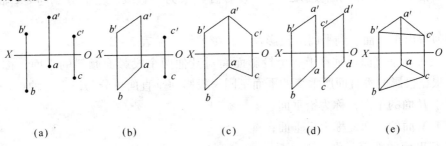

图 2-31 平面的表示方法
(a) 不在同一直线上的三个点;(b) 直线及线外一点;
(c) 两相交直线;(d) 两平行直线;(e) 平面图形

2.4.2 各种位置平面的投影

在投影体系中,平面相对于投影面的位置也有三种,即一般位置平面和特殊位置平面。特殊位置平面包括投影面平行面和投影面垂直面。

1. 一般位置平面

对三个投影面都倾斜的平面(图 2-32),称为一般位置平面。

一般位置平面的投影特性为:

(1) 一般位置平面的三面投影,既不反映实形,也无积聚性,而都为类似形。

(2) 一般位置平面的投影也不反映该平面对投影面的倾角 α、β、γ。

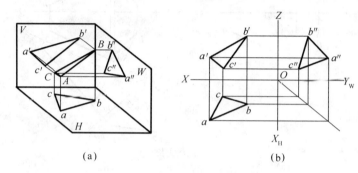

图 2-32 一般位置平面的投影
(a) 直观图;(b) 投影图

2. 特殊位置平面

(1) 投影面平行面。平行于一个投影面的平面,称为投影面平行面。根据投影面平行面所平行的平面不同,投影面平行面可分为以下三种:

平行于 H 面的平面,称为水平面;

平行于 V 面的平面,称为正平面;

平行于 W 面的平面,称为侧平面。

以水平面为例,其投影特性为:

①水平投影 $\triangle abc$ 反映 $\triangle ABC$ 的实形。

②正面投影 $a'b'c'$ 和侧面投影 $\triangle a''b''c''$ 投影各积聚为一直线,他们分别与 OX 轴、OY_W 轴平行。

可类似得出正平面、侧平面的投影及其投影特性,见表 2-3。

(2) 投影面垂直面。垂直于一个投影面而对其他两个投影面倾斜的平面,称为投影面垂直面。根据投影面垂直面所垂直的平面不同,投影面垂直面可分为以下三种:

垂直于 H 面的平面,称为铅垂面;

垂直于 V 面的平面,称为正垂面;

垂直于 W 面的平面,称为侧垂面。

以铅垂面为例,其投影特性为:

①水平投影 abc 积聚为一直线,它与 OX 轴的夹角反映平面与 V 面的倾角 β;与 OY_H 轴

的夹角反映平面与 W 面的倾角 γ。

②正面投影 $\triangle a'b'c'$ 和侧面投影 $\triangle a''b''c''$ 均为类似形。

可类似得出正垂面、侧垂面的投影及其投影特性，见表 2-4。

表 2-3　投影面平行面投影特性

名　称	直观图	投影图	特性
水平面			(1) abc 反映实形； (2) $a'b'c'$ 和 $a''b''c''$ 积聚成直线； (3) $a'b'c' // OX$，$a''b''c'' // OY_W$
正平面			(1) $a'b'c'$ 反映实形； (2) abc 和 $a''b''c''$ 积聚成直线； (3) $abc // OX$，$a''b''c'' // OZ$
侧平面			(1) $a''b''c''$ 反映实形； (2) abc 和 $a'b'c'$ 积聚成直线； (3) $abc // OY_H$，$a'b'c' // OZ$

表 2-4　投影面垂直面投影特性

名　称	直观图	投影图	特性
铅垂面			(1) abc 积聚为直线； (2) $a'b'c'$ 和 $a''b''c''$ 为类似形； (3) β、γ 反映实角

续表

名称	直观图	投影图	特性
正垂面			(1) $a'b'c'$ 积聚为直线； (2) abc 和 $a''b''c''$ 为类似形； (3) α、γ 反映实角
侧垂面			(1) $a''b''c''$ 积聚为直线； (2) abc 和 $a'b'c'$ 为类似形； (3) α、β 反映实角

2.4.3 平面上直线和点的投影

1. 平面上的直线

在平面上取直线的条件是：

(1) 一直线经过平面上的两点；

(2) 一直线经过平面上的一点，且平行于平面上的另一已知直线。

如图 2-33（a）相交两直线 AB、AC 确定一平面 P，分别在直线 AB、AC 上取点 E、F，连接 EF，则直线 EF 为平面 P 上的直线。作图方法见图 2-33（b）所示。

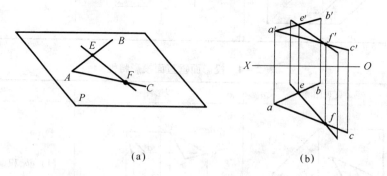

图 2-33 平面上取直线

2. 平面上的点

在平面上取点的条件是：

若点在直线上，直线在平面上，则点一定在该平面上。因此，在平面上取点时，应先在平面上取直线，再在该直线上取点。如图 2-34（a）所示，相交两直线 AB、AC 确定一平面 P，在直线 AC 上取点 E，过点 E 作直线 MN∥AB，则直线 MN 为平面 P 上的直线。作图方法见图 2-34（b）所示。

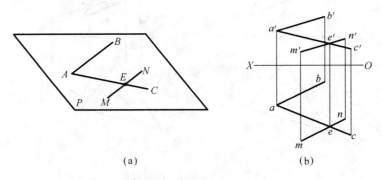

图 2-34　平面上取点

[**例题 2-9**]　已知 △ABC 上的直线 EF 的正面投影 e'f'，如图 2-35 所示，求水平投影 ef。

作图步骤：

（1）延长 e'f'，分别与 a'b' 和 b'c' 交于 m'、n'，由 m'、n' 求得 m、n。

（2）连 m、n，在 mn 上由 e'f' 求得 ef。

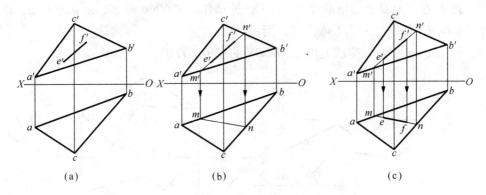

图 2-35　求 EF 正面投影

[**例题 2-10**]　如图 2-36 所示，已知 △ABC 上点 E 的正面投影 e' 和点 F 的水平投影 f，求作它们的另一面投影。

作图步骤：

（1）如图（b）所示，过 e' 做一条辅助直线 Ⅰ、Ⅱ 的正面投影 1'2'，使 1'2'∥a'b'，求出水平投影 1、2；然后过 e' 作 OX 轴的垂线与 12 相交，交点 e 即为点 E 的水平投影。

（2）过 f 作辅助直线的水平投影 fa，fa 交 bc 于 3，求出正面投影 a'3'，过 f 作 OX 轴的垂线与 a'3' 的延长线相交，交点即为点 F 的正面投影 f'。

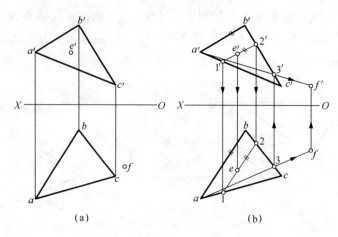

图 2-36 完成 EF 两面投影

[**例题 2-11**] 已知五边形的五个顶点组成一平面图形，试完成图 2-37（b）所示图形的水平投影。

作图步骤：

（1）过 E 在 △ABC 上作辅助线 AF：连 a'e' 并延长，与 b'c' 交于 f'，由 f' 求得 f；连 af，由 e' 求得 e，如图 2-37（a）、(c) 所示。

（2）过 D 在 △ABC 上作辅助线 DG//BC：过 d' 作 d'g'//b'c' 得 g'，由 g' 求得 g；作 dg//bc，由 d' 求得 d，如图 2-37（a）、(d) 所示。

（3）连 ae、ed 和 dc，完成五边形 ABCDE 的水平面投影。

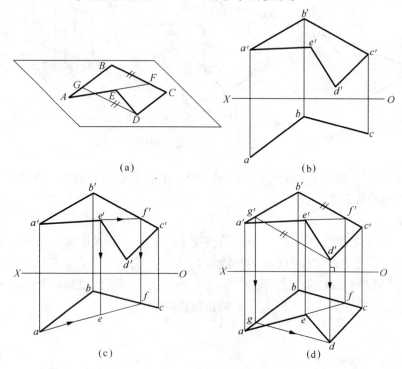

图 2-37 补画五边形水平投影

3. 平面上的投影面平行线

属于平面，且又平行于一个投影面的直线称为平面上的投影面平行线。平面上的投影面平行线一方面符合投影面平行线的投影特性，另一方面又要符合直线在平面上的条件，因此它的投影特点具有双重性。如图 2-38 所示，过 A 点在平面内要作一水平线 AD，可过 a' 作 $a'd' // OX$ 轴，再求出它的水平投影 ad，$a'd'$ 和 ad 即为 △ABC 上一水平线 AD 的两面投影。如过 C 点在平面内要作一正平线 CE，可过 c 作 $ce // OX$ 轴，再求出它的正面投影 $c'e'$，$c'e'$ 和 ce 即为 △ABC 上一正平线 CE 的两面投影。

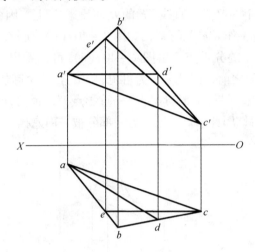

图 2-38 平面上的投影面平行线

2.4.4 直线与平面、平面与平面的相对位置

1. 直线与平面、平面与平面平行

由几何学知识，直线与平面平行的几何条件是：直线平行于平面内的某一直线。

直线与投影面垂直面平行时，直线的投影平行于平面有积聚性的同面投影，或者直线和平面的同面投影都有积聚性。

平面与平面平行的几何条件是：一平面上两条相交直线对应平行于另一平面上两条相交直线（图 2-39）。

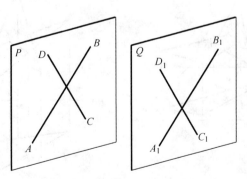

图 2-39 两平面平行的判断

2. 直线与平面、平面与平面相交

直线与平面不平行必相交，平面与平面不平行也必相交。直线与平面相交会产生交点，交点既属于直线又属于平面，为相交的直线与平面的共有点；相交两平面的交线为直线，该直线同属于相交的两平面，是相交平面的共有线。

当需要对投影进行可见性判定时，交点是直线投影可见与不可见的分界点；交线是平面投影可见与不可见的分界线。

如图 2-40（a）所示，一般位置直线 DE 与铅垂面 △ABC 相交，交点 K 的 H 面投影 k 在 △ABC 的 H 面投影 abc 上，又必在直线 DE 的 H 面投影 de 上，因此，交点 K 的 H 面投影 k 就是 abc 与 de 的交点，由 k 作 d'e' 上的 k'，如图 2-40（b）所示。交点 K 也是直线 DE 在 △ABC 范围内可见与不可见的分界点。由图 2-40（c）可以看出，直线 DE 在交点右上方的一段 KE 位于 △ABC 平面之前，因此 e'k' 为可见，k'd' 被平面遮住的一段为不可见。也可利用两交叉直线的重影点来判断，e'd' 与 a'c' 有一重影点 1'，根据 H 面投影可知，DE 上的点 Ⅰ 在前，AC 上的点 Ⅱ 在后，因此 1'k' 可见，另一部分被平面遮挡，不可见，应画虚线。

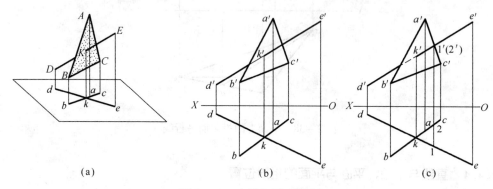

图 2-40 直线与平面相交

如图 2-41 所示，△ABC 是铅垂面，△DEF 是一般位置平面，在水平投影上，两平面的共有部分 kl 就是所求交线的水平投影，由 kl 可直接求出 k'l'。V 面投影的可见性可以从 H 面投影直接判断：平面 klfe 在平面 ABC 之前，因此 k'l'f'e' 可见，画实线，其余部分的可见性如图 2-41（b）所示。

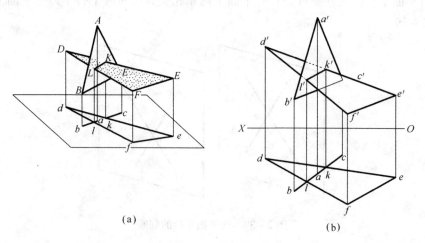

图 2-41 平面与平面相交

3. 直线与平面、平面与平面垂直

由几何学知识知道：一直线如果垂直于一平面上任意两相交直线，则直线垂直于该平面，直线垂直于平面上的所有直线。当直线垂直于投影面垂直面时，该直线平行于平面所垂直的投影面。同理，与正垂面垂直的直线是正平线，它们的正面投影相互垂直；与侧垂面垂直的直线是侧平线，两者的侧面投影相互垂直，如图2-42所示。

当两个互相垂直的平面同垂直于一个投影面时，两平面有积聚性的同面投影垂直，交线是该投影面的垂直线，如图2-43所示。

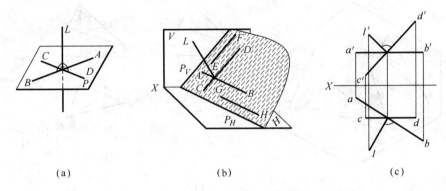

图 2-42 直线与平面垂直

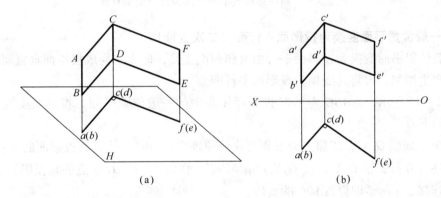

图 2-43 平面与平面垂直

2.4.5* 平面图形的实形

通过平面的变换主要解决两方面的问题：一是将平面变换为投影面平行面，求得平面的实际形状；二是将平面变换为投影面垂直面，求得平面与投影面的夹角。变换平面的方法同变换点、直线相同，只是由于要找的点比较多，在作图时应当细心。

1. 将一般位置平面变换为投影面垂直面（一次变换）

将一般位置平面变换为投影面垂直面的作图步骤如下：
（1）在空间平面内作一投影面平行线；
（2）设置与投影面平行线成垂直的新投影面。

而使一条投影面平行线变为新投影面的垂直线，只需一次换面。因此，换面时须在平面内取一条投影面平行线。

如图 2-44 所示，△ABC 为 V/H 投影面体系中的一般位置平面，将其变换为投影面垂直面步骤如下：

(1) 在△ABC 内作一水平线 CK 为辅助线，根据投影规律完成其两面投影；

(2) 在适当位置建立新投影轴 O_1X_1，使 $O_1X_1 \perp ck$，作出 A、B、C、K 各点的新投影 a_1'、b_1'、c_1'、k_1'；

(3) 连接 $a_1'b_1'c_1'k_1'$ 为一直线即可得△ABC 的积聚性投影。

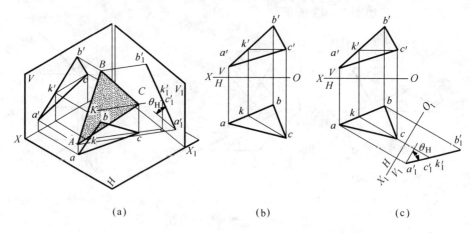

图 2-44 将一般位置平面变换为投影面垂直面

2. 将一般位置平面变换为投影面平行面（二次变换）

将一般位置平面变换为投影面平行面要作两次变换，即先变换成投影面垂直面，使平面的新投影产生积聚，再将其变换为投影面平行面。

如图 2-45 所示，△ABC 为 V/H 投影面体系中的一般位置平面，将其变换为投影面平行面步骤如下：

(1) 建立新轴 O_1X_1，依照上面投影变换的原理将△ABC 变换为新投影面的垂直面；

(2) 建立新投影轴 O_2X_2，使 $O_2X_2 // a_1'b_1'c_1'$，作出 A、B、C 三点的新投影 a_1、b_1、c_1；

(3) 连接△$a_1b_1c_1$ 即得△ABC 的实形。

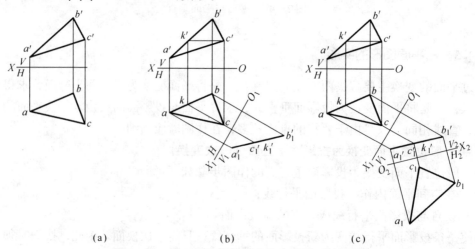

图 2-45 将一般位置平面变换为投影面平行面

[**例题** 2-12] 求变形接头两侧面 $ABCD$ 和 $ABFE$ 之间的夹角 θ。

分析：当两平面的交线垂直于某投影面时，则两平面在该投影面上的投影积聚为两相交直线，它们之间的夹角即反映两平面间的夹角。

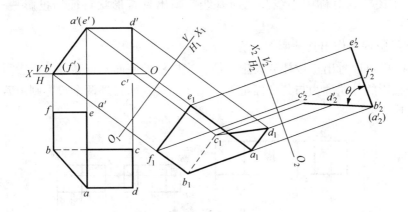

图 2-46 求变形接头两侧面夹角

作图步骤如图 2-46：

(1) 将面 $ABCD$ 与平面 $ABFE$ 的交线 AB 经二次变换成投影面的垂直线；

(2) 平面 $ABCD$ 和 $ABFE$ 在 V_2 面上的投影分别重影为直线段 a_2'、b_2'、c_2'、d_2' 和 a_2'、b_2'、f_2'、e_2'。

(3) $\angle e_2'a_2'c_2'$ 为变形接头两侧面间的夹角 θ。

2.5 平面立体投影

立体是由面围成的，立体可分为平面立体和曲面立体两类。如果立体表面全部由平面所围成，则称为平面立体，最基本的平面立体有棱柱和棱锥等。如果立体表面全部由曲面或曲面和平面所围成，则称为曲面立体，最基本的曲面立体有圆柱、圆锥、圆球等。工程制图中，通常将棱柱、棱锥、圆柱、圆锥、圆球等简单立体称为基本几何体，简称基本体。

2.5.1 棱柱

以正六棱柱为例。如图 2-47 所示为一正六棱柱，由上、下两底面（正六边形）和六个棱面（长方形）组成。设将其放置成上、下底面与水平投影面平行，并有两个棱面平行于正投影面。

1. 棱柱的投影

上、下两底面均为水平面，它们的水平投影重合并反映实形，正面及侧面投影积聚为两条相互平行的

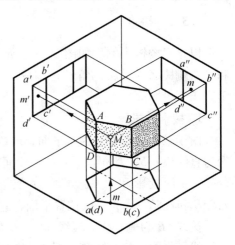

图 2-47 正六棱柱直观图

直线。六个棱面中的前、后两个为正平面，它们的正面投影反映实形，水平投影及侧面投影积聚为一直线。其他四个棱面均为铅垂面，其水平投影均积聚为直线，正面投影和侧面投影均为类似形。作图方法与步骤如图2-48所示。

（1）作正六棱柱的对称中心线和底面基线，画出具有形状特征的投影——水平投影，即特征视图。

（2）根据投影规律作出其他两个投影。

从图2-48中可以看出正棱柱的投影特征：当棱柱的底面平行某一个投影面时，则棱柱在该投影面上投影的外轮廓为与其底面全等的正多边形，而另外两个投影则由若干个相邻的矩形线框所组成。

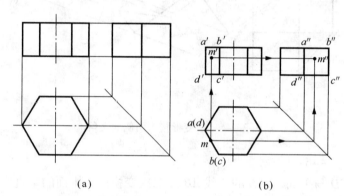

图2-48 正六棱柱三视图
（a）三视图；（b）棱柱表面的点

2. 棱柱表面上点的投影

如图2-48（b）所示，已知棱柱表面上点 M 的正面投影 m'，求作它的其他两面投影 m、m''。因为 m' 可见，所以点 M 必在面 $ABCD$ 上。此棱面是铅垂面，其水平投影积聚成一条直线，故点 M 的水平投影 m 必在此直线上，再根据 m、m' 可求出 m''。由于 $ABCD$ 的侧面投影为可见，故 m'' 也为可见。（注意：点与积聚成直线的平面重影时，不加括号）

2.5.2 棱锥

以正三棱锥为例。如图2-49所示为一正三棱锥，它的表面由一个底面（正三边形）和三个侧棱面（等腰三角形）围成，设将其放置成底面与水平投影面平行，并有一个棱面垂直于侧投影面。

1. 棱锥的投影

由于锥底面 $\triangle ABC$ 为水平面，所以它的水平投影反映实形，正面投影和侧面投影分别积聚为直线段 $a'b'c'$ 和 $a''(c'')b''$。棱面 $\triangle SAC$ 为侧垂面，它的侧面投影积聚为一段斜线 $s''a''(c'')$，正面投影和水平投影为类似形 $\triangle s'a'c'$ 和 $\triangle sac$，前者为不可见，后者可见。棱面 $\triangle SAB$ 和 $\triangle SBC$ 均为一般位置平面，它们的三面投影均为类似形。

棱线 SB 为侧平线，棱线 SA、SC 为一般位置直线，棱线 AC 为侧垂线，棱线 AB、BC 为水平线。作图方法与步骤如图2-49所示。

（1）作正三棱锥的对称中心线和底面基线，画出底面 $\triangle ABC$ 水平投影的等边三角形，即特征视图。

（2）根据正三棱锥的高度定出锥顶 S 的投影位置，然后在正面投影和水平投影上用直线连接锥顶与底面四个顶点的投影，即得四条棱线的投影。

（3）根据投影规律，由正面投影和水平投影作出侧面投影。

从图 2-49 可以看出正棱锥的投影特征：当棱锥的底面平行某一个投影面时，则棱锥在该投影面上投影的外轮廓为与其底面全等的正多边形，而另外两个投影则由若干个相邻的三角形线框所组成。

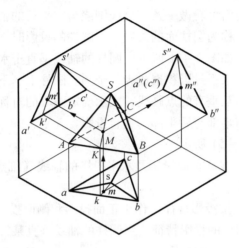

图 2-49 三棱锥直观图

2. 棱锥表面上点的投影

如图 2-50 所示，因为 m' 可见，因此点 M 必定在 △SAB 上，△SAB 是一般位置平面，采用辅助线法，过点 M 及锥顶点 S 作一条直线 SK，与底边 AB 交于点 K。图 2-50 中即过 m' 作 $s'k'$，再作出其水平投影 sk。由于点 M 属于直线 SK，根据点在直线上的从属性质可知 m 必在 sk 上，求出水平投影 m，再根据 m、m' 可求出 m''。因为点 N 不可见，故点 N 必定在棱面 △SAC 上。棱面 △SAC 为侧垂面，它的侧面投影积聚为直线段 $s''a''(c'')$，因此 n'' 必在 $s''a''(c'')$ 上，由 n、n'' 即可求出 n'。

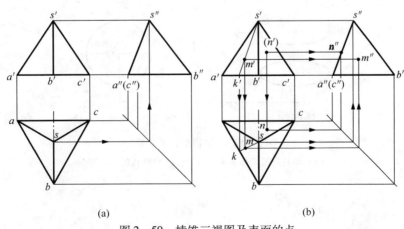

(a)   (b)

图 2-50 棱锥三视图及表面的点

(a) 三视图；(b) 棱锥表面的点

2.6 曲面立体投影

2.6.1 圆柱

1. 圆柱的投影

圆柱表面由圆柱面和两底面所围成。

如图 2-51 所示，圆柱面可看做一条直母线围绕与它平行的轴线回转而成。圆柱面上任意一条平行于轴线的直线，称为圆柱面的素线。画圆柱的投影时，为便于作图，一般常使它的轴线垂直于某个投影面，如图 2-51 所示。圆柱的轴线垂直于水平面，圆柱面上所有素线都是铅垂线，因此圆柱面的水平投影积聚成为一个圆。圆柱上、下两个底面的水平投影反映实形并与该圆重合。两条相互垂直的点画线，表示确定圆心的对称中心线。圆柱面的正面投影是一个矩形，是圆柱面前半部与后半部的重合投影。

作图方法与步骤如图 2-51 所示：

(1) 作水平投影的中心线和正面投影及水平投影的轴线（细点画线）。

(2) 作水平投影的圆形。

(3) 根据圆柱的高度，按投影规律，作出正面投影和侧面投影。

从图 2-51 可以看出圆柱的投影特征：当圆柱的轴线垂直某一个投影面时，必有一个投影为圆形，另外两个投影为全等的矩形。

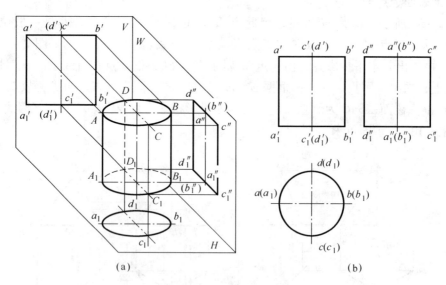

图 2-51 圆柱体及直观图

(a) 圆柱在投影体系中的位置；(b) 圆柱的三视图

2. 圆柱表面上点的投影

如图 2-52 所示，已知圆柱面上点 M 的正面投影 m'，求作点 M 的其余两个投影。因为圆柱面投影具有积聚性，圆柱面上点的侧面投影一定重影在圆周上。又因为 m' 可见，故点 M 必在前半圆柱面上，根据高平齐，由 m' 求得 m''；再由宽相等和长对正求得 m。

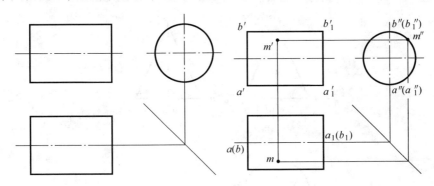

图 2-52 圆柱体三视图及表面取点

2.6.2 圆锥

圆锥表面由圆锥面和底面所围成，如图 2-53 所示。圆锥面可看做是一条直母线围绕与它相交的轴线回转而成。在圆锥面上通过锥顶的任一直线称为圆锥面的素线。

1. 圆锥的投影

画圆锥面的投影时，也常使它的轴线垂直于某一投影面。如图 2-53 所示圆锥的轴线是铅垂线，底面是水平面，图 2-54 是它的投影图。圆锥的水平投影为一个圆，反映底面的实形，同时也表示圆锥面的投影。圆锥的正面、侧面投影均为等腰三角形，其底边均为圆锥底面的积聚投影。正面投影中三角形的两腰 $s'a'$、$s'b'$ 分别表示圆锥面最左、最右轮廓素线 SA、SB 的投影，他们是圆锥面正面投影可见与不可见的分界线。作图方法与步骤如图 2-54 所示。

（1）作水平投影的中心线和正面投影及水平投影的轴线（细点画线）。

（2）作水平投影的圆形。

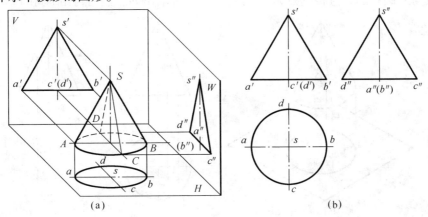

图 2-53 圆锥体直观图及三视图
(a) 直观图；(b) 圆锥的三视图

（3）根据圆锥的高度定出锥顶 S 的投影位置，然后根据投影规律，作出正面投影和侧面投影。

从图 2-54 可以看出圆锥的投影特征：当圆锥的轴线垂直某一个投影面时，则圆锥在该投影面上投影为与其底面全等的圆形，另外两个投影为全等的等腰三角形。

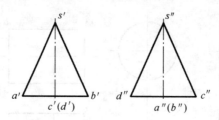

图 2-54　圆锥体三视图

2. 圆锥表面上点的投影

作图方法有两种：

（1）辅助线法。如图 2-55 所示，过锥顶 S 和 M 作一直线 SA，与底面交于点 A。点 M 的各个投影必在此 SA 的相应投影上。在图 2-55 中过 m′ 作 s′a′，然后求出其水平投影 sa。由于点 M 属于直线 SA，根据点在直线上的从属性质可知 m 必在 sa 上，求出水平投影 m，再根据 m、m′ 可求出 m″。

（2）辅助圆法。如图 2-56（a）所示，过圆锥面上点 M 作一垂直于圆锥轴线的辅助圆，点 M 的各个投影必在此辅助圆的相应投影上。在图 2-56（b）中过 m′ 作水平线 a′b′，此为辅助圆的正面投影积聚线。辅助圆的水平投影为一直径等于 a′b′ 的圆，圆心为 s，由 m′ 向下引垂线与此圆相交，且根据点 M 的可见性，即可求出 m。然后再由 m′ 和 m 可求出 m″。

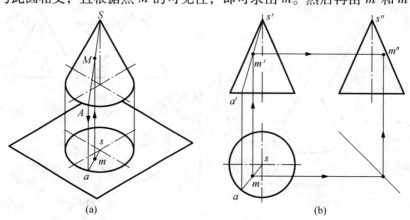

图 2-55　辅助线法
（a）直观图；（b）投影图

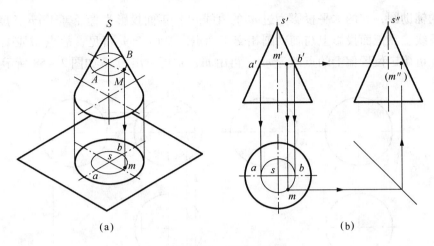

图 2-56 辅助圆法
(a) 直观图；(b) 投影图

2.6.3 圆球

1. 圆球的投影

圆球的表面是球面，如图 2-57 所示，圆球面可看做是一条圆母线绕通过其圆心的轴线回转而成。

如图 2-57 所示为圆球的立体图和投影。圆球在三个投影面上的投影都是直径相等的圆，但这三个圆分别表示三个不同方向的圆球面轮廓素线的投影。正面投影的圆是平行于 V 面的圆素线 A（它是前面可见半球与后面不可见半球的分界线）的投影。与此类似，侧面投影的圆是平行于 W 面的圆素线 C 的投影；水平投影的圆是平行于 H 面的圆素线 B 的投影。这三条圆素线的其他两面投影，都与相应圆的中心线重合，不应画出。

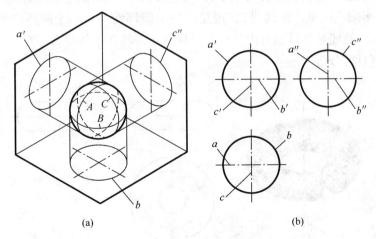

图 2-57 球体的直观图及三视图
(a) 直观图；(b) 三视图

2. 圆球表面上点的投影

采用辅助圆法，即过该点在球面上作一个平行于任一投影面的辅助圆。过点 M 作一平行于正面的辅助圆，它的水平投影为过 m 的直线 ab，正面投影为直径等于 ab 长度的圆。自 m 向上引垂线，在正面投影上与辅助圆相交于两点。又由于 m 可见，故点 M 必在上半个圆周上，据此可确定位置偏上的点即为 m′，再由 m、m′可求出 m″，如图 2-58 所示。

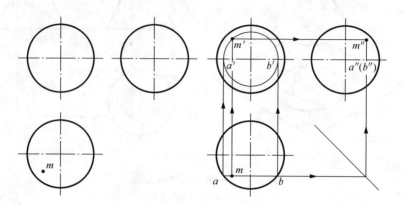

图 2-58　球体表面的点的投影

2.6.4　圆环

1. 圆环的形成

圆环可看成是以圆为母线，绕与它在同一平面上的轴线旋转而形成的，如图 2-59（a）所示。

2. 圆环的投影

如图 2-59（b）所示。俯视图中的两个同心圆，分别是圆环上最大和最小的两个纬圆的水平投影，也是上半个圆环面与下半个圆环面的可见与不可见部分的分界线，点画线圆是母线圆心轨迹的投影。主视图中的两个小圆，是平行于 V 面的最左、最右侧两素线圆的投影（位于内环面的半圆不可见，画虚线），也是前半个圆环面与后半个圆环面的分界线，主视图中上下两条水平直线是外环面与内环面分界处对正面转向线的投影。左视图的情况与主视图类似，读者可自行分析。

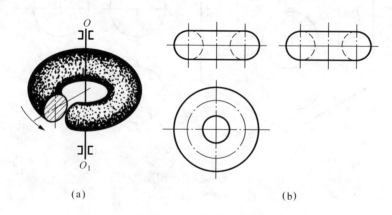

图 2-59　圆环的投影
（a）直观图；（b）三视图

3. 圆环表面取点

在圆环表面上求作点的方法：

由于圆环面的投影没有积聚性，因此要借助于表面上的辅助圆找点。

辅助圆法即过点在圆环面上作一辅助圆，该圆所在平面垂直圆环轴线，作出该圆的各投影后再将点对应到圆的投影上。如图 2-60 所示，在圆环表面取一点 M，已知其正面投影 m'，求其在三个投影面上的投影。作图方法如图 2-61 所示，即过 m' 点作一水平面，该平面与圆环主视图轮廓相交两点，再以俯视图圆为圆心，以上述与主视图轮廓两交点距离为直径画辅助圆，再根据投影规律，可求出 M 点水平投影 m，这样就转化为已知点的两面投影求第三面投影，依照点的投影规律可以求出 M 点侧面投影 m''。

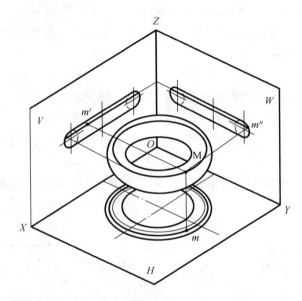

图 2-60 圆环表面取点立体图影

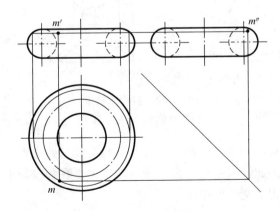

图 2-61 圆环表面取点

2.6.5 截交线

1. 截交线的性质及求法

常见机件一般并非一个简单的基本形体，通常是由几个基本体组成或基本体被截平面截切一部分或几部分而成。用于截切基本体的平面称为截切面，基本体被平面截切后形成的形体称截断体，截平面与基本体表面的交线称截交线，基本体被截切后的断面称为截平面。

由于基本体可分为平面体和回转体两大类，此外截平面与基本体的相对位置也千差万别，故其截交线的形状也各不相同。但任何截交线均具有以下两个基本性质：

（1）截交线是封闭的平面图形（平面折线、平面曲线或两者的组合）；

（2）截交线是截平面和基本体表面的共有线。

根据以上性质，求作截交线的实质，实际上就是求出截平面与基本体表面的一系列共有点，然后依次连接各点即可。

2. 平面体的截交线

平面体的表面是由若干平面图形组成，故其截交线是由直线组成的封闭的平面多边形。多边形的各顶点是截平面与立体棱线的交点，多边形的各边是截平面与各棱面的交线。因此，求作平面体的截交线，实质上就是求出截平面与平面体上各个被截棱线的交点，然后顺次连接即得截交线。

[例题 2-13] 如图 2-62 所示，求作正垂面 P 斜切正四棱锥的截交线。

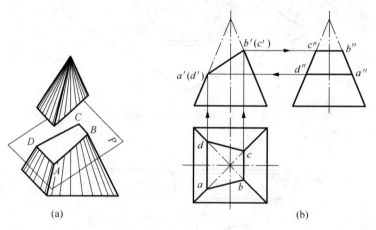

图 2-62　斜切四棱锥
(a) 直观图；(b) 三视图

分析：截平面与棱锥的四条棱线相交，可判定截交线是四边形，其四个顶点分别是四条棱线与截平面的交点。因此，只要求出截交线的四个顶点在各投影面上的投影，然后依次连接顶点的同名投影，即得截交线的投影。

作图方法与步骤如图 2-62（b）所示：

（1）因为截平面 P 是正垂面，它的正面投影积聚成一条直线，可直接求出截交线各顶点的正面投影 a'、b'、(c')、(d')。

（2）根据直线上点的投影规律，求出各顶点的水平投影 a、b、c、d 和侧面投影 a''、b''、

c''、d''。

(3) 依次连接 a、b、c、d 和 a''、b''、c''、d''，即得截交线的水平投影和侧面投影。

3. 回转体的截交线

回转体的表面是由曲面或曲面和平面所组成，因此其截交线一般是封闭的平面曲线。截交线是截平面与回转体表面的共用线，其上的点均为两者的共有点。作图时，一般先求出一系列共有点的投影，然后依次光滑连接各点的同名投影，即可求得截交线的投影。

（1）圆柱的截交线。由于截平面与圆柱轴线的相对位置不同，圆柱的截交线有三种不同的形状，如表 2-5 所示。

表 2-5　平面截切圆柱的截交线

截平面位置	平行于轴线	垂直于轴线	倾斜于轴线
截交线形状	矩形	圆	椭圆
轴测图	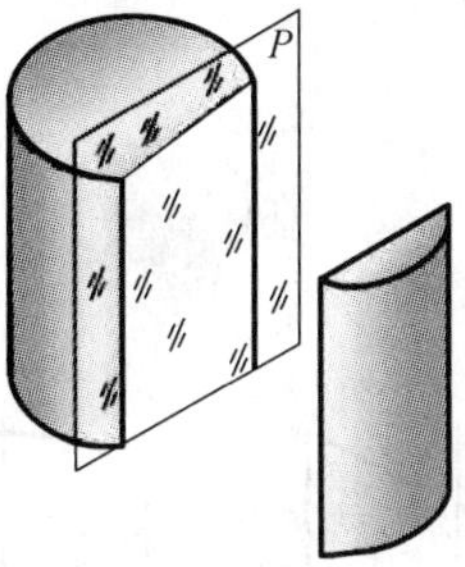	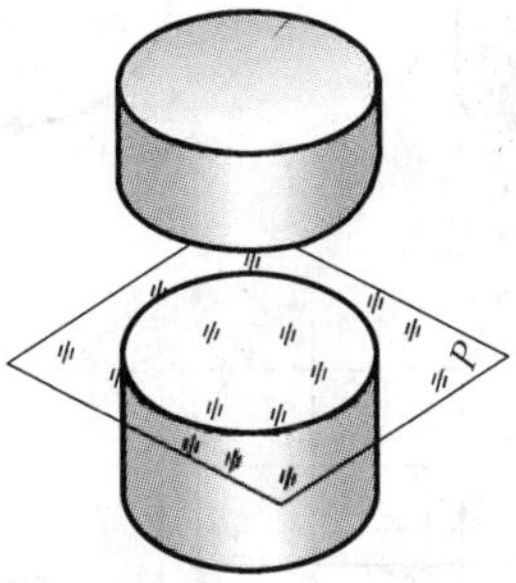	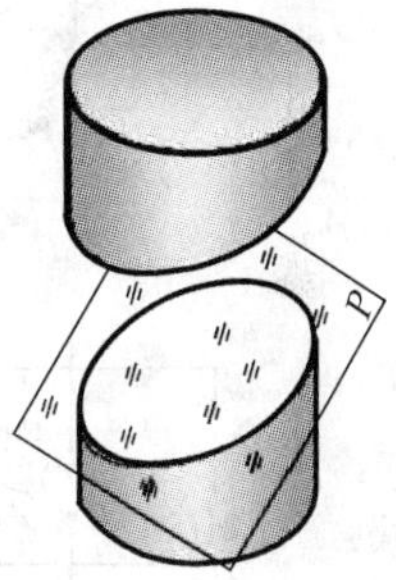
投影图	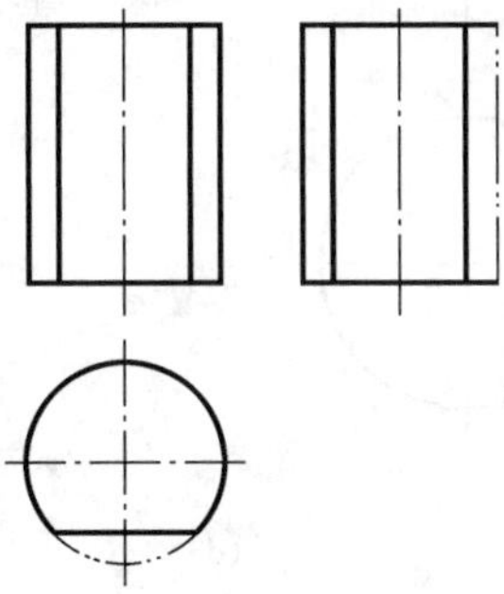	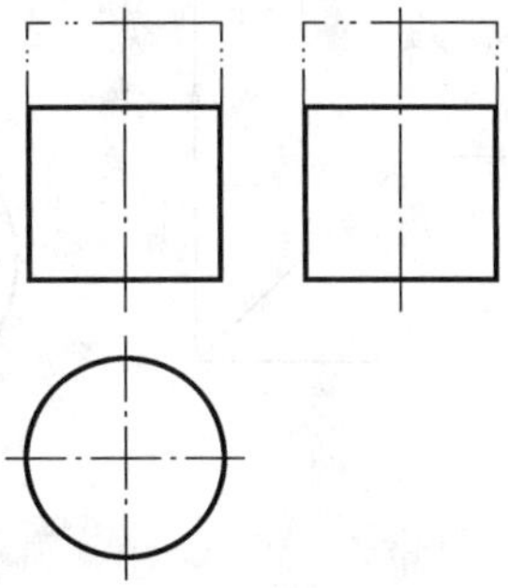	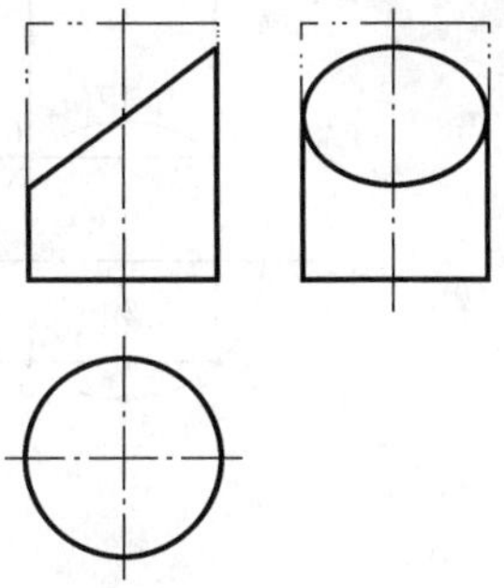

[**例题** 2-14]　如图 2-63 所示，求圆柱被正垂面截切后的截交线。

分析：截平面与圆柱的轴线倾斜，故截交线为椭圆。此椭圆的正面投影积聚为一直线。由于圆柱面的水平投影积聚为圆，而椭圆位于圆柱面上，故椭圆的水平投影与圆柱面水平投影重合。椭圆的侧面投影是它的类似形，仍为椭圆。可根据投影规律由正面投影和水平投影求出侧面投影。

作图方法与步骤如图 2-63（b）、（c）、（d）所示：

①先找出截交线上的特殊点。特殊点一般是指截交线上最高、最低、最左、最右、最前、最后等点。作出这些点的投影，就能大致确定截交线投影的范围。如图 2-63（b）所示，I、V 两点是位于圆柱正面左、右两条转向轮廓素线上的点，且分别是截交线上的最低

点和最高点。Ⅲ、Ⅶ 两点位于圆柱最前、最后两条素线上，分别是截交线上的最前点和最后点。在图上标出它们的水平投影 1、5、3、7 和正面投影 1′、5′、3′、7′，然后根据投影规律求出侧面投影 1″、5″、3″、7″，如图 2 - 63 (b) 所示。

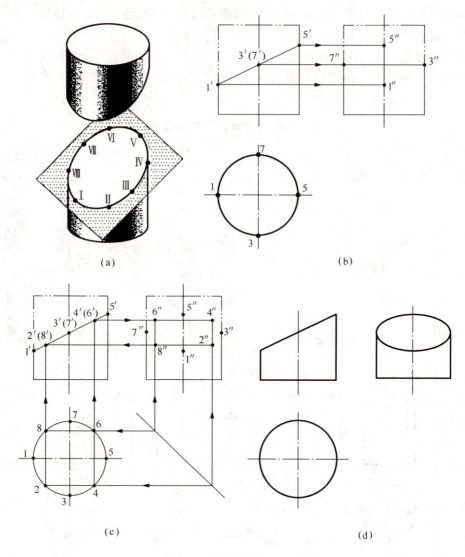

图 2 - 63 斜切圆柱的截交线
(a) 立体图；(b) 求特殊点投影；(c) 求一般点投影；(d) 光滑连接各点并检查加深

②再作出适当数量的截交线上的一般点。在截交线上的特殊点之间取若干点，如图 2 - 63 (c) 中的 Ⅱ、Ⅳ、Ⅵ、Ⅷ 等点称为一般点。作图时，可先在水平投影上取 2、4、6、8 等点，再向上作投影连线，得 2′、4′、6′、8′点，然后由投影关系求出 2″、4″、6″、8″点，如图 2 - 63 (c) 所示。一般位置点越多，作出的截交线越准确。

③用曲线将上述所作的点光滑连接即可得到其在相应投影面内的投影，如图 2 - 63 (d) 所示。

(2) 圆锥的截交线。根据截平面与圆锥轴线的相对位置不同，其截交线有五种不同的情况。如表 2-6 所示。

表 2-6　平面截切圆锥的截交线

截平面位置	过锥顶	垂直于轴线 $\beta=90°$	倾斜于轴线 $\beta>\alpha$	平行于素线 $\beta=\alpha$	平行于轴线 $\beta<\alpha$
截交线形状	相交两直线（三角形）	圆	椭圆	抛物线	双曲线
轴测图					
投影图					

注：β 是截平面与圆锥轴线夹角，α 为圆锥半锥顶角。

[例题 2-15]　如图 2-64，求作被正平面截切的圆锥的截交线。

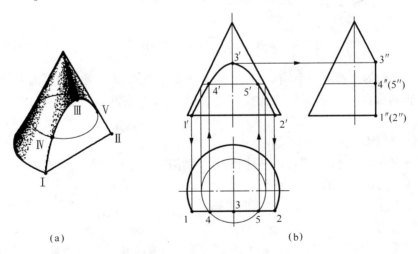

图 2-64　正平面截切圆锥
(a) 立体图；(b) 投影图

分析：如图 2-64 (a) 所示，因截平面为正平面，与轴线平行，故其截交线为双曲线。

截交线的水平投影和侧面投影都积聚为直线，只需求出正面投影。

作图方法与步骤如图 2-64（b）所示：

①先求特殊点。点Ⅲ为最高点，是截平面与圆锥最前素线的交点，可由其侧面投影 3″ 直接作出正面投影 3′。点Ⅰ、Ⅱ为最低点且位于圆锥底圆上，可由水平投影 1、2 直接作出正面投影 1′、2′。

②再求一般点。用辅助圆法，在点Ⅲ与点Ⅰ、Ⅱ间作一辅助圆，该圆与截平面的两个交点Ⅳ、Ⅴ必是截交线上的点。易作出这两点的水平投影 4、5 与侧面投影 4″、5″，据此可求出它们的正面投影 4′、5′。

③依次光滑连接 1′、4′、3′、5′、2′即得截交线得正面投影。

（3）圆球的截交线。任何位置截平面截切圆球时，截交线都是圆。但由于截平面相对于投影面的位置不同，其截交线的投影可以是直线、圆或椭圆。

[例题 2-16]　如图 2-65 所示，完成开槽半圆球的截交线。

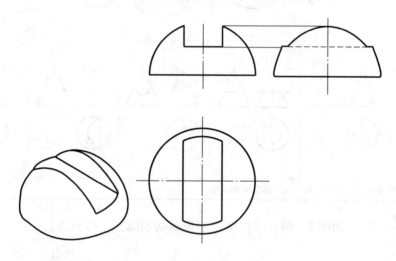

图 2-65　带切口槽半球的投影

分析：球表面的凹槽由两个侧平面和一个水平面切割而成，两个侧平面和球的交线为两段平行于侧面的圆弧，水平面与球的交线为前后两段水平圆弧，截平面之间得交线为正垂线。

作图方法与步骤如图 2-65 所示：

①先画出完整半圆球的投影，再根据槽宽和槽深尺寸作出槽的正面投影。

②用辅助圆法求出槽的水平投影。

③根据正面投影和水平投影作出侧面投影。

其间应注意两点：

（a）由于平行于侧面的圆球素线被切去一部分，所以开槽部分的轮廓线在侧面的投影会向内"收缩"。

（b）槽底的侧面投影此时不可见，应画成虚线。

（4）复合回转体的截交线。实际机件常由几个回转体组成复合回转体，绘制此类形体的截交线时，首先要分析该立体是由哪些基本体组成，再分析截平面与每个被截切的基本体的相对位置、截交线的形状及投影特性，然后逐一画出各基本体的截交线，围成封闭的平面图形。

[例题2-17]　如图2-66所示，求作顶尖头的截交线。

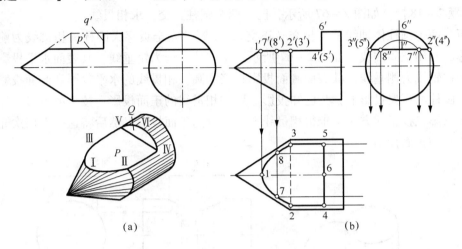

图2-66　顶尖的截交线

分析：顶尖头部是由同轴的圆锥与圆柱组合而成。它的上部被两个相互垂直的截平面P和Q切去一部分，在它的表面上共出现三组截交线和一条P与Q的交线。截平面P平行于轴线，所以它与圆锥面的交线为双曲线，与圆柱面的交线为两条平行直线。截平面Q与圆柱轴线垂直，它截切圆柱的截交线是一段圆弧。三组截交线的侧面投影分别积聚在截平面P和圆柱面的投影上，正面投影分别积聚在P、Q两面的投影（直线）上，因此只需求作三组截交线的水平投影。

作图方法与步骤如图2-66（b）所示：
①作特殊点。根据正面投影和侧面投影可作出特殊点的水平投影1、2、3、4、5、6。
②求一般点。利用辅助圆法求出双曲线上一般点的水平投影7、8。
③将各点的水平投影依次连接起来，即为所求截交线的水平投影。

2.6.6　相贯线

两相交的立体称为相贯体，相交两立体表面产生的交线称为相贯线。

1. 相贯线的性质及求法

由于相交两回转体的几何形状和相对位置的不同，其相贯线的形状也各不相同，但任何相贯线都具备下述两个基本性质：

（1）相贯线是两个基本体表面的共有线，是一系列共有点的集合；

（2）由于相贯体具有一定的范围，所以相贯线一般均是封闭的空间曲线，特殊情况下是平面曲线或直线。

由上述性质可知，求作相贯线的实质，其实就是求两个回转体表面的一系列共有点，并将它们光滑连接即可得出相贯线。常用的方法有积聚性法和辅助平面法。

2. 利用积聚性求作相贯线

当相交两立体表面的某个投影具有积聚性时，相贯线的一个投影必积聚在这个投影上,则可看做是已知另一个回转体表面上的点和线段的一个投影,求其他两个投影的问题。这样就可利用积聚投影特性进行表面取点,直接求得相贯线的投影。表面取点法也叫积聚性法。

[**例题**2-18] 如图2-67所示,已知两个圆柱正交,求相贯线。

分析:两个圆柱体轴线垂直相交(正交),小圆柱完全贯穿大圆柱,相贯线为前后和左右都对称的封闭空间曲线,如图2-67所示。小圆柱轴线为铅垂线,其表面水平投影积聚为圆。大圆柱轴线为侧垂线,其表面侧面投影积聚为圆。相贯线的水平投影和侧面投影分别重影在两个圆柱的积聚投影上,为已知投影,要求相贯线的正面投影。按点的投影规律,用已知两投影求第三投影的方法,求得相贯线上若干点的正面投影,然后将这些点依次光滑连接即得相贯线的正面投影。

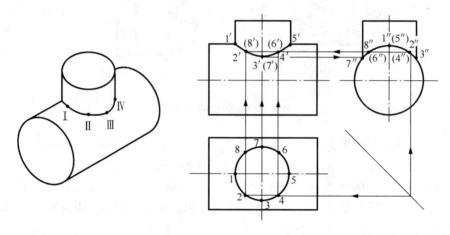

图2-67 两圆柱相贯

作图步骤:

(1) 求特殊点。点Ⅰ、Ⅴ分别为相贯线的最左点和最右点,也是相贯线的最高点。它们的正面投影1′、5′为两圆柱正面转向线的交点,根据正面转向线的水平投影和侧面投影可求出1、5和1″、(5″)。点Ⅲ、Ⅶ为相贯线的最前点和最后点,也是相贯线的最低点,它们的侧面投影为小圆柱侧面转向线与大圆柱侧面投影的交点3″、7″,根据该转向线正面投影和水平投影可求出3′(7′) 和3、7。

(2) 求一般点。在Ⅰ、Ⅲ间任取Ⅱ、Ⅳ点,即在相贯线的侧面投影上取2″(4″),由2″(4″)在水平投影上求得2、4,再由2″(4″)和2、4求得正面投影2′、4′。

(3) 依次光滑连接1′、2′、3′、4′、5′得到前半段相贯线的正面投影。后半段相贯线的正面投影与之重合。

3. 利用辅助平面法求作相贯线

辅助平面法是利用三面共点的原理,求两个回转体表面的若干个共有点,从而求出相贯线的方法。假想用一个辅助平面截切相交的两立体,所得两条截交线的交点,即为两立体表面的共有点,也是截平面上的点即"三面共点"。辅助平面法是求相贯线的常用方法。

辅助平面的选取要遵循截平面与两立体截切后所产生的交线简单易画的原则,一般使截交线的投影为圆或直线。为此，常选投影面的平行面或投影面的垂直面为辅助平面。

用辅助平面法求相贯线，一般按如下步骤进行：

（1）根据已知条件分析相贯体的两基本形体的相对位置和它们对投影面的位置，分析相贯线的投影是否有积聚性，以利选择辅助平面。

（2）求相贯线在各投影图上的特殊点，如最高点、最低点、转向线上的点等。

（3）在适当位置求一般点。

（4）光滑连接各点，并判别可见性。只有两个基本形体表面都可见相贯线才可见，否则为不可见。

[例题 2-19] 如图 2-68（a）所示，已知圆柱与圆锥相交，求相贯线。

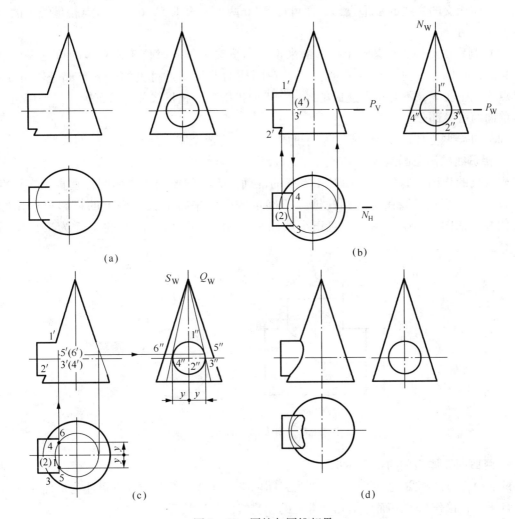

图 2-68 圆柱与圆锥相贯

分析：由已知条件可知，圆柱与圆锥的轴线垂直相交，且圆柱轴线是侧垂线，圆锥轴线是铅垂线。圆柱贯入圆锥，因此，相贯线是一条闭合的空间曲线，其侧面投影与圆柱的侧面投影重影，是一个圆，只需要求相贯线的水平投影和正面投影。这两个投影没有积聚性可以利用，因而需要辅助平面法求其相贯线。显然，这里应该以水平面作为辅助面比较简单，又由于相贯线的水平投影和正面投影是前、后对称的，且做法完全相同，所以只介绍一条相贯线的画法。

作图步骤见图 2-68 所示。

（1）求作特殊位置点，Ⅰ（1、1′、1″）、Ⅱ（2、2′、2″）两点为圆柱与圆锥的正面投影轮廓线上的点，也是相贯线上的最高点、最低点，Ⅱ点也是最左点，也可由已知条件直接求出。再过圆柱轴线，作辅助水平面 P，P 与圆锥的交线为圆，与圆柱的交线为两条直线，两条线相交即可画出其水平投影相贯线上的点 3、4，且 3、4 两点是相贯线水平投影中可见与不可见的分界点，由投影关系可得 3′、4′。

（2）求一般位置点，在适当位置作水平面 Q，与上述求Ⅲ、Ⅳ两点的方法相同，求出 Q 面与两立体相交的交线的水平投影，便可得 5、6 两点，再求 5′、6′，便可得相贯线上的一般位置点Ⅴ、Ⅵ。

（3）判别可见性，对某一个投影面来说，相贯线只是同时位于两立体的可见表面上才是可见的，否则不可见。3、4 两点为界，在圆柱的上半部是可见的，下半部是不可见的，可见点连成粗实线，不可见点连成虚线；在正面投影上，相贯线前、后重影，只需用粗实线连接前面的可见部分。

（4）补全两立体的投影，擦去多余的作图线，完成全图。

4. 相贯线的简化画法

相贯线的作图步骤较多，如对相贯线的准确性无特殊要求，当两圆柱垂直正交且直径相差较大时，其相贯线在与两圆柱轴线所确定的平面平行的投影面上的投影可以用圆弧近似代替。如图 2-69 所示，垂直正交两圆柱的相贯线可用大圆柱的 $D/2$ 为半径作圆弧来代替。

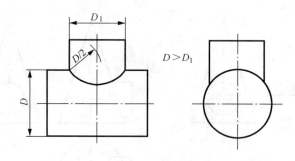

图 2-69　相贯线的简化画法

5. 两曲面立体相贯的特殊情况

两曲面立体的相贯线，一般情况下为封闭的空间曲线，特殊情况下可能为平面曲线或直线，且可以直接作出。下面介绍几种常见的相贯线的特殊情况。

（1）当两回转体同轴相交时，相贯线为垂直于回转体轴线的圆。如果轴线垂直于某投影面，相贯线在该投影面上的投影为圆；在与轴线平行的投影面上的投影为直线，如图 2-70 所示。

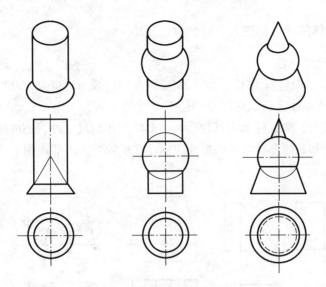

图 2-70 同轴回转体相交的相贯线

（2）当两个回转体同时外切于一个球面相贯时，其相贯线为两个椭圆。如果两轴线同时平行于某投影面，则这两个椭圆在该投影面上的投影为相交二直线，如图 2-71 所示。

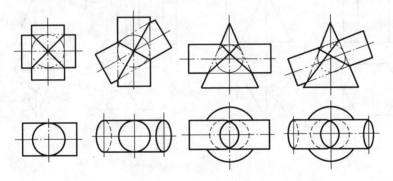

图 2-71 两个回转体外切于一个球面的相贯线

（3）当两个圆柱轴线平行或两圆锥共顶时，其相贯线为直线，如图 2-72 所示。

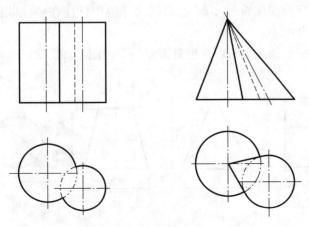

图 2-72 相贯线为直线

2.6.7 简单形体的尺寸标注

1. 平面立体的尺寸标注

对于平面立体，一般应标注长、宽、高三个方向的尺寸。正方形尺寸可采用"边长×边长"的形式或在尺寸数字前加注符号"□"。

棱柱、棱锥及棱台，除标注确定其顶、底面形状大小的尺寸外，还应注出高度尺寸，为了便于看图，确定顶面和底面形状大小的尺寸应标注在反映其实形的视图上，如图2-73所示。

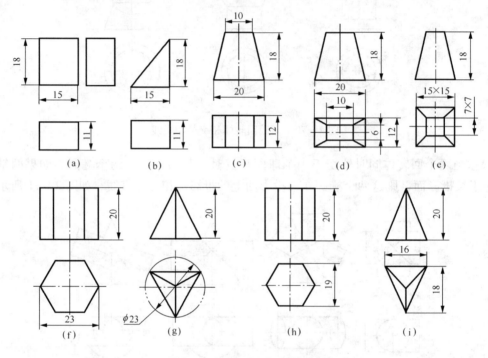

图2-73 平面图形尺寸注法

2. 回转体的尺寸标注

圆柱和圆锥应注出底圆直径和高度尺寸，圆台还应加注顶圆直径。直径尺寸一般标注在非圆视图上，并在数字前加注符号"φ"。当把尺寸集中标注在一个非圆视图上时，这一个视图就可确定其形状及大小。

圆球直径要在数字前加注"Sφ"，也只需要一个视图，如图2-74所示。

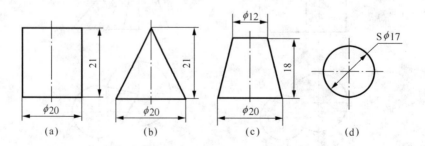

图2-74 回转体的尺寸注法

3. 截断体的尺寸标注

标注截断体尺寸时，一般应先注出未截切前形体的定形尺寸，然后注出截平面的定位尺寸，而不需要标注截交线的定形尺寸，如图 2-75 所示。

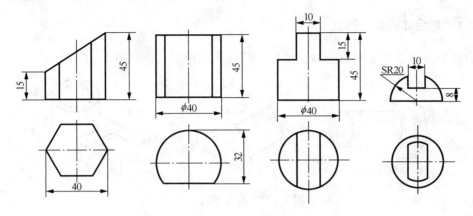

图 2-75 截断体的尺寸注法

4. 相贯体的尺寸标注

标注相贯体尺寸时，需注出参与相贯的各立体的定形及定位尺寸，因为只有当两相交的基本体的形状、大小及相对位置确定后，相贯体的形状、大小才能完全确定，从而相贯线的形状及大小也随之确定。因此，相贯线不需要再另行标注尺寸，如图 2-76 所示。

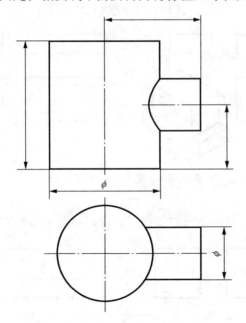

图 2-76 相贯体的尺寸注法

2.7 组合体概述

2.7.1 组合体的组合形式

组合体的组合形式主要有叠加、切割、综合等几种形式,如图 2-77 所示。

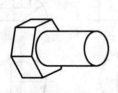  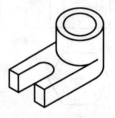

图 2-77 组合体的组合

2.7.2 组合体的表面连接关系

1. 平齐或不平齐

如图 2-78 所示,当两基本体表面平齐时,结合处不画分界线。当两基本体表面不平齐时,结合处应画出分界线。

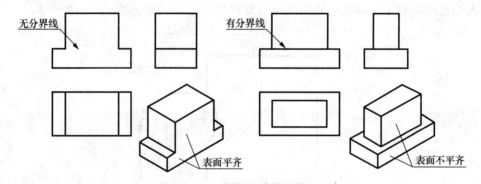

图 2-78 组合体的平齐与否

2. 相切

如图 2-79 所示,当两基本体表面相切时,在相切处不画分界线。

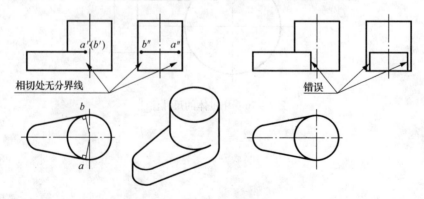

图 2-79 组合体相切

3. 相交

如图 2-80 所示，当两基本体表面相交时，在相交处应画出分界线。

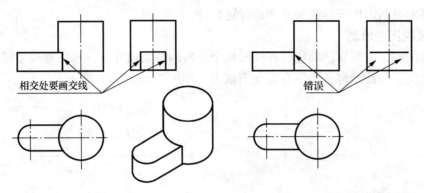

图 2-80　组合体相交

2.7.3　形体分析法

形体分析法——如图 2-81 所示，假想将组合体分解为若干基本体，分析各基本体的形状、组合形式和相对位置，弄清组合体的形体特征，这种分析方法称为形体分析法。

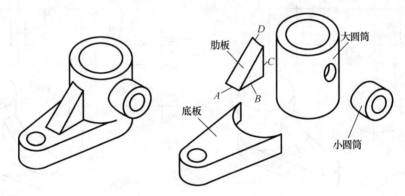

图 2-81　形体分析法

2.7.4　组合体三视图的画法

1. 形体分析

如图 2-81 所示，支座由大圆筒、小圆筒、底板和肋板组成，大圆筒与底板接合，底板的底面与大圆筒底面共面，底板的侧面与大圆筒的外圆柱面相切；肋板叠加在底板的上表面上，右侧与大圆筒相交，其表面交线为 A、B、C、D，其中 D 为肋板斜面与圆柱面相交而产生的椭圆弧；大圆筒与小圆筒的轴线正交，两圆筒相贯连成一体，两者的内外圆柱面相交处都有相贯线。按各个部分的相对位置，逐个画出它们的投影以及它们之间的表面连接关系，综合起来即得到整个组合体的视图。

2. 选择主视图

表达组合体形状的一组视图中，主视图是最主要的视图。主视图的选择一般根据形体特征原则来考虑，以最能反映组合体形体特征的那个视图作为主视图，同时兼顾其他两个视图表达的清晰性。

3. 确定比例和图幅

根据物体的复杂程度和尺寸大小，按照标准的规定选择适当的比例与图幅。选择的图幅要留有足够的空间以便于标注尺寸和画标题栏。

4. 布置视图并绘制

布置视图时，应根据已确定的各视图每个方向的最大尺寸，并考虑到尺寸标注和标题栏等所需的空间，匀称地将各视图布置在图幅上。如图2-82（a）所示。

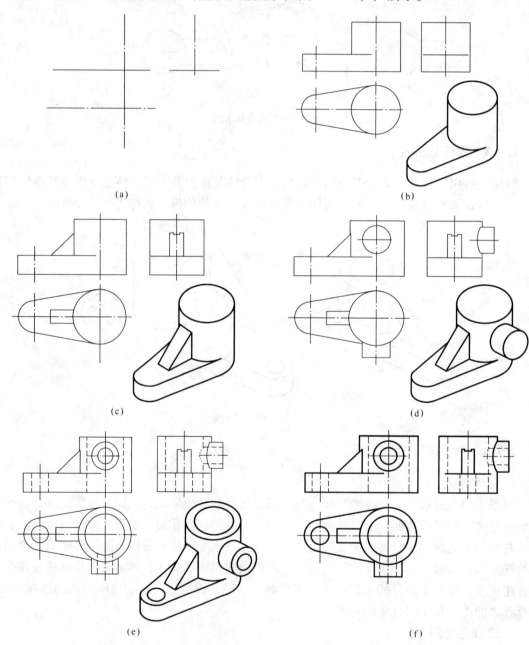

图2-82 支座三视图的作图步骤
(a) 布置视图，画主要基准线；(b) 画底板和大圆筒外圆柱面；(c) 画肋板；
(d) 画小圆筒外圆柱面；(e) 画三个圆孔；(f) 检查、描深，完成全图

绘图时应注意以下几点：

（1）为保证三视图之间相互对正，提高画图速度，减少差错，应尽可能把同一形体的三面投影联系起来作图，并依次完成各组成部分的三面投影。不要孤立地先完成一个视图，再画另一个视图。

（2）先画主要形体，后画次要形体；先画各形体的主要部分，后画次要部分；先画可见部分，后画不可见部分。

（3）应考虑到组合体是各个部分组合起来的一个整体，作图时要正确处理各形体之间的表面连接关系。

2.7.5 组合体的尺寸注法

基本要求：正确，完整，清晰。正确——符合国家标准；完整——尺寸不能遗漏，不能重复，每个尺寸在视图中只注一次；清晰——标注形状特征明显视图，标注清晰，排列整齐，便于看图。

1. 尺寸分类

尺寸通常分为定形尺寸、定位尺寸和总体尺寸三类。

（1）定形尺寸：用来确定组合体上各基本形体的形状和大小的尺寸。

（2）定位尺寸：确定各组成部分相对位置尺寸。

（3）总体尺寸：用来确定组合体总长、总宽、总高的尺寸。

注意：加注一个总体尺寸，应减去一个同方向的定形尺寸。

通常是将组合体的定形尺寸、定位尺寸先标注完整，再加注总体尺寸，然后看是否会出现多余重复尺寸，如果有，就要对已注定形、定位尺寸适当调整。

此外，要标注尺寸，必须要有尺寸基准，所谓尺寸基准即为尺寸引出的起点，通常情况下常选对称面、重要端面、底面、轴线、重要点（如球心）作为尺寸基准，而长、宽、高三个方向一般都有一个主要基准，也可以有辅助基准。下面以图 2-84 所示的轴承座为例介绍组合体尺寸标注。

2. 组合体尺寸标注方法与步骤

（1）形体分析。考虑轴承座由哪些基本体所组成，通过分析，可以知道其可看做是由底板、支撑板、肋板和圆筒组成。并按照基本体的尺寸标注方法，标注各形体尺寸，如图 2-83 所示。

（2）确定尺寸基准。如图 2-84 所示，首先确定长宽高三个方向的尺寸基准，由于该形体左右对称，因而左右对称面为长方向的尺寸基准；轴承后端面常是安装和配合的表面，因而轴承后端面为宽方向尺寸基准；底板底面为高方向尺寸基准。

（3）标注定形和定位尺寸。分别标注定形尺寸如底板的长宽高 90、60 和 14 以及 $R12$；定位尺寸如底板上两圆孔距离 66 等。

（4）标注总体尺寸。标注轴承的总长、总宽和总高，但标注后尺寸出现重复，因而应略去。

（5）检查并完善图形。检查校核、加深图形即可得到图 2-84 所示尺寸。

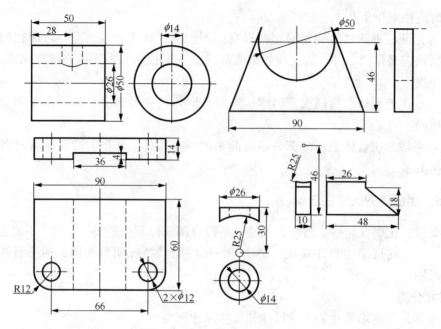

图 2-83 形体分析各基本体尺寸

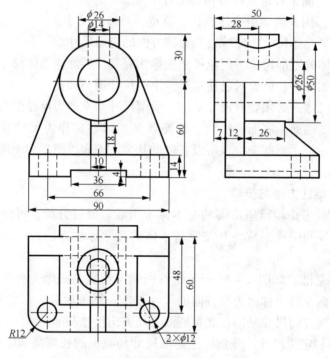

图 2-84 轴承座最终尺寸

2.7.6 读组合体视图

1. 读图的基本要领

（1）理解视图中线框和图线的含义，如图 2-85 所示。

①视图中的每个封闭线框可以是物体上一个表面（平面、曲面或它们相切形成的组合面）的投影，也可以是一个孔的投影。

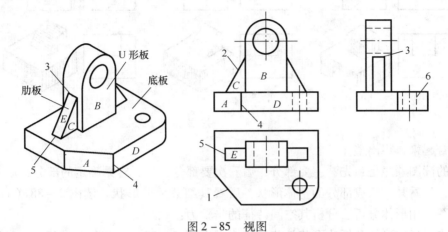

图 2 – 85　视图

②视图中的每一条图线可以是面的积聚性投影，也可以是两个面的交线的投影。

③视图中相邻的两个封闭线框，表示位置不同的两个面的投影。

④大线框内包括的小线框，一般表示在大立体上凸出或凹下的小立体的投影。

（2）将几个视图联系起来进行读图。一个组合体通常需要几个视图才能表达清楚，一个视图不能确定物体形状。

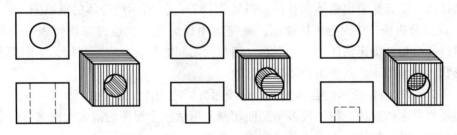

图 2 – 86　不同形体体现的同一视图

如图 2 – 86 三组视图，他们的主视图相同，但由于俯视图和左视图不同，也表示了三个不同的物体。在读图时，一般应从反映特征形状最明显的视图入手，联系其他视图进行对照分析，才能确定物体形状，切忌只看一个视图就下结论。

2. 读图的基本方法

（1）形体分析法。根据组合体的特点，将其分成大致几个部分，然后逐一将每一部分的几个投影对照进行分析，想象出其形状，并确定各部分之间的相对位置和组合形式，最后综合想象出整个物体的形状，如图 2 – 87 所示。这种读图方法称为形体分析法。此法用于叠加类组合体较为有效。

读图步骤：

①分线框，对照投影（由于主视图上具有的特征部位一般较多，故通常先从主视图开始进行分析）。

②想出形体，确定位置。

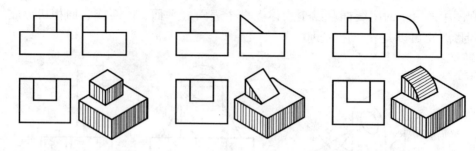

图 2-87 读图

③综合起来,想出整体。

一般的读图顺序是:先看主要部分,后看次要部分;先看容易确定的部分,后看难以确定的部分;先看某一组成部分的整体形状,后看其细节部分形状。读图 2-88(a)所示组合体三视图,用形体分析法分析其空间特征的步骤为:

第一步:运用形体分析法可将该组合体分为如图 2-88(a)所示的Ⅰ、Ⅱ和Ⅲ三个基本的形体;

第二步:如图 2-88(b)~(d)所示,逐个想象各形体形状,见各图中的粗实线部分;

第三步:如图 2-88(e)、(f),将各基本体按照相对位置组合起来,使Ⅰ、Ⅱ两基本体后端平齐,Ⅱ形体前端和Ⅲ形体后端平齐并去掉一些细节,再将Ⅱ和Ⅲ形体沿前后方向切去一个圆柱体,综合想象出整体形状,就得到 2-88(g)所示组合体的轴测图。

(2)线面分析法。线面分析法读图,就是运用投影规律,通过对物体表面的线、面等几何要素进行分析来确定物体的表面形状、面与面之间的位置及表面交线,从而想象出物体的整体形状。此法用于切割类组合体较为有效。

现以图 2-89(a)所示组合体为例介绍线面分析法的读图步骤:

①初步判断主体形状。物体被多个平面切割,但从三个视图的最大线框来看,基本都是矩形,据此可判断该物体的主体应是长方体,如图 2-89(a)所示。

②确定切割面的形状和位置,如图 2-89(b)所示。

③逐个想象各切割处的形状,如图 2-89(c)(d)和(e)所示。

④想象整体形状,即可得到如图 2-89(f)所示的组合体的轴测图。

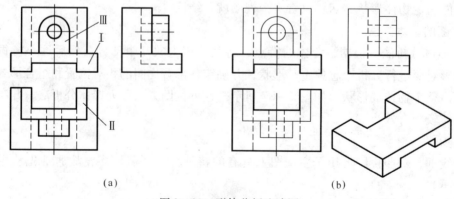

(a)　　　　　　　　　　　　　　(b)

图 2-88 形体分析法读图

第 2 章 投影学原理及其表达方法

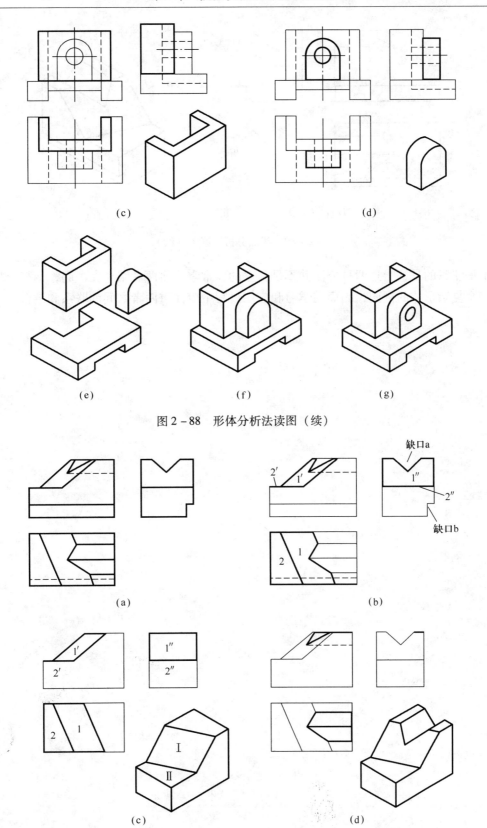

图 2-88 形体分析法读图（续）

图 2-89 线面分析法读图

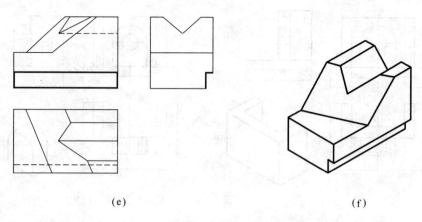

(e)　　　　　　　　　　　　(f)

图 2-89　线面分析法读图（续）

值得注意的是，上述两种方法并不是孤立的，常常是将两者结合在一起，交替分析才能读懂一个复杂形体的视图，因而在学习和应用过程中应注重两者之间的联系和结合。

第3章

轴 测 图

3.1 基本知识

轴测投影图,简称轴测图,是一种富于立体感的单面投影图。用轴测投影绘出的轴测图,能同时反映物体三个方向的形状。虽度量性差、作图复杂,但直观性好,具有较强的立体感,故在工程上采用其作辅助图样,用来说明产品的结构和使用方法。在设计和测绘中,轴测图可帮助进行空间构思、分析和表达。

3.1.1 轴测图的形成

轴测图是将物体连同其坐标系沿不平行于任一坐标平面的方向,用平行投影法将其投射在单一投影面上所形成的图形。

根据投射方向与轴测投影面的相对位置,它分为正轴测投影和斜轴测投影,如图 3-1 所示。

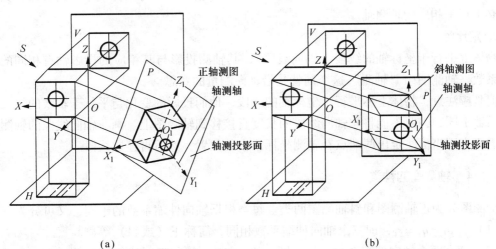

(a) (b)

图 3-1 轴测投影的形成
(a) 正轴测投影;(b) 斜轴测投影

1. **正轴测投影**

投射方向与轴测投影面垂直。物体的三个坐标轴都倾斜于轴测投影面,如图 3-1(a)中 P 面上的轴测投影。

2. **斜轴测投影**

投射方向与轴测投影面倾斜。为作图方便,通常选轴测投影面平行于坐标平面,如图 3-1(b)中 P 面上的轴测投影。

3.1.2 轴测图名词解释

1. **轴测轴**

空间坐标轴 OX、OY、OZ 在轴测投影面上的投影 O_1X_1、O_1Y_1、O_1Z_1 称为轴测投影轴,简称轴测轴。

2. **轴间角**

轴测投影图中,两根轴测轴之间的夹角称作轴间角。

3. **轴向伸缩系数**

轴测轴上的单位长度与空间直角坐标轴上对应单位长度的比值,称为轴向伸缩系数。OX、OY、OZ 的轴向伸缩系数分别用 p_1、q_1、r_1 表示,简化系数分别用 p、q 和 r 表示。

4. **轴向线段**

轴测图中平行于轴测轴的线段称之为轴向线段,它们与所平行的轴测轴有相同的轴向伸缩系数。

3.1.3 轴测投影的特性

1. **平行性**

物体上原来互相平行的线段在轴测投影中仍然互相平行,与坐标轴平行的线段,其轴测投影必平行于相应的轴测轴。

2. **定比性**

物体上平行于坐标轴的线段(轴向线段),其轴测投影与其相应的投影轴有相同的轴向伸缩系数。轴测图中"轴测"这个词就是沿轴向测量的意思。

但是应注意,物体上不平行于坐标轴的线段,他们投影的变化与平行于轴线的线段轴向伸缩系数不同,因此不能将非轴向线段的长度直接移到轴测图上。画非轴向线段的轴测投影时,需要应用坐标法定出两端点在轴测坐标系中的位置,然后再连成线段。

3.1.4 轴测图的种类

轴测图分为正轴测图和斜轴测图两类。每类根据轴向伸缩系数的不同,又可分为三类:
(1)若 $p_1 = q_1 = r_1$,即三个轴向伸缩系数相同,简称正(或斜)等侧。
(2)若有两个轴向伸缩系数相等,即 $p_1 = q_1 \neq r_1$,简称正(或斜)二侧。
(3)若三个轴向伸缩系数都不相等,即 $p_1 \neq q_1 \neq r_1$,简称正(或斜)三侧。
工程上应用最多的是正等侧和斜二侧。本章以介绍正等侧轴测图画法为主。

3.2 正等轴测图的画法

3.2.1 正等轴测图的形成

如图3-2所示,如果使三条坐标轴 OX、OY、OZ 对轴测投影面处于倾角都相等的位置,把物体向轴测投影面投影,这样所得到的轴测投影就是正等侧轴测图,简称正等测图。

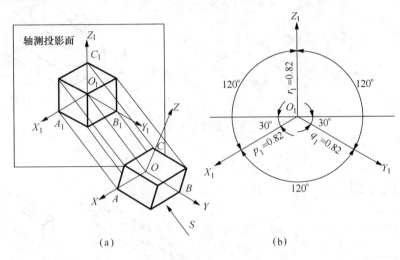

图3-2 正等测图的形成
(a) 直观图;(b) 投影轴

图3-2表示了正等测图的轴测轴、轴间角和轴向伸缩系数等参数及画法。从图中可以看出,正等测图的轴间角均为120°,且三个轴向伸缩系数相等。经推证并计算可知 $p_1 = q_1 = r_1 = 0.82$。为作图简便,实际画正等测图时采用 $p_1 = q_1 = r_1 = 1$ 的简化伸缩系数画图,即沿各轴向的所有尺寸都按物体的实际长度画图。但按简化伸缩系数画出的图形比实际物体放大了 $1/0.82 \approx 1.22$ 倍。

3.2.2 平面立体正等测图的画法

画平面体的正等测图主要有方箱法和坐标法两种方法。

1. 方箱法

假设轴测轴与方箱一个角上的三条棱线重合,然后沿轴向按所画物体的长、宽、高三个外部总尺寸截取各边的长度,作轴线的平行线,画出辅助方箱的正等测图;再从实物或模型上量取所需的轴向尺寸或视图中所注的尺寸进行切割或叠加,作出物体的轴测图。这种假设将物体装在一个辅助立方体里画轴测图的方法叫做方箱法。用切割法画正等测图的方法如图3-3所示。用叠加法画正等测图的方法步骤如图3-4所示。

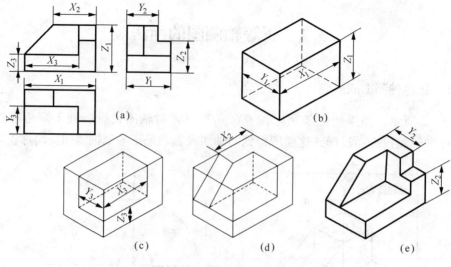

图 3-3 切割法画正等测图

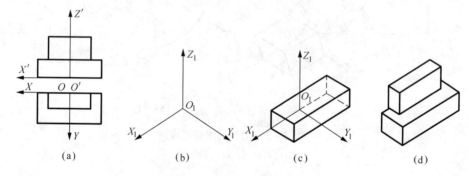

图 3-4 叠加法画正等测图

2. 坐标法

画轴测图的基本方法是坐标法。所谓坐标法，就是根据物体上各点的直角坐标，画出轴测坐标，定出各点的轴测投影，从而作出整个物体的轴测图的方法。这方法适用于画平面立体、曲面立体，同时适用于画正等测、斜二测和其他的轴测图。前述方箱法实质上是坐标法的另一种形式，只不过是利用辅助方箱法作为基准来定点的位置的。

例如，根据正六棱柱的主、俯视图，用坐标法画其正等测图。具体作图步骤如图 3-5 所示。

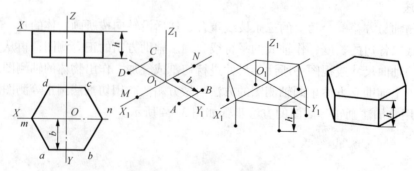

图 3-5 正六棱柱正等测图的画法

3.2.3 曲面立体正等测图的画法

1. 圆的正等测图的画法

平行于坐标面的圆的正等测图都是椭圆,除了长短轴的方向不同外,画法都是一样的。

图 3-6 所示为三种不同位置的圆的正等测图。通过分析,还可以看出,椭圆的长短轴和轴测轴有关,即:

(1) 圆所在平面平行 XOY 面时,它的轴测投影——椭圆的长轴垂直 O_1Z_1 轴,即成水平位置,短轴平行 O_1Z_1 轴;

(2) 圆所在平面平行 XOZ 面时,它的轴测投影——椭圆的长轴垂直 O_1Y_1 轴,即向右方倾斜,并与水平线成 60°角,短轴平行 O_1Y_1 轴;

(3) 圆所在平面平行 YOZ 面时,它的轴测投影——椭圆的长轴垂直 O_1X_1 轴,即向左方倾斜,并与水平线成 60°角,短轴平行 O_1X_1 轴。

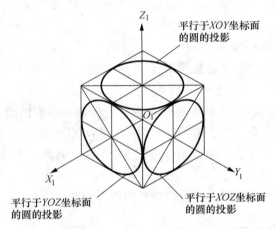

图 3-6 圆的正等轴测图画法

"四心法"画椭圆就是用四段圆弧代替椭圆。下面以平行于 H 面(即 XOY 坐标面)的圆(图 3-7)为例,说明圆的正等测图的画法。其作图方法与步骤如图 3-7 所示。

(1) 画轴测轴,按圆的外切的正方形画出菱形 [图 3-7 (a)]。
(2) 以 A、B 为圆心,AC 为半径画两大弧 [图 3-7 (b)]。
(3) 连 AC 和 AD 分别交长轴于 M、N 两点 [图 3-7 (c)]。
(4) 以 M、N 为圆心,MD 为半径画两小弧,在 C、D、E、F 处与大弧连接 [图 3-7 (d)]。

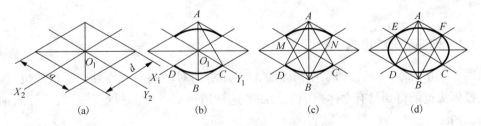

图 3-7 四心圆法绘制椭圆

2. 圆柱和圆台的正等测图

对于圆柱和圆台在作图时，可以先分别作出其顶面和底面的椭圆，然后作其公切线即可，如图 3-8 所示。

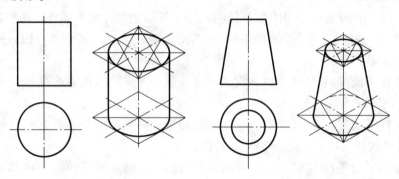

图 3-8　圆柱和圆台的正等轴测图画法

3. 圆角的正等测图

作图步骤如下（如图 3-9 所示）：

（1）在角上分别沿轴向取一段长度等于半径 R 的线段，得 A、A 和 B、B 点，过 A、B 点作相应边的垂线分别交于 O_1 及 O_2。

（2）以 O_1 及 O_2 为圆心，以 O_1A 及 O_2B 为半径作弧，即为顶面上圆角的轴测图。

（3）将 O_1 及 O_2 点垂直下移，取 O_3、O_4 点，使 $O_1O_3 = O_2O_4 = h$（板厚）。以 O_3 及 O_4 为圆心，以 O_1A 及 O_2B 为半径作弧，作底面上圆角的轴测图，再作上、下圆弧的公切线，即完成作图。

（4）擦去多余的图线并描深，即得到圆角的正等测图。

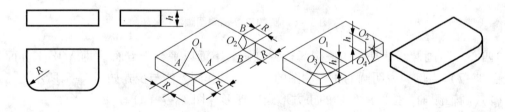

图 3-9　圆角的正等轴测图画法

3.3　斜二测图的画法

3.3.1　斜二测图的形成

如图 3-10（a）所示，如果使物体的 XOZ 坐标面对轴测投影面处于平行的位置，采用平行斜投影法也能得到具有立体感的轴测图，这样所得到的轴测投影就是斜二等侧轴测图，简称斜二测图。

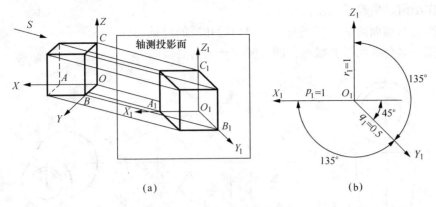

图 3 – 10　斜二测图的形成
(a) 直观图；(b) 投影轴

3.3.2　参数

图 3 – 10 (b) 表示斜二测图的轴测轴、轴间角和轴向伸缩系数等参数及画法。从图中可以看出，在斜二测图中，$O_1X_1 \perp O_1Z_1$ 轴，O_1Y_1 与 O_1X_1、O_1Z_1 的夹角均为 $135°$，三个轴向伸缩系数分别为 $p_1 = r_1 = 1$，$q_1 = 0.5$。

3.3.3　斜二测图的画法

1. 四棱台的斜二测图

作图方法与步骤如图 3 – 11 所示：

(1) 画出轴测轴 O_1X_1、O_1Y_1、O_1Z_1。

(2) 作出底面的轴测投影：在 O_1X_1 轴上按 1∶1 截取，在 O_1Y_1 轴上按 1∶2 截取。

(3) 在 O_1Z_1 轴上量取正四棱台的高度 h，作出顶面的轴测投影。

(4) 依次连接顶面与底面对应的各点得侧面的轴测投影，擦去多余的图线并描深，即得到正四棱台的斜二测图。

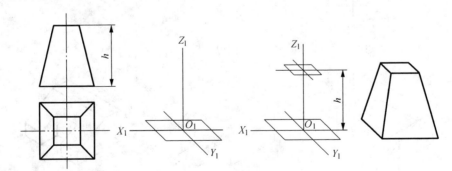

图 3 – 11　四棱台的斜二测图画法

2. 圆台的斜二测图

作图方法与步骤如图 3 – 12 所示：

(1) 画出轴测轴 O_1X_1、O_1Y_1、O_1Z_1，在 O_1Y_1 轴上量取 $L/2$，定出前端面的圆心 A。

(2) 作出前、后端面的轴测投影。
(3) 作出两端面圆的公切线及前孔口和后孔口的可见部分。
(4) 擦去多余的图线并描深，即得到圆台的斜二测图。

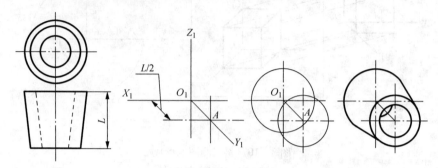

图 3-12　圆台的斜二测图画法

3. 典型例题

画简单体的轴测图时，首先要进行形体分析，弄清形体的组合方式及结构特点，然后考虑表达的清晰性，从而确定画图的顺序，综合运用坐标法、切割法、叠加法等画出简单体的轴测图。

[例题 3-1]　求作切割体的正等测图（图 3-13）。

分析：该切割体由一长方体切割而成。画图时应先画出长方体的正等测图，再用切割法逐个画出各切割部分的正等测图，即可完成。

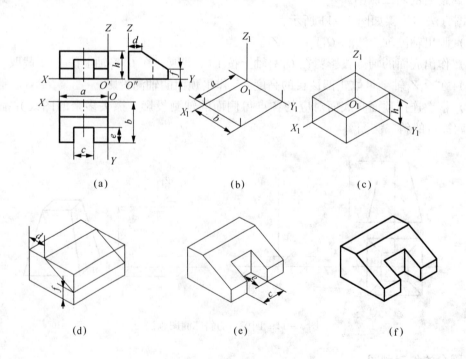

图 3-13　切割体的正等测图

[**例题 3-2**]　求作支座的正等测图（图 3-14）

分析：支座由带圆角的底板、带圆弧的竖板和圆柱凸台组成。画图时应按照叠加的方法，逐个画出各部分形体的正等测图，即可完成。

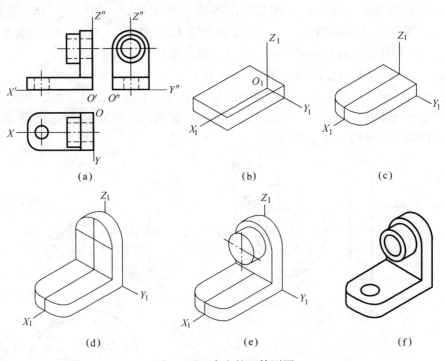

图 3-14　支座的正等测图

[**例题 3-3**]　求作相交两圆柱的正等测图（图 3-15）。

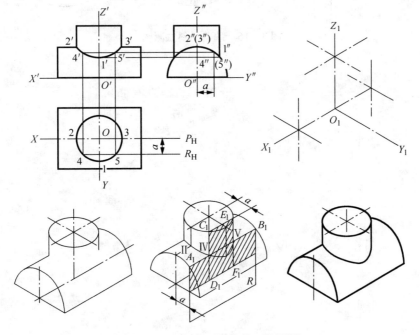

图 3-15　相交两圆柱的正等测图

分析：画两相交圆柱体的正等测图，除了应注意各圆柱的圆所处的坐标面，掌握正等测图中椭圆的长短轴方向外，还要注意轴测图中相贯线的画法。作图时可以运用辅助平面法，即用若干辅助截平面来切这两个圆柱，使每个平面与两圆柱相交于素线或圆周，则这些素线或圆周彼此相应的交点，就是所求相贯线上各点的轴测投影。如图 3 - 15，是以平行于 $X_1O_1Z_1$ 面的正平面 R 截切两圆柱，分别获得截交线 A_1B_1、C_1D_1、E_1F_1，其交点 Ⅳ、Ⅴ 即为相贯线上的点。再作适当数量的截平面，即可求得一系列交点。

[**例题** 3 - 4]　　求作端盖的轴测图（图 3 - 16）。

分析：端盖的形状特点是在一个方向上的相互平行的平面上有圆。如果画成正等测图，则由于椭圆数量过多而显得烦琐，可以考虑画成斜二测图，作图时选择各圆的平面平行于坐标面 XOZ，即端盖的轴线与 Y 轴重合。

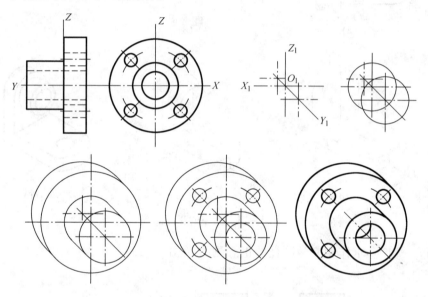

图 3 - 16　端盖的斜二测图

第 4 章

机械零件的常用表达方法

前面几章介绍了正投影的基本原理和用三视图表达物体形状的基本方法。但是，在生产实际中，机件的形状是千变万化的，对于形状复杂的机件仅用三视图还不能清晰地表达它们的形状和结构，为此，国家标准《技术制图》中规定了机件的各种表达方法。本章将通过对一些机件的分析，对常用的表达方法（视图、剖视图、断面图和一些简化画法）逐一进行介绍，学习时，要重点掌握好各种表达法的特点、画法、图形配置和标注方法，以便能根据需要灵活地选择这些方法来表达各种机件。

4.1 视图

根据国家标准规定，用正投影法将机件向投影面投射所得的图形称为视图。它主要用以表达机件的外部形状和结构，一般只画出机件的可见部分，必要时才用虚线表达其不可见部分。视图可分为基本视图、向视图、局部视图和斜视图四种。

4.1.1 基本视图

机件向基本投影面投射所得的视图，称为基本视图。

根据国家标准 GB/T 17451—1998 的规定，用正六面体的六个面作为基本投影面，将机件置于正六面体中，按正投影法分别向六个基本投影面投影所得到的六个视图称为基本视图。

六个基本视图的名称及投射方向规定如下：

主视图——由前向后投射所得的视图；
后视图——由后向前投射所得的视图；
俯视图——由上向下投射所得的视图；
仰视图——由下向上投射所得的视图；
左视图——由左向右投射所得的视图；
右视图——由右向左投射所得的视图。

六个基本投影面的展开方法如图 4-1 所示，展开后六个视图的配置关系如图 4-2 所示。

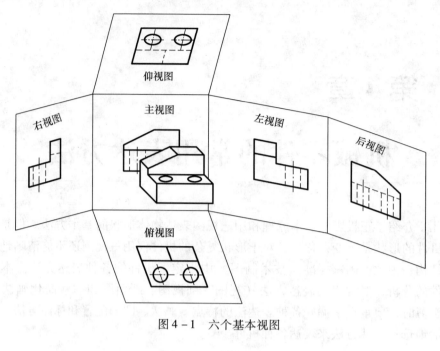

图 4-1 六个基本视图

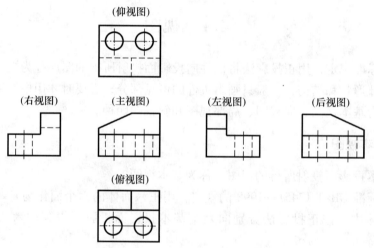

图 4-2 六个视图的配置关系

使用基本视图需要强调的是：

(1) 六个基本视图之间，仍符合"长对正，高平齐，宽相等"的投影规律，即主、俯、仰、后长对正；主、左、右、后高平齐；俯、左、右、仰宽相等。

(2) 除后视图外，各视图靠近主视图的一边代表物体的后面，而远离主视图的一边代表物体的前面。

(3) 机件外部结构形状的表达，其使用的视图数量要根据所表达机件的外部结构的需要来选择，不必六个基本视图都画。

4.1.2 向视图

当六个基本视图的位置按图 4-2 配置时，一律不标注视图的名称。如不能按 4-2 配置视图时，应在视图的上方标出视图的名称"×"（×为大写拉丁字母），并在相应的视图附近用带字母的箭头指明投射方向，如 4-3 所示。这种位置可自由配置的视图称为向视图。

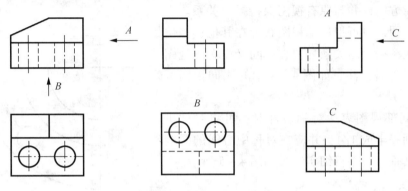

图 4-3 向视图及其标注

4.1.3 局部视图

如图 4-4 所示机件，用两个基本视图（主、俯视图）已能将机件的大部分形状表达清楚，只有两侧的凸台未表达清楚。如果再画一个完整的左视图和右视图，显得有些重复，没有必要。因此，只需画出表达该部分的局部左视图和局部右视图，而省却其余部分，如图 4-4 所示。这种只将机件的某一部分结构形状向基本投影面投射所得到的视图，称为局部视图。

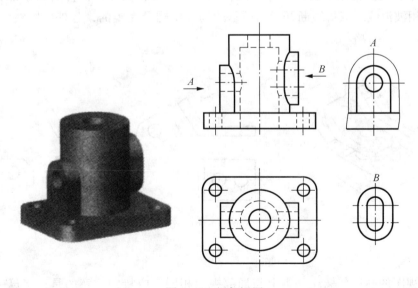

图 4-4 局部视图

使用局部视图时应注意以下几点：

(1) 局部视图的断裂边界应用波浪线或双折线画出, 如图 4-4 中的 A 向视图; 波浪线或双折线应画在机件的实体部位, 不可超出轮廓线, 也不可穿空而过。当所表达的局部结构完整, 且外形轮廓线又成封闭时, 波浪线可省略不画, 如图 4-4 中的 B 向视图。

(2) 画局部视图时, 一般在局部视图上方标出视图的名称"×", 在相应视图附近用箭头标明投射方向, 并注上同样字母。如图 4-4 中的 A、B。为看图方便, 局部视图应尽量配置在箭头所指方向, 并与原有视图保持投影关系。有时为了合理布图, 也可把局部视图布置在其他适当位置。当局部视图按投影关系配置, 中间又没有其他图形隔开时, 可省略标注, 如图 4-4 中的 A 向视图可省略标注。

(3) 当局部视图表达对称机件时, 可将对称机件的视图只画一半或 1/4, 并应在对称中心线的两端画出两条与其垂直的平行细实线, 如图 4-5 所示。

4.1.4 斜视图

如图 4-6 所示的机件, 其右上方具有倾斜结构, 在俯、左视图上均不能反映实形, 这既给画图和看图带来困难, 又不便于标注尺寸。这时, 可选用一个平行于倾斜部分的投影面, 按箭头所示投影方向在投影面上作出该倾斜部分的投影。这种将机件向不平行于任何基本投影面的平面投射所得的视图, 称为斜视图, 如图 4-6 中的 A 向视图。

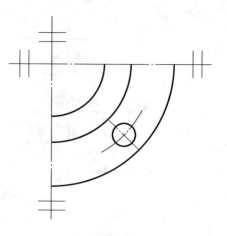

图 4-5 对称机件局部视图

使用斜视图时应注意以下几点:

(1) 由于斜视图常用于表达机件上倾斜部分的实形, 因此, 机件的其余部分不必全部画出, 而可用波浪线或双折线断开。当所示的局部结构是完整的, 且外轮廓线又成封闭时, 波浪线或双折线可省略不画。

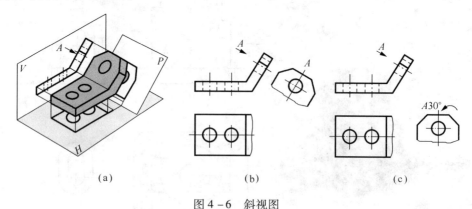

图 4-6 斜视图

(2) 斜视图的画法与标注基本上与局部视图相同, 应特别注意的是, 字母一律按水平位置书写, 字头朝上。必要时, 可将图形旋转摆正, 此时在图形上方应标注出旋转符号。旋转符号为半圆形, 其半径为字体高; 字母标在箭头一端, 并可将旋转角度写在字母之后; 旋转符号的箭头指示旋转的方向，如图4-6（c）所示。

4.2 剖视图

当机件内部的结构形状比较复杂，在画视图时就会出现较多的虚线，这不仅影响视图清晰，给看图带来困难，也不便于画图和标注尺寸，如图4-7所示。为了清楚地表达机件内部的结构形状，在技术图样中常采用剖视图这一表达方法。

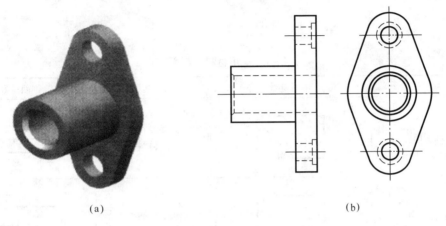

图4-7 视图

4.2.1 剖视图的概念及画法

1. 剖视图的概念

假想用剖切平面剖开机件，并将挡住观察者视线的一部分移开，而将剩余部分向投影面投影，这样得到的图形称为剖视图，如图4-8所示。

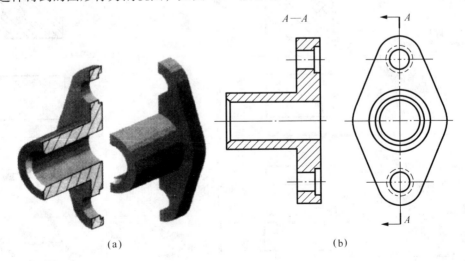

图4-8 剖视图的概念

剖切平面与机件接触的部分称为剖面区域。国标规定，在剖面区域上要画出剖面符号。

若需在剖面区域中表示机件材料的类别时,应采用特定的剖面符号,如表4-1所示。

在机械设计中,用金属材料制作的零件最多。为便于画图,国家标准规定表示金属材料的剖面符号是最易画的平行细实线,这种剖面符号称为通用剖面线。当不需要表示材料类别时,可采用通用剖面线表示,通用剖面线最好用与水平方向成45°,且互相平行、间隔相等的细实线绘制,如图4-8(b)所示。当画出的剖面线与图形的主要轮廓线或剖面区域的对称线平行时,可将剖面线画成与主要轮廓线或剖面区域的对称线成30°或60°的平行线,但倾斜方向仍应与同一机件的其他图形一致。注意:同一零件的剖面符号在同一张图纸上应一致。

表4-1 常用材料的剖面符号

材料名称	剖面符号	材料名称	剖面符号
金属材料(已有规定剖面符号者除外)	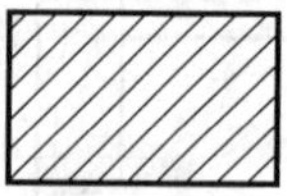	木质胶合板(不分层数)	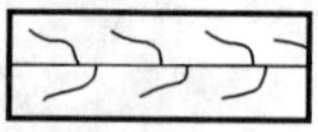
线圈绕组元件	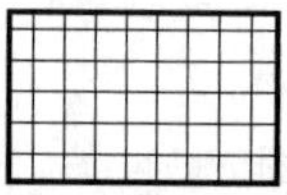	基础周围的泥土	
转子、电枢、变压器和电抗器等的叠钢片	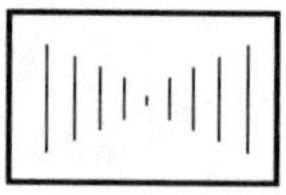	混凝土	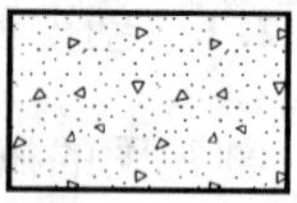
非金属材料(已有规定剖面符号者除外)	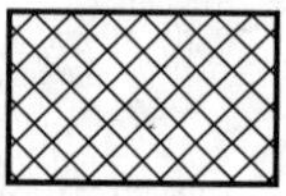	钢筋混凝土	
型砂、填砂、粉末冶金、砂轮、陶瓷刀片、硬质合金刀片等	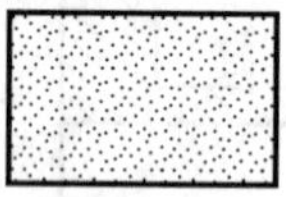	砖	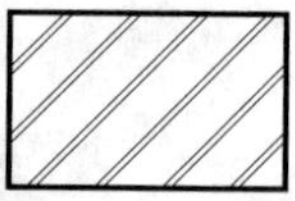
玻璃及供观察用的其他透明材料	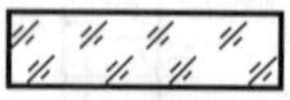	格网(筛网过滤网等)	
木材 纵剖面		液体	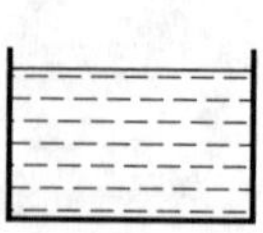
木材 横剖面	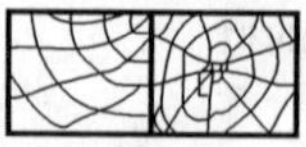		

2. 画剖视图的方法和步骤

以图4-9（a）所示的机件为例说明画剖视图的方法步骤：

（1）画出机件的视图，如图4-9（b）。

（2）确定剖切平面的位置，画出剖面图，如图4-9（c）。为了清楚地反映机件内部结构的真实形状，应使剖切平面平行于投影面且尽量通过较多的内部结构（孔、槽）的轴线或对称中心线。如图4-9（c），选取剖切平面为正平面，并通过两个孔的轴线，画出剖切平面与机件内、外表面的交线，得到剖面的投影图形，并画上剖面符号。

（3）画出剖切平面后面的所有可见轮廓线，不能遗漏，如图4-9（d）中台阶面的投影线和键槽的轮廓线，容易漏画，应加以注意。

在剖视图中，对于不可见的部分，如果在其他视图上已表达清楚，虚线应该省略；对于没有表达清楚的部分，虚线必须画出，如图4-9（e）。

（4）剖视图标注。

为了便于看图，国家标准《技术制图》中对剖视图的标注作了以下规定：

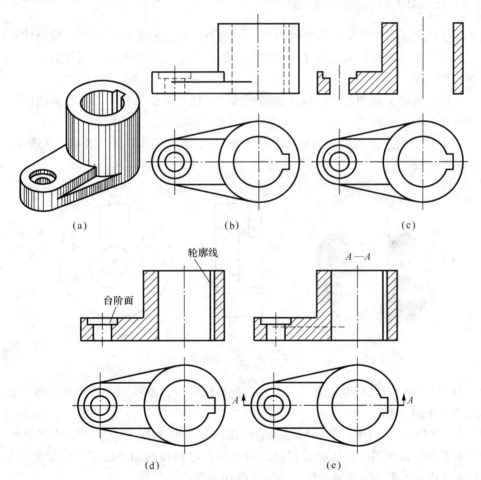

图4-9 画剖视图的方法和步骤

(a) 机件立体图；(b) 画出视图；(c) 画出剖面图；(d) 补出剖切面后的投影；
(e) 画出必要的细虚线并标注剖视图

①剖切线：指示剖切面位置的线，即剖切面与投影面的交线，用点画线表示。

②剖切符号：指示剖切面起、迄和转折位置（用粗短画表示）及投射方向（用箭头或粗短画线表示）的符号。

③剖视图名称：一般应标注剖视图的名称"×—×"（×为大写拉丁字母或阿拉伯数字）。在相应的视图上用剖切符号表示剖切位置和投射方向，并标注相同的字母。剖视图的标注如图 4-9（e）所示。

在下列情况下，剖视图可简化或省略标注：

①当剖视图按投影关系配置，中间又没有其他图形隔开时，可省略箭头。

②当单一剖切平面通过机件的对称面，且剖视图按投影关系配置，中间又没有其他图形隔开时，可省略标注。

需要强调的是，剖切是假想的，当机件的某个视图画成剖视图后，其他视图仍应按完整机件画出，如图 4-9 中的俯视图。

4.2.2 剖切面的种类和剖切方法

国家标准规定了多种剖切面和剖切方法，画剖视图时，根据机件内部结构形状的特点和表达的需要可选用单一剖切面、几个平行的剖切面、几个相交的剖切面剖开物体。

1. 单一剖切面

剖切面包括剖切平面和剖切柱面，剖切平面中，还可根据其相对于投影面的位置不同分为正、斜两种剖切平面。

（1）正剖切平面。正剖切平面是指平行于基本投影面的剖切面。图 4-10 所示的 A—A 剖切面就是正平面。

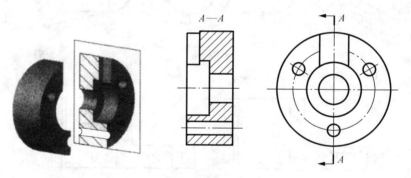

图 4-10 单一剖切面

（2）剖切柱面。国家标准规定：采用柱面剖切机件时，剖视图应按展开绘制。如图 4-11 所示的 B—B 剖视图。

（3）斜剖切平面。当机件上倾斜部分的内部形状在基本视图上不能反映清楚时，可以用一个与基本投影面倾斜的投影面垂直面剖切，再投射到与剖切平面平行的辅助投影面上，这种剖切方法也称为斜剖。图 4-12 中 B—B 剖切面即为斜剖切平面。

采用斜剖时，必须标注剖切符号，注明剖视图名称。

采用斜剖得到的剖视图最好按投影关系配置，必要时可以平移到其他适当地方。在不致引起误解时，也允许将图形旋转，其标注形式如图 4-13 中 B—B 所示。

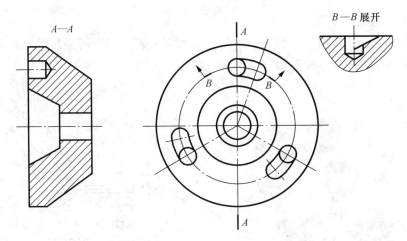

图 4-11 B—B 剖切柱面

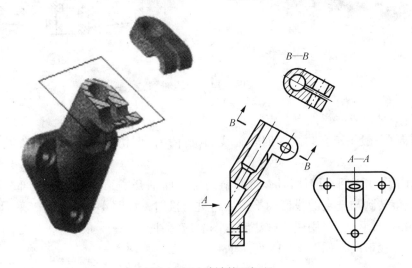

图 4-12 斜剖切平面

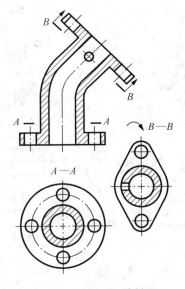

图 4-13 斜剖视图旋转配置

2. 几个相交的剖切平面

当机件内部结构形状用单一剖切平面剖切不能完全表达时，可采用两个（或两个以上）相交的剖切面剖开机件。这种剖切方法也称为旋转剖，如图 4-14 所示。

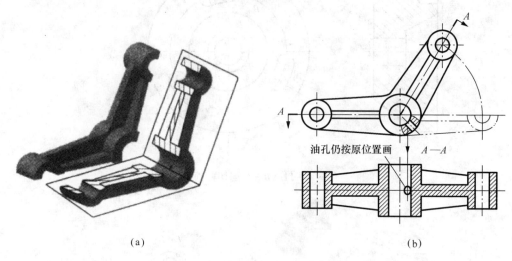

图 4-14 旋转剖

采用旋转剖时，应注意以下几点：

（1）旋转剖一般用于有共同的回转轴线的机件，且剖切面交线要和机件共同的回转轴线重合。

（2）采用两个相交平面剖切时，被倾斜剖切平面剖开的结构及其有关部分应先绕两剖切平面的交线旋转到与选定的投影面平行后再进行投射，如图 4-14 所示。采用多个相交平面剖切时可用展开画法，当用展开画法时，图名应标注"×—×展开"，是把剖切平面展开成同一平面后再投射的，如图 4-15 所示。

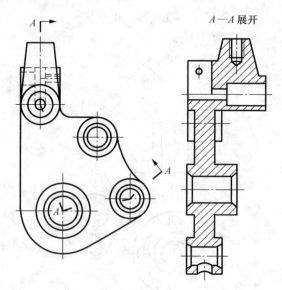

图 4-15 旋转剖的展开画法

(3) 采用旋转剖时,必须标注剖视图名称和剖切符号,在剖切面的起讫和转折处用相同的字母标出。但当转折处地方有限,又不致引起误解时,允许省略字母。

(4) 位于剖切面后的其他结构一般仍按原来位置投射,如图 4-14 中的小孔。

(5) 当剖切后产生不完整要素时,应将此部分按不剖绘制,如图 4-16 所示。

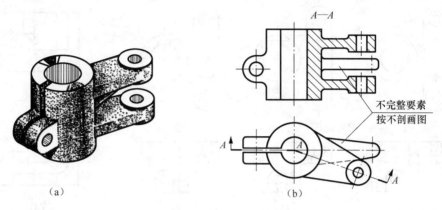

图 4-16 旋转剖的不完整要素

3. 几个平行的剖切平面

当机件的内部结构位于几个平行平面上时,可采用几个平行的剖切平面剖开机件,这种方法称为阶梯剖,如图 4-17 所示。

采用阶梯剖时应注意以下几点:

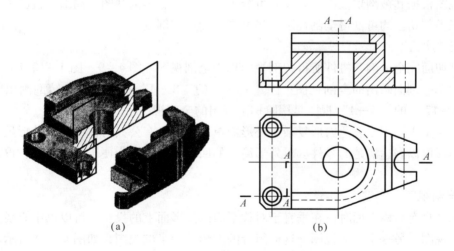

图 4-17 阶梯剖

(1) 由于剖切是假想的,不应在剖视图中画出各剖切平面在转折处的分界线,图 4-18 (b) 的画法是错误的。

(2) 采用阶梯剖时,不能迂回剖切(剖切平面在投射方向不能重叠),如图 4-18 (c) 所示。

(3) 在图形内不应出现不完整要素。只有当两个要素在图形上具有公共对称中心线或轴线时,才可以各画一半,此时应以中心线或轴线为界,如图 4-18 (d) 中的 "A—A" 剖视图。

（4）采用阶梯剖时，必须标注剖视图名称和剖切符号，在剖切面的起讫和转折处用相同的字母标出。但当转折处地方有限，又不致引起误解时，允许省略字母。

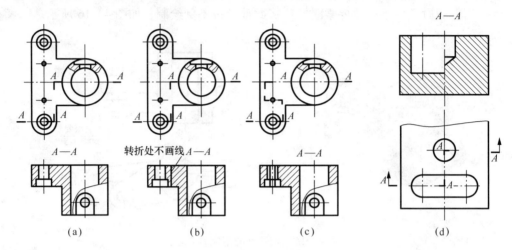

图 4 – 18　阶梯剖要注意的问题
(a) 正确画法；(b) 错误画法；(c) 错误画法；(d) 有对称中心面的阶梯剖

4.2.3　剖视图的种类

剖视图根据其被剖切范围的多少，可分为全剖视图、半剖视图、局部剖视图三种。前面介绍的三类剖切面均可剖得全剖视图、半剖视图和局部剖视图。

1. 全剖视图

用剖切面完全地剖开机件所得的剖视图称为全剖视图。图 4 – 9、图 4 – 10 中的"A—A"视图是用单一剖面画出的全剖视图；图 4 – 14 中的"A—A"视图是用旋转剖画出的全剖视图；图 4 – 17 中的"A—A"视图是用阶梯剖画出的全剖视图。

全剖视图主要用于表达内形复杂、外形简单，且不具有公共对称平面或外形虽复杂但用其他的图形可以表达清楚的零件。对外形简单的回转体零件，为便于标注尺寸，也常采用全剖视图。

2. 半剖视图

当机件具有对称平面时，在垂直于对称平面的投影面上的投影，可以中心线为界，一半画成剖视图，另一半画成视图，这样组合的图形称为半剖视图，如图 4 – 19 所示。

半剖视图主要用于内、外形状都需要表示的对称机件。当机件的形状接近于对称，且不对称部分已另有视图表达清楚时，也可画成半剖视图。

画半剖视图时，必须注意：

（1）由于图形对称，机件内形已在另外半个剖视图中表达清楚，所以在半个视图中表示内形的虚线可省略不画。在半剖视图中，半个剖视图与半个视图的分界线应是细点画线，不能画成粗实线。

（2）半剖视图的剖切标记和全剖视图的剖切标记相同，当剖切面没有通过物体的对称平面时，剖切标记不能省略，如果通过，则可省略，如图 4 – 19 所示。

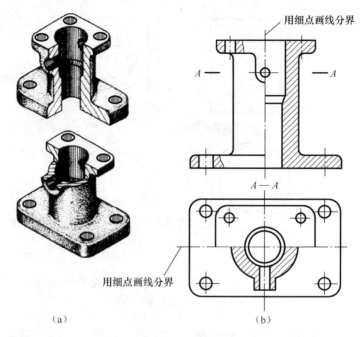

图 4-19 半剖视图

3. 局部剖视图

用剖切平面局部地剖开机件所得的剖视图称为局部剖视图,如图 4-20 所示。当机件的内、外形状均需表达,而又不宜采用半剖视,或机件只有局部内形需要表达时,则应采用局部剖视图。

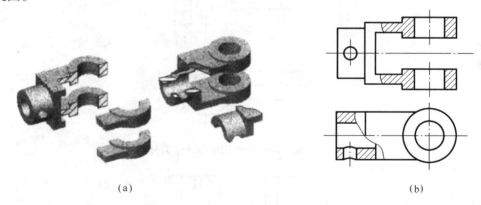

图 4-20 局部剖视图

局部剖视图是一种比较灵活的表达方法,其剖切位置和剖切的范围,可根据需要决定。在画局部剖视图时应注意以下几点:

(1) 视图和剖视图间应以波浪线或双折线作为分界线,可把波浪线看做是机件破裂痕迹的投影。波浪线和双折线不应与图样上的其他图线重合,以免引起误解,也不能超出视图的轮廓线,若遇孔、槽时,波浪线必须断开,不能穿空而过,如图 4-21 所示。

(2) 剖视图运用得当可使图形简明清晰。但在一个视图中,局部剖切的数量不宜过多,不然会使图形过于破碎,反而对读图不利。

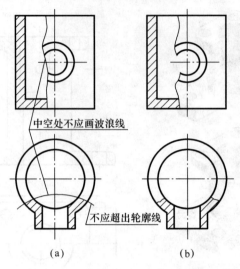

图 4-21　局部剖视图的波浪线画法
(a) 错误；(b) 正确

（3）当被剖切结构为回转体时，允许将该结构的中心线作为局部剖视图和视图的分界线，如图 4-22 所示。当对称机件的轮廓线与对称中心线重合时，不宜采用半剖，而应采用局部剖，如图 4-23 所示。

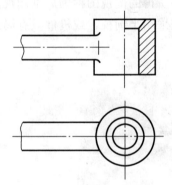

图 4-22　局部剖视图中用中心线作为分界线

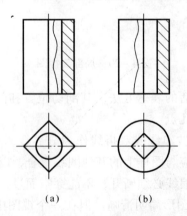

图 4-23　中心线与轮廓线重合的局部剖视图

（4）必要时，允许在剖视图中再做一次简单的局部剖视，这时两者的剖面线应同方向、同间隔，但要相互错开，这种剖视称为"剖中剖"，如图 4-24 所示。

（5）当剖切平面的剖切位置明显时，局部剖视图不必标注。若剖切位置不明显，则应标注。

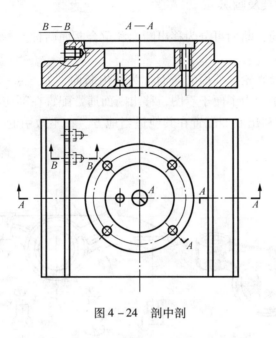

图 4-24　剖中剖

4.3　断面图

4.3.1　断面图的概念

假想用剖切平面将机件某处切断，仅画出剖切平面与物体接触部分的图形，并画上剖面符号，这种图形称为断面图，简称断面，如图 4-25 所示。

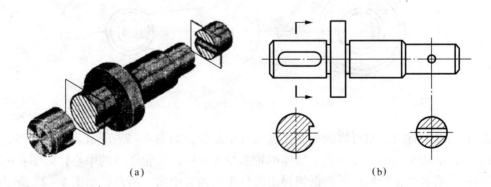

图 4-25　断面图的概念
(a) 作断面图的过程；(b) 断面图

剖视图与断面图的区别在于断面图仅画出机件与剖切平面接触部分的图形；而剖视图除

了画出其截断面形状之外，还必须画出断面之后所有的可见轮廓。前面介绍的各种剖切面同样适用于断面图。断面图常用来表示机件上某一局部的断面形状，例如机件上的肋、轮辐、轴上的键槽、小孔和型材等的断面形状。

4.3.2　断面图的种类及画法

根据配置位置的不同，断面可分为移出断面和重合断面两种。

1. 移出断面的画法

画在被剖切结构的投影轮廓外面的断面称为移出断面，如图4-25（b）所示。移出断面的轮廓线用粗实线绘制。为了便于看图，移出断面通常配置在剖切线的延长线上（图4-25），必要时，也可以将移出断面配置在其他适当地方。在不致引起误解时，允许将图形旋转，如图4-26所示。

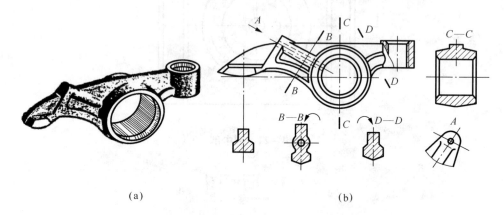

图4-26　移出断面画法（一）

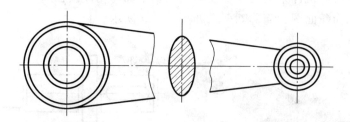

图4-27　移出断面画法（二）

当断面图形对称时，也可将断面画在视图的中断处，如图4-27所示。为了能够表示出断面的实形，剖切平面一般应垂直于物体的轮廓线或通过圆弧轮廓线的中心，如图4-28所示。若由两个或多个相交剖切平面剖切得出的移出断面，中间应断开，如图4-29所示。

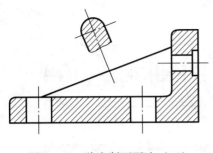
图4-28 移出断面画法（三）

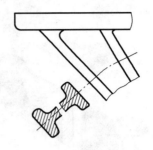
图4-29 移出断面画法（四）

当剖切平面通过回转面形成的孔或凹坑的轴线时，则这些结构按剖视图画出，如图4-30（a）、（b）所示。当剖切平面通过非圆孔，会导致出现完全分离的断面时，则这些结构也应按剖视图画出，如图4-31所示。

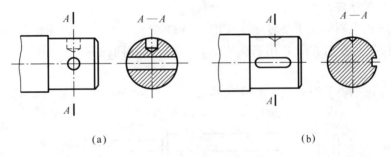
图4-30 移出断面画法（五）

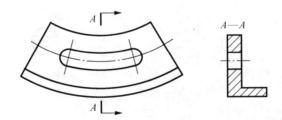
图4-31 移出断面画法（六）

2. 重合断面的画法

画在被剖切结构的投影轮廓之内的断面称为重合断面。只有当断面形状简单，且不影响图形清晰的情况下，才采用重合断面。重合断面的轮廓线用细实线绘制。当视图中的轮廓线与重合断面的图形重叠时，视图中的轮廓线仍应连续画出，不可间断，如图4-32所示。

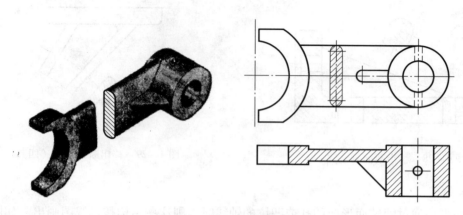

图 4 – 32　重合断面画法

4.3.3　断面的标注

1. 移出断面的标注

（1）一般应用大写的拉丁字母标注移出断面的名称"×—×"，在相应的视图上用剖切符号表示剖切位置和投射方向（用箭头表示），并标注相同的字母，如图 4 – 33 中的"A—A"。

（2）配置在剖切符号延长线上对称的移出断面，不必标字母，如图 4 – 33 所示。

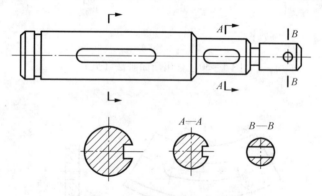

图 4 – 33　移出断面的标注

（3）不配置在剖切符号延长线上的对称移出断面，以及按投影关系配置的移出断面，一般不必标注箭头。

（4）配置在剖切线延长线上对称的移出断面，以及配置在视图中断处的移出断面，可不标注，如图 4 – 25（b）和图 4 – 27 所示。

2. 重合断面的标注

不对称的重合断面在不致引起误解时可省略标注，如图 4 – 34 所示。对称的重合断面不必标注，如图 4 – 32 所示。

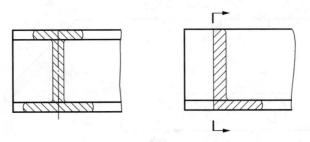

图 4-34 重合断面的标注

4.4 局部放大图和简化画法

为了使图形清晰和画图简便，国家标准（GB/T 16675.1—1996）图样画法中规定了局部放大图和简化画法，供绘图时选用。

4.4.1 局部放大图

当机件上一些细小的结构在视图中表达不够清晰，又不便标注尺寸时，可用大于原图形所采用的比例单独画出这些结构，这种图形称为局部放大图。局部放大图可以画成视图、剖视图和断面图，它与被放大部分的表达方法无关。局部放大图应尽量配置在被放大部位的附近，如图 4-35 所示。必要时，还可以采用几个视图来表达同一个被放大部分的结构，如图 4-36 所示。

画局部放大图时，除螺纹牙形、齿轮和链轮的齿形外，其他机件应用细实线圈出被放大部分的部位，当同一机件上有几个需要放大的部位时，必须用罗马数字顺序地标明放大的部位，并在局部放大图上方标出相应的罗马数字和采用的比例（仍为图形与实际机件的线性尺寸比），如图 4-35 所示。罗马数字与比例之间的横线用细实线画出。当机件上仅有一个需要放大的部位时，在局部放大图的上方只需注明采用的比例，如图 4-36 所示。放大部分的投射方向应和被放大部分的投射方向一致，与整体联系的部分用波浪线画出。若放大部分为剖视和断面时，其剖面符号的方向和距离应与被放大部分相同。

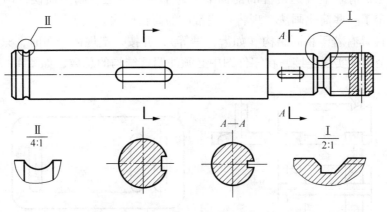

图 4-35 局部放大图

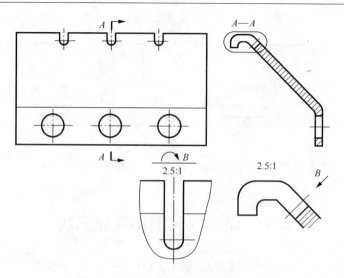

图 4-36 多个局部放大图表达同一结构

同一机件上不同部位的局部放大图相同或对称时,只需画出一个放大图,标注形式如图 4-37 所示。

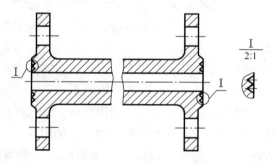

图 4-37 图形相同或对称时局部放大图的画法

4.4.2 简化画法及规定画法

在不影响完整清晰地表达机件的前提下,为了看图方便,画图简便,国家标准《技术制图》统一规定了一些简化画法,现将一些常用的简化画法介绍如下:

(1) 当机件具有若干相同结构(如齿,槽等),并按一定规律分布时,只需画出几个完整的结构,其余用细实线连接,在零件图中必须注明该结构的总数,如图 4-38 所示。

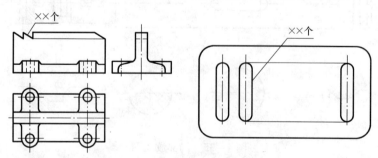

图 4-38 规律分布齿、槽的画法

（2）若干直径相同且成规律分布的孔（圆孔、螺孔、沉孔等），可以仅画出一个或几个，其余只需表达其中心位置，在零件图中注明孔的总数，如图4-39所示。

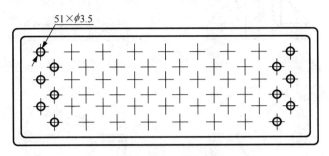

图4-39 规律分布孔的画法

（3）机件上的滚花或网状物、编织物，可以在轮廓线附近用细实线示意画出一小部分网纹，并在图上或技术要求中注明这些结构的具体要求，如图4-40所示。

（4）在不致引起误解时，对于对称机件的视图可只画1/2或1/4，并在对称中心线的两端画出与其垂直的平行细实线，如图4-41所示。

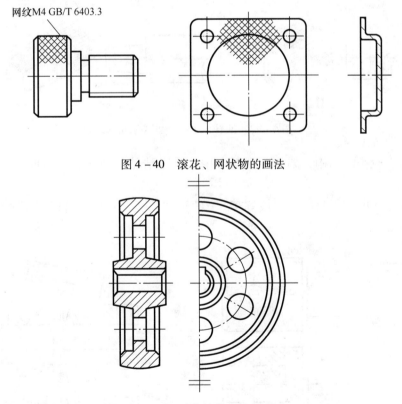

图4-40 滚花、网状物的画法

图4-41 对称结构的简化画法

（5）对于机件的肋、轮辐及薄壁等，如按纵向剖切，这些结构都不画剖面符号，而用粗实线将它与其邻接部分分开，如剖切平面按横向剖切，这些结构必须画出剖面符号。当机件回转体结构上均匀分布的肋、轮辐和孔等结构不处于剖切平面上时，可将这些结构旋转到剖切平面上画出，如图4-42所示。

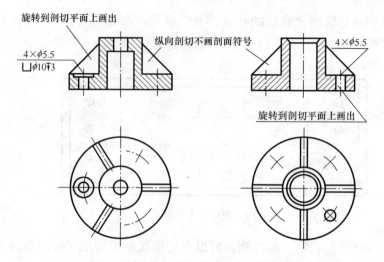

图 4-42 均匀分布的肋板和孔的简化画法

（6）当平面在图形中不能充分表达时，可用平面符号（相交的两条细实线）表示，如图 4-43 所示。

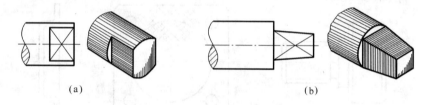

图 4-43 回转体上平面的表示法

（7）机件上较小的结构，如在一个图形中已表示清楚，则在其他图形中可以简化或省略，如图 4-44 所示。

（8）与投影面的倾斜角度小于或等于 30°的圆或圆弧，其投影可以用圆或圆弧来代替，如图 4-45 所示。

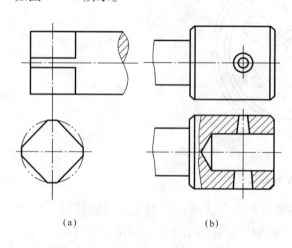

图 4-44 较小结构的简化画法

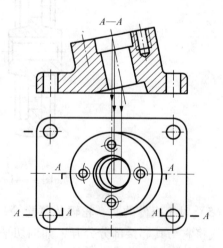

图 4-45 小于或等于 30°倾角圆的简化画法

(9) 较长的机件沿长度方向的形状一致或按一定规律变化时，例如轴、杆、型材、连杆等，可以断开绘制，但要标注实际尺寸，如图 4-46 所示。

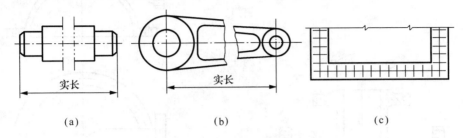

图 4-46　较长机件断开后的简化画法

(10) 对机件上的小圆角，锐边的小倒圆或 45°小倒角，在不致引起误解时允许省略不画，但必须注明尺寸或在技术要求中加以说明，如图 4-47 所示。

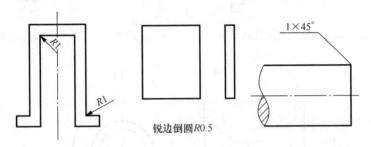

图 4-47　小圆角、小倒角或成 45°小倒角的简化画法

(11) 对机件上斜度不大的结构，如在一个图形中已经表示清楚，其他图形可以只按小端画出，如图 4-48 所示。

(12) 在不致引起误解时，零件图中的移出断面允许省略剖面符号，但剖切位置和断面图的标注必须遵守移出断面标注的有关规定，如图 4-49 所示。

(13) 机件上圆柱形法兰，其上有均匀分布的孔，可按图 4-50 的形式表示。

(14) 机件上的过渡线和相贯线在不致引起误解时，允许用圆弧或直线来代替非圆曲线，如图 4-51 所示。

(15) 在需要表示位于剖切平面前的结构时，可以将这些结构按假想投影的轮廓线（双点画线）绘制，如图 4-52 所示。

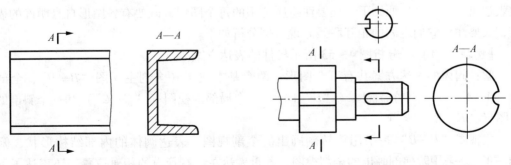

图 4-48　较小斜度的简化画法　　　　图 4-49　断面图中省略剖面符号

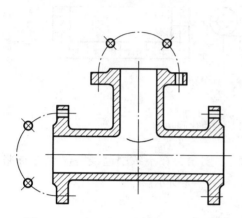

图 4-50 法兰盘上均布孔的简化画法

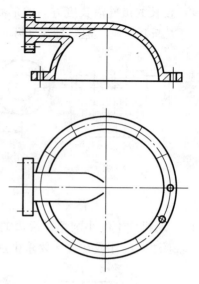

图 4-51 机件上过渡线的简化画法

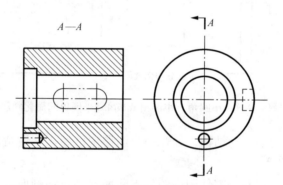

图 4-52 假想投影的画法

4.5 机件表达方法综合应用举例

上面通过具体机件的分析，介绍了机件的各种表达方法，在选择表达机件的图样时，首先应考虑看图方便，并根据机件的结构特点，用较少的图形，把机件的结构形状完整、清晰地表达出来。在这一原则下，还要注意所选用的每个图形，既要有各图形自身明确的表达内容，又要注意它们之间的相互联系。现举例分析如下。

[**例题 4-1**] 分析图 4-53 所示机件的表达方案。

解：阀体的表达方案共有五个图形：两个基本视图（全剖主视图 "$B—B$"、全剖俯视图 "$A—A$"）、一个局部视图（"D" 向）、一个局部剖视图（"$C—C$"）和一个斜剖的局部视图（"$E—E$ 旋转"）。

主视图 "$B—B$" 是采用旋转剖画出的全剖视图，表达阀体的内部结构形状；俯视图 "$A—A$" 是采用阶梯剖画出的全剖视图，着重表达左、右管道的相对位置，还表达了下连接板的外形及 $4×\phi5$ 小孔的位置；"$C—C$" 局部剖视图，表达左端管连接板的外形及其上 $4×$

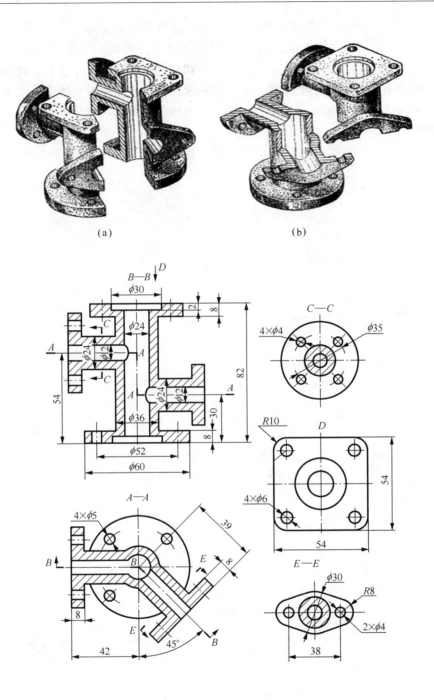

图 4-53 机件的表达方案分析

$\phi4$ 孔的大小和相对位置;"D"向局部视图,相当于俯视图的补充,表达了上连接板的外形及其上 $4\times\phi6$ 孔的大小和位置。因右端管与正投影面倾斜 45°,所以采用斜剖画出"$E—E$"局部剖视图,以表达右连接板的形状。

由图形分析中可见,阀体的构成大体可分为管体、上连接板、下连接板、左连接板和右连接板五个部分。管体的内外形状通过主、俯视图已表达清楚,它是由中间一个外径为 36、内径为 24 的竖管，左边一个距底面 54、外径为 24、内径为 12 的横管，右边一个距底面 30、外径为 24、内径为 12、向前方倾斜 45°的横管三部分组合而成。三段管子的内径互相连通，形成有四个通口的管件。阀体的上、下、左、右四块连接板形状大小各异，这可以分别由主视图以外的四个图形看清它们的轮廓，它们的厚度为 8。通过分析形体，想象出各部分的空间形状，再按它们之间的相对位置组合起来，便可想象出阀体的整体形状。

第 5 章

标准件及常用件

在机器或部件中,除一般零件外,还广泛使用螺栓、螺钉、螺母、垫圈、键、销和滚动轴承等零件,这类零件的结构和尺寸均已标准化,称为标准件。还经常使用齿轮、弹簧等零件,这类零件的部分结构和参数也已标准化,称为常用件。由于标准化,这些零件可组织专业化大批量生产,提高生产效率和获得质优价廉的产品。在进行设计、装配和维修机器时,可以按规格选用和更换。

本章主要介绍标准件与常用件的基本知识、规定画法、代号与标记以及相关标准表格的查用。

5.1 螺纹

5.1.1 螺纹的形成

一平面图形(如三角形、矩形、梯形等)绕一圆柱(圆锥、圆球)做螺旋运动,所形成的具有连续凸起和沟槽的圆柱(圆锥、圆球)螺旋体,在工业上就称为螺纹。在圆柱(圆锥、圆球)表面生成的螺纹分别称为圆柱(圆锥、圆球)螺纹。螺纹上凸起的顶端称为螺纹的牙顶,沟槽的底部称为螺纹的牙底,连接牙顶和牙底的那部分螺纹的侧表面称为牙侧。在外表面上形成的螺纹称为外螺纹;在内表面上形成的螺纹称为内螺纹,如图5-1所示。连接时,内、外螺纹是成对配合使用的。

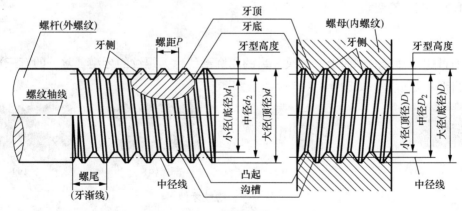

图 5-1 螺纹

螺纹的加工方法很多，图5-2（a）、（b）所示为在车床上车削内、外螺纹，图5-3所示为用丝锥加工内螺纹。此外，还可用板牙加工外螺纹，用搓丝板或滚丝轮辗压出外螺纹。

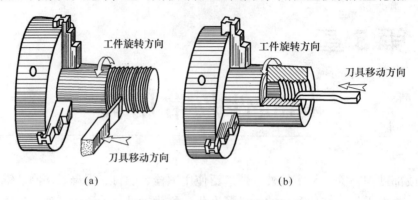

(a)   (b)

图5-2　在车床上加工螺纹

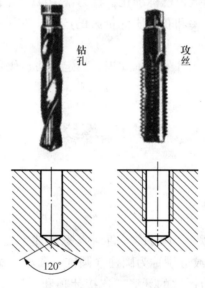

图5-3　用丝锥攻制内螺纹

5.1.2　螺纹的要素

1. 牙型

在通过螺纹轴线的剖面上，螺纹牙齿的轮廓形状称为螺纹的牙型，常见的有三角形、梯形、锯齿形和矩形等，如图5-4所示。

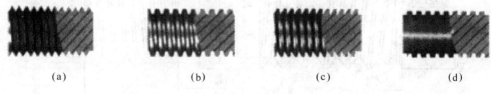

(a)   (b)   (c)   (d)

图5-4　螺纹牙型

(a) 三角形螺纹；(b) 梯形螺纹；(c) 锯齿形螺纹；(d) 矩形螺纹

2. 直径

螺纹直径有大径（d、D）、中径（d_2、D_2）和小径（d_1、D_1）之分，见图 5-1。其中小写代表外螺纹，大写代表内螺纹。

（1）大径（D、d）：与外螺纹牙顶或内螺纹牙底相重合的假想圆柱面的直径称为螺纹的大径。

（2）小径（D_1、d_1）：与外螺纹牙底或内螺纹牙顶相重合的假想圆柱面的直径称为螺纹的小径。

（3）中径（D_2、d_2）：当假想圆柱的母线通过牙形上沟槽和凸起宽度相等之处时，此假想圆柱称为中径圆柱，其母线称为中径线，其直径称为螺纹的中径。

公称直径是代表螺纹尺寸的直径，一般以螺纹大径作为公称直径。

3. 线数（n）

形成螺纹时所沿螺旋线的条数称为螺纹的线数。螺纹有单线和多线之分，沿一条螺旋线所形成的螺纹称单线螺纹；沿两条或两条以上，在轴向等距离分布的螺旋线所形成的螺纹称为多线螺纹，如图 5-5、图 5-6 所示。

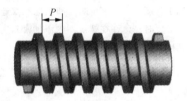

图 5-5 单线螺纹及螺距

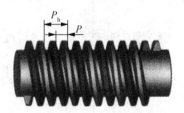

图 5-6 多线螺纹及螺距

4. 螺距（P）和导程（P_h）

相邻两牙在中径线上对应两点间的轴向距离，称为螺距，如图 5-5 所示。

同一条螺旋线上的相邻两牙在中径线上对应两点间的轴向距离称为导程，如图 5-6 所示。导程、线数和螺距的关系为：$P_h = nP$。

5. 旋向

螺纹有右旋和左旋之分。顺时针旋转时旋入的螺纹称为右旋螺纹；逆时针旋转时旋入的螺纹称为左旋螺纹。判别螺纹的旋向时，可将螺纹轴线竖起来，螺纹可见部分，右高左低的为右旋，反之为左旋，如图 5-7 所示。

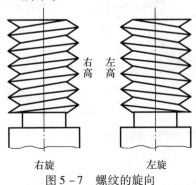

图 5-7 螺纹的旋向

只有以上五个要素都相同的内外螺纹才能旋合在一起。五个要素中的牙型、直径和螺距是决定螺纹的最基本要素，凡这三个要素都符合国家标准的称为标准螺纹；螺纹牙型符合标准，而大径、螺距不符合标准的称为特殊螺纹；牙型不符合国家标准的称为非标准螺纹。表 5-1 中介绍了常用的标准螺纹。

表 5-1 螺纹种类、牙型略图、特点及用途

螺纹类型		特征代号	牙型略图	特点及用途
连接紧固用螺纹	粗牙普通螺纹	M	内螺纹 60° 外螺纹	牙型为等边三角形，是最常见的连接螺纹
	细牙普通螺纹			细牙普通螺纹的螺距比粗牙的小，切深较浅，它用于细小的精密零件或薄壁零件
	55°非密封管螺纹	G	接头 55° 管子	用于管接头、旋塞、阀门和其他螺纹连接的附件，必要时，允许在螺纹副内添加密封物，以保证连接的密封性
	55°密封管螺纹	圆锥内螺纹	R_c	基面 接头 55° 管子	螺旋副本身具有密封性的圆柱管螺纹，用于管接头、旋塞、阀门及其他附件
		圆柱内螺纹	R_p		
		圆锥外螺纹	R_1、R_2		
传动螺纹	梯形螺纹	Tr	内螺纹 30° 外螺纹	牙型为等腰梯形，一般用途的梯形螺纹，可传递两个方向的动力，常用于机床上的传动丝杠
	锯齿形螺纹	B	内螺纹 3° 30° 外螺纹	牙型为锯齿形，只能传递单方向的动力，常用于螺旋千斤顶，螺旋压力机等传动丝杠上

5.1.3 螺纹的种类

螺纹常按用途分为连接螺纹和传动螺纹两大类。

1. 连接螺纹

连接螺纹分为粗牙普通螺纹、细牙普通螺纹和管螺纹，它们的牙型皆为三角形，其中普通螺纹的牙型角为60°；管螺纹的牙型角为55°。同一种直径的普通螺纹，一般有几种螺距，螺距最大的一种称为粗牙普通螺纹，其余的称为细牙普通螺纹。

2. 传动螺纹

传动螺纹用作传递动力或运动，常用的是梯形螺纹，有时也用锯齿形螺纹。其中梯形螺纹的牙型为等腰梯形，牙型角为30°；锯齿形螺纹的牙型为不等腰梯形，牙型角为33°。

5.1.4 螺纹的规定画法

国家标准（GB/T 4459.1—1995）《螺纹及螺纹紧固件表示法》中规定的螺纹画法如下：

1. 外螺纹

外螺纹不论其牙型如何，螺纹的牙顶圆的投影用粗实线表示，牙底圆的投影用细实线表示（按牙顶圆的0.85倍绘制）。在平行螺杆轴线投影面的视图中，螺杆的倒角或倒圆部分应画出；而在垂直于螺纹轴线投影面的视图中，表示牙底圆的细实线只画3/4圈（空出约1/4圈的位置不作规定）。此时，螺杆倒角的投影不应画出。螺纹终止线在不剖的外形图中画成粗实线，如图5-8（a）所示。在剖视图中的螺纹终止线按图5-8（b）主视图的画法绘制（即终止线只画螺纹高度的一小段）。剖面线必须画到表示牙顶圆投影的实线为止。

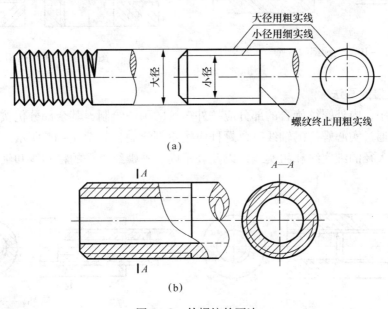

图 5-8 外螺纹的画法
(a) 视图画法；(b) 剖视画法

2. 内螺纹

图5-9是内螺纹的画法。剖开表示时，牙底（大径）为细实线，牙顶（小径）及螺纹终止线为粗实线，剖面线画到代表小径的粗实线为止；不剖开表示时，牙底、牙顶和螺纹终止线皆为虚线。在垂直于螺纹轴线投影面的视图中，牙底仍画成3/4圈的细实线，并规定螺纹孔的倒角也省略不画。绘制不穿通的螺孔时，应将钻孔深度和螺孔深度分别画出，钻孔深度 = 螺孔深度 + 0.5D，钻孔直径 = 螺纹小径，钻孔锥尖角画成120°。

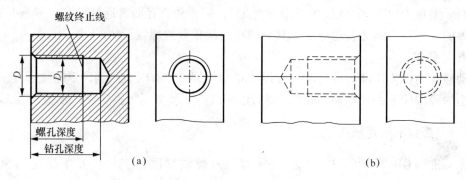

图 5-9 内螺纹的画法
(a) 剖视画法；(b) 视图画法

当需要表示牙型时，可按图 5-10 的形式绘制。螺纹孔相交时，只画出钻孔的交线（用粗实线绘制），如图 5-11 所示。

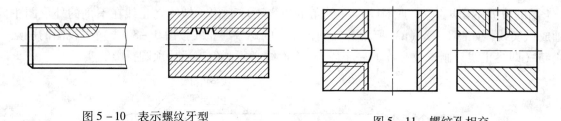

图 5-10 表示螺纹牙型　　　　　　图 5-11 螺纹孔相交

3. 螺纹连接的画法

在剖视图中，内外螺纹旋合的部分应按外螺纹的画法绘制，其余部分仍按各自的画法画出，剖切平面通过实心螺杆的轴线时，螺杆应按不剖绘制，如图 5-12 所示。必须注意，表示内、外螺纹大径的细实线和粗实线，以及表示内、外螺纹小径的粗实线和细实线必须分别对齐。

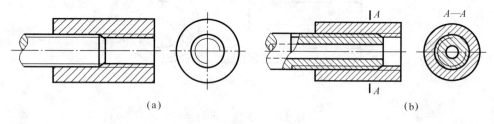

图 5-12 螺纹连接的画法

4. 有关螺纹的各种结构及其表示方法

（1）螺纹末端。为了防止外螺纹起始圈损坏和便于装配，通常在螺纹起始处做出一定形式的末端，如图 5-13 所示。螺纹末端已标准化，其各部分尺寸可参见相关国家标准。

（2）螺纹收尾、退刀槽和肩距。车削螺纹的刀具接近螺纹末尾时要逐渐离开工件，因而螺纹末尾附近的螺纹牙形不完整，如图 5-14（a）中标有尺寸的一段长度称为螺尾。当需要表示螺纹收尾时，螺尾部分的牙底用与轴线成 30°的细实线表示。有时为了避免产生螺尾，在该处预制出一个退刀槽，如图 5-14（b）、（c）所示。螺纹至台肩的距离称为肩距，如图 5-14（d）所示。收尾、退刀槽和肩距已标准化，其各部分尺寸可参见相关国家标准。

图 5-13　螺纹末端

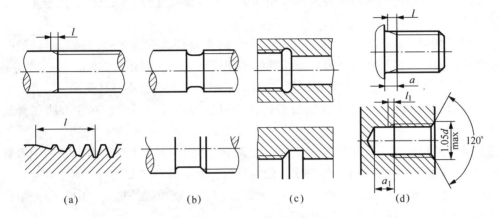

图 5-14　螺尾、退刀槽和肩距
(a) 外螺纹的螺尾；(b) 外螺纹的退刀槽；(c) 内螺纹的退刀槽；(d) 肩距

5.1.5　螺纹的标注

螺纹采用规定画法后，其牙型、螺距、旋向、线数等在图形中反映不出来，需用标注方法来表示。

1. 普通螺纹的标注方法

普通螺纹的标注格式如下：

$$\underbrace{\boxed{\text{牙型符号}}\ \boxed{\text{公称直径}} \times \boxed{\text{螺距}}\ \boxed{\text{旋向}}}_{\text{螺纹代号}} - \underbrace{\boxed{\text{中径公差带代号}}\ \boxed{\text{顶径公差带代号}}}_{\text{螺纹公差代号}} - \boxed{\text{旋合长度代号}}$$

（1）螺纹代号。普通螺纹的牙型代号用 M 表示，公称直径为螺纹大径。细牙普通螺纹应标注螺距，粗牙普通螺纹不标注螺距。左旋螺纹用"LH"表示，右旋螺纹不标注旋向。

（2）螺纹公差代号。螺纹公差代号由表示其大小的公差等级数字和表示其位置的基本偏差的字母（内螺纹为大写，外螺纹为小写）组成，如 6H、6g。如两组公差带不相同，则分别注出代号；如两组公差带相同，则只注一个代号。

（3）旋合长度代号。旋合长度有短（S）、中（N）、长（L）三种，一般多采用中等旋合长度，其代号 N 可省略不注，如采用短旋合长度或长旋合长度，则应标注 S 或 L。特殊需要时，可注明旋合长度的数值。

[例 5-1]　粗牙普通外螺纹，大径为 10，右旋，中径公差带为 5g，顶径公差带为 6g，短旋合长度。应标记为：M10—5g6g—S。

在图样中普通螺纹的标记应标注在螺纹大径的尺寸线上或其指引线上，如图 5-15 所示。

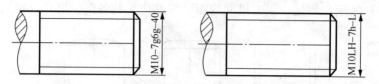

图 5-15　普通螺纹的标注示例

2. 梯形螺纹的标注方法

梯形螺纹完整标记的内容与普通螺纹相同，主要有螺纹代号、螺纹公差代号和旋合长度代号三部分。

（1）螺纹代号。梯形螺纹的牙型代号为 Tr，公称直径为螺纹大径。梯形螺纹没有粗牙和细牙之分，但有单线和多线之分。单线螺纹不注线数，只注螺距；多线螺纹用"导程（P 螺距）"表示，也不注线数。左旋螺纹用"LH"表示，右旋螺纹不标注旋向。

（2）螺纹公差代号。梯形螺纹的公差带代号只标注中径公差带。标注方法和普通螺纹相同。

（3）旋合长度代号。梯形螺纹的旋合长度为中（N）和长（L）两组，采用中等旋合长度（N）时，不标注代号（N），如采用长旋合长度，则应标注"L"。

[**例 5-2**]　梯形螺纹，公称直径 40，螺距为 7，右旋单线外螺纹，中径公差带代号为 7e，中等旋合长度。应标记为：Tr40×7-7e。

[**例 5-3**]　梯形螺纹，公称直径 40，导程为 14，螺距为 7 的左旋双线内螺纹，中径公差带代号为 8E，长旋合长度。应标记为：Tr40×14（P7）LH-8E-L。

在图样上，梯形螺纹与普通螺纹的标注方法相同。

3. 锯齿形螺纹的标注方法

锯齿形螺纹标注的具体格式与梯形螺纹基本相同，不同的是锯齿形螺纹的牙型代号为 B。

4. 管螺纹的标注方法

管螺纹有非密封管螺纹和密封管螺纹两种。其标记形式如下：

（1）55°密封管螺纹：　螺纹特征代号　　尺寸代号　　旋向代号　　（也适用于非密封的内管螺纹）。

（2）55°非密封管螺纹：　螺纹特征代号　　尺寸代号　　公差等级代号—旋向代号（仅适用于非密封的外管螺纹）。

以上螺纹特征代号分两类：①55°密封管螺纹特征代号：R_p 表示圆柱内螺纹，R_1 表示与圆柱内螺纹相配合的圆锥外螺纹，R_c 圆锥内螺纹，R_2 表示与圆锥内螺纹相配合的圆锥外螺纹。②55°非密封管螺纹特征代号：G。

公差等级分为 A、B 两级，其中 A 为精密级，B 为粗糙级，只对 55°非密封的外管螺纹标记公差等级代号，对内螺纹不标记公差等级代号。螺纹为右旋时，不标注旋向代号；左旋时标注"LH"。

[**例 5-4**]　55°螺纹密封的圆柱内螺纹，尺寸代号为 1，左旋，应标记为 Rp1LH。

[**例 5-5**]　55°非密封的外管螺纹，尺寸代号为 3/4，公差等级为 A 级，右旋，应标

记为 G3/4A。

在图样中，管螺纹的标记应标注在由螺纹大径引出的指引线上，这一点一定要与普通螺纹或梯形螺纹的标注方法严格区分，如图 5-16 所示。

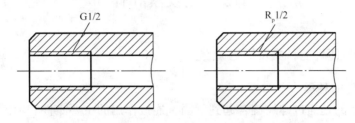

图 5-16　管螺纹的标注示例

5. 特殊螺纹与非标准螺纹的标注方法

（1）特殊螺纹要在螺纹种类代号前加注"特"字，如"特 M24×1.25-6g"。

（2）为了标注非标准螺纹，应画出部分牙型。其标注形式如图 5-17 所示。

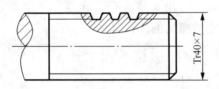

图 5-17　非标准螺纹的标注

6. 螺纹副的标注

对于普通螺纹、梯形螺纹和锯齿形螺纹，内、外螺纹装配在一起时（称为螺纹副），其公差带用斜线分开，左边表示内螺纹公差代号，右边表示外螺纹公差代号，如图 5-18 所示。

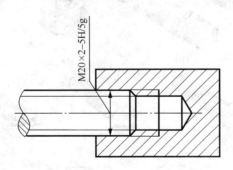

图 5-18　螺纹副的标注

对于密封型管螺纹，内、外螺纹装配在一起时，内、外螺纹的标记用斜线分开，左边表示内螺纹，右边表示外螺纹。例如：$R_c/R_2 1\frac{1}{2}$、$R_p/R_1 1\frac{1}{2}$、$R_c/R_2 1/2$—LH。

对于非密封型管螺纹，内、外螺纹装配在一起时，仅需标注外螺纹的标记。例如：

G1 $\frac{1}{2}$A、G1 $\frac{1}{2}$A—LH。

5.2 螺纹紧固件

5.2.1 螺纹紧固件的种类及标记

1. 螺纹紧固件的种类

螺纹紧固件指的是通过螺纹旋合起到紧固、连接作用的主要零件和辅助零件。螺纹紧固件的种类很多，常见的有螺栓、双头螺柱、螺钉、螺母、垫圈等，其结构形状如图5-19所示。这类零件的结构形式和尺寸都已标准化，由标准件厂大量生产。在工程设计中，可以从相应的标准中查到所需的尺寸，一般不需绘制其零件图。

2. 螺纹紧固件的标记

螺纹紧固件各有规定的完整标记，通常可给出简化标记，只注出名称、标准号和规格尺寸。

（1）螺栓。由头部和杆部组成。常用头部形状为六棱柱的六角头螺栓，如图5-19（a）所示。根据螺纹的作用和用途，六角头螺栓有"全螺纹""部分螺纹""粗牙"和"细牙"等多种规格。螺栓的规格尺寸指螺纹的大径 d 和公称长度 L。

螺栓规定的标记形式为：| 名称 | 标准编号 | 螺纹代号 |×| 公称长度 |

[例5-6]　螺栓 GB/T 5780—2000 M10×40

根据标记可知：螺栓为粗牙普通螺纹，螺纹规格 $d=10$ mm，公称长度 $L=40$ mm，性能等级为4.8级，不经表面处理，杆身为半螺纹，C级的六角头螺栓。其他尺寸可从相应的标准中查得。

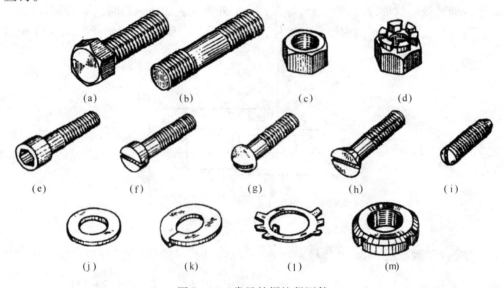

图5-19　常见的螺纹紧固件

(a) 六角头螺栓；(b) 双头螺柱；(c) 六角螺母；(d) 六角开槽螺母；(e) 内六角圆柱头螺钉；
(f) 开槽圆柱头螺钉；(g) 半圆头螺钉；(h) 开槽沉头螺钉；(i) 紧定螺钉；
(j) 平垫圈；(k) 弹簧垫圈；(l) 圆螺母用止动垫圈；(m) 圆螺母

(2) 螺母。螺母与螺栓等外螺纹零件配合使用，起连接作用，其中以六角螺母应用最为广泛，如图 5-19（c）所示。六角螺母根据高度 m 不同，可分为薄型、1 型、2 型；根据螺距不同，可分为粗牙、细牙；根据产品等级，可分为 A、B、C 级。螺母的规格尺寸为螺纹大径 D。

螺母规定的标记形式为：名称 标准编号 螺纹代号

[例 5-7]　螺母 GB/T 40-2000 M10

根据标记可知：螺母为粗牙普通螺纹，螺纹规格 $D=10$ mm。其他尺寸可从相应的标准中查得。

(3) 垫圈。垫圈有平垫圈和弹簧垫圈之分。平垫圈一般放在螺母与被连接零件之间，用于保护被连接零件的表面，以免拧紧螺母时刮伤零件表面；同时又可增加螺母与被连接零件之间的接触面积。弹簧垫圈可以防止因振动而引起螺纹松动的现象发生。

平垫圈有 A 级和 C 级两个标准系列，在 A 级标准系列平垫圈中，又分为带倒角和不带倒角两种类型。垫圈的公称尺寸是用与其配合使用的螺纹紧固件的螺纹规格 d 来表示。

垫圈规定的标记形式为：名称 标准编号 公称尺寸

[例 5-8]　垫圈 GB/T 95—2002 10

根据标记可知：平垫圈为标准系列，公称尺寸（螺纹规格）$d=10$ mm。其他尺寸可从相应的标准中查得。

(4) 双头螺柱。其两端都有螺纹。其中，用来旋入被连接零件的一端，称为旋入端；用来旋紧螺母的一端，称为紧固端。根据双头螺柱的结构分为 A 型和 B 型两种。双头螺柱的规格尺寸为螺纹大径 d 和公称长度 L。

双头螺柱规定的标记形式为：名称 标准编号 螺纹代号 × 公称长度

[例 5-9]　螺柱 GB/T 899—1988 M10×40

根据标记可知：双头螺柱的两端均为粗牙普通螺纹，$d=10$ mm，$l=40$ mm，B 型（B 型可省略不标），$b_m=1.5d$。

(5) 螺钉。按照其用途可分为连接螺钉和紧定螺钉两种。

①连接螺钉：用来连接两个零件。它的一端为螺纹，用来旋入被连接零件的螺孔中；另一端为头部，用来压紧被连接零件。螺钉按其头部形状可分为开槽圆柱头螺钉、十字槽圆柱头螺钉、开槽盘头螺钉、十字槽沉头螺钉和内六角圆柱头螺钉等，如图 5-19 所示。连接螺钉的规格尺寸为螺钉的直径 d 和螺钉的长度 l。

螺钉规定的标记形式为：名称 标准编号 螺纹代号 × 公称长度

[例 5-10]　螺钉 GB/T 68—2000 M8×30

根据标记可知：螺纹规格 $d=8$ mm，公称长度 $l=30$ mm，开槽沉头螺钉。

②紧定螺钉：用来防止或限制两个相配合零件间的相对运动。头部有开槽和内六角两种形式，端部有锥端、平端、圆柱端、凹端等，如图 5-20 所示。紧定螺钉的规格尺寸为螺钉的直径 d 和螺钉的长度 l。

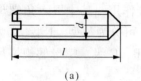 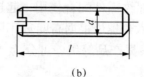 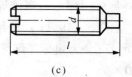

图 5-20　不同端部的紧定螺钉
(a) 锥端；(b) 平端；(c) 圆柱端

螺钉规定的标记形式为： 名称 标准编号 螺纹代号 × 公称长度

[例 5-11]　　螺钉 GB/T 73—2000 M6×10

根据标记可知：螺纹规格 $d=6$ mm，公称长度 $l=10$ mm，开槽平端紧定螺钉。

3. 螺纹紧固件的比例画法

各种常用螺纹紧固件都有自己的比例画法，如图 5-21 所示。

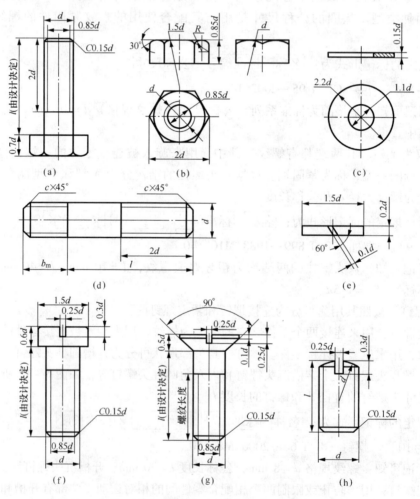

图 5-21　常用螺纹紧固件的比例画法
(a) 螺栓；(b) 螺母；(c) 平垫圈；(d) 双头螺柱；(e) 弹簧垫圈；
(f) 开槽圆柱头螺钉；(g) 开槽沉头螺钉；(h) 开槽紧定螺钉

被连接件上的紧固件通孔或螺纹孔的比例画法如图 5-22 所示。

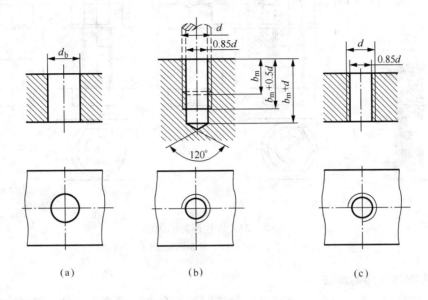

图 5-22 通孔、螺纹孔的比例画法
(a) 通孔;(b) 不通螺纹孔;(c) 穿通螺纹孔

5.2.2 螺纹紧固件装配图的画法

螺纹紧固件的连接形式通常有螺栓连接、螺柱连接和螺钉连接三类。

1. 螺纹紧固件装配图的画法规定

(1) 两零件的接触表面只画一条线。凡不接触的表面,不论其间隙大小(如螺杆与通孔之间),必须画两条轮廓线(间隙过小时可夸大画出)。

(2) 当剖切平面通过螺栓、螺母、垫圈等标准件的轴线时,应按未剖切绘制,即只画出它们的外形。

(3) 在剖视、断面图中,相邻两零件的剖面线,应画成不同方向或同方向而不同间隔加以区别。但同一零件在同一幅图的各剖视、断面图中,剖面线的方向和间隔必须相同。

2. 螺栓连接的画法

螺栓连接一般适用于连接不太厚的并允许钻成通孔的零件,如图 5-23(a)所示。连接前,先在两个被连接的零件上钻出通孔,套上垫圈,再用螺母拧紧。为了便于装配,机件上通孔的直径应略大于螺纹大径 d,一般为 $1.1d$。

螺栓连接的画法如图 5-23(b)所示,图中的螺栓、螺母、垫圈和被连接件的通孔都是按图 5-22 所示的比例画法画出的。螺栓的公称长度 L 可按下式计算:

$$L = t_1 + t_2 + h + m + a$$

式中 t_1、t_2 为被连接零件的厚度;h 为垫圈厚度,$h = 0.15d$;m 为螺母厚度,$m = 0.85d$;a 为螺栓伸出螺母的长度,$a \approx (0.2 \sim 0.3)d$。计算出 L 后,还需从螺栓的标准长度系列中选取与 L 相近的标准值。螺栓连接的装配图也可采用简化画法,如图 5-23(c)所示。

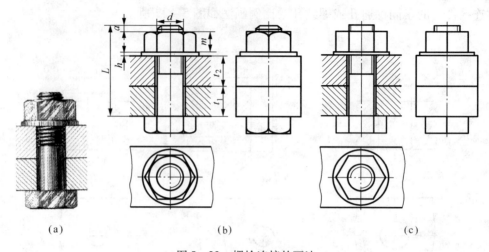

图 5-23 螺栓连接的画法
(a) 螺栓连接示意图；(b) 比例画法；(c) 简化画法

3. 双头螺柱连接的画法

双头螺柱连接一般用于被连接件之一比较厚或不允许钻成通孔，且又需要经常拆装的场合。通常将较薄的零件制成通孔（孔径 $\approx 1.1d$），较厚零件制成不通的螺孔，双头螺柱的两端都制有螺纹，装配时，先将螺纹较短的一端（旋入端）旋入较厚零件的螺孔，再将通孔零件穿过螺纹的另一端（紧固端），套上垫圈，用螺母拧紧，将两个零件连接起来，如图 5-24 (a) 所示。

双头螺柱连接的画法如图 5-24 (b) 所示，图中的双头螺柱、螺母、垫圈、被连接件的不通孔、通孔和螺纹孔都是按图 5-22 所示的比例画法画出的。在连接图中，螺柱旋入端

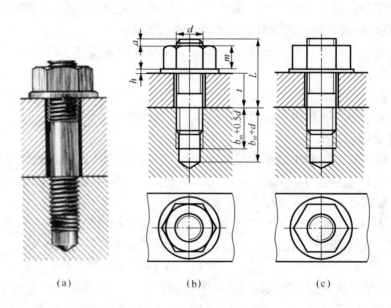

图 5-24 双头螺柱连接的画法
(a) 双头螺柱连接示意图；(b) 比例画法；(c) 简化画法

的螺纹终止线应与两零件的结合面平齐，表示旋入端已全部拧入，足够拧紧。

画图时，应按螺柱的大径和螺孔件的材料确定旋入端的长度 b_m：被连接件材料为钢或青铜时 $b_m = d$，为铸铁时 $b_m = 1.25d$ 或 $1.5d$，为铝合金时 $b_m = 2d$。螺柱的公称长度 L 可按下式计算：$L = t + h + m + a$。式中 t 为通孔零件的厚度；h 为垫圈厚度，$h = 0.15d$（采用弹簧垫圈时，$h = 0.2d$）；m 为螺母厚度，$m = 0.85d$；a 为螺栓伸出螺母的长度，$a \approx (0.2 \sim 0.3)d$。计算出 L 后，还需从螺栓的标准长度系列中选取与 L 相近的标准值。较厚零件上不通的螺孔深度应大于旋入端螺纹长度 b_m，一般取螺孔深度为 $b_m + 0.5d$，钻孔深度为 $b_m + d$。双头螺柱连接的装配图也可采用简化画法，如图 5 – 24（c）所示。

4. 螺钉连接的画法

（1）连接螺钉：当被连接的零件之一较厚，而装配后连接件受轴向力又不大时，通常采用螺钉连接，即螺钉穿过薄零件的通孔而旋入厚零件的螺孔，螺钉头部压紧被连接件，如图 5 – 25 所示。

连接螺钉装配图的画法如图 5 – 25 所示，图中的螺钉、被连接件的不通孔、通孔和螺纹孔都是按图 5 – 22 所示的比例画法画出的。要特别注意的是：螺钉的螺纹终止线应高于螺孔端面。

螺钉的旋入深度 b_m 的确定与双头螺柱连接相同；螺钉各部分比例尺寸见图 5 – 21；螺钉长度 L 可按下式计算：$L = \delta + b_m$，δ 为通孔零件的厚度。计算出 L 后，还需从螺钉的标准长度系列中选取与 L 相近的标准值。

（2）紧定螺钉：紧定螺钉用来固定两零件的相对位置，使它们不产生相对转动，如图 5 – 26 所示。欲将轴、轮固定在一起，可先在轮毂的适当部位加工出螺孔，然后将轮、轴装配在一起，以螺孔导向，在轴上钻出锥坑，最后拧入螺钉，即可限定轮、轴的相对位置，使其不产生轴向相对移动和径向相对转动。

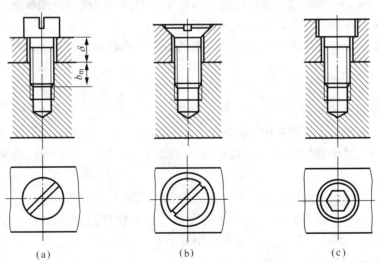

图 5 – 25 连接螺钉的画法

（a）开口槽圆柱头螺钉连接；（b）开口沉头螺钉连接；（c）内六角圆柱头螺钉连接

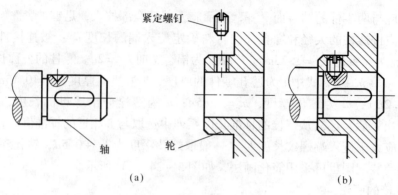

图 5-26 紧定螺钉的连接画法
(a) 连接前；(b) 连接后

5.3 齿 轮

齿轮传动是近代机器中最重要的一种传动，在许多机器中，如金属切削机床、汽车、拖拉机、石油钻机，无论在主要机构还是辅助机构上都大量采用了齿轮传动。

齿轮传动具有外廓尺寸小、机械传动效率高、工作可靠、寿命长、传动功率和圆周速度范围都比较大等优点，所以广泛地被应用。它能将一根轴的运动传递到另一根轴，不仅能传递运动和动力，而且能够改变转速和回转方向。

常见的齿轮传动方式有三种，如图 5-27 所示：圆柱齿轮传动，通常用于两平行轴间的传动；圆锥齿轮传动，用于相交轴间的传动；蜗轮与蜗杆传动，用于两垂直交叉轴间的传动。

在传动中，为了运动平稳、啮合正确，齿轮轮齿的齿廓曲线可以制成渐开线、摆线或圆弧。轮齿的方向有直齿、斜齿、人字齿和弧形齿。

本节主要介绍具有渐开线齿形的标准直齿圆柱齿轮的有关知识和规定画法。

5.3.1 渐开线圆柱齿轮

1. 标准直齿圆柱齿轮各部分名称、代号和尺寸关系

直齿圆柱齿轮各部分名称和代号如图 5-28 所示。

（1）齿顶圆：过齿顶的圆柱面与端平面（垂直于齿轮轴线的平面）的交线，其直径用 d_a 表示。

（2）齿根圆：过齿根的圆柱面与端平面的交线，其直径用 d_f 表示。

（3）分度圆：渐开线齿轮上，槽宽和齿厚相等处的假想圆柱面称为分度圆柱面。分度圆柱面与端平面的交线称为分度圆，其直径用 d 表示。分度圆是设计计算齿轮各部分尺寸及加工齿轮时调整刀具的基准圆。

（4）节圆：连心线 O_1O_2 上两相切的圆称为节圆，其直径用 d' 表示。当齿轮传动时，可以设想这两个圆是在做无滑动的滚动。标准齿轮正确安装时，节圆和分度圆是一致的。

（5）节点：在一对啮合齿轮上，两节圆的切点。

（6）齿距：在分度圆上，相邻两齿同侧齿廓间的弧长，用 p 表示。

（7）齿厚：一个轮齿在分度圆上的弧长，用 s 表示。

（8）槽宽：一个齿槽在分度圆上的弧长，用 e 表示。在标准齿轮中，齿厚与槽宽各为齿距的一半，即 $s = e = p/2$，$p = s + e$。

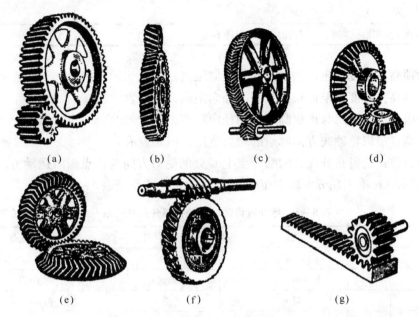

图 5-27　齿轮传动类型

(a) 直齿圆柱齿轮；(b) 斜齿圆柱齿轮；(c) 人字圆柱齿轮；(d) 直齿圆锥齿轮；
(e) 人字圆锥齿轮；(f) 蜗轮与蜗杆；(g) 齿轮与齿条

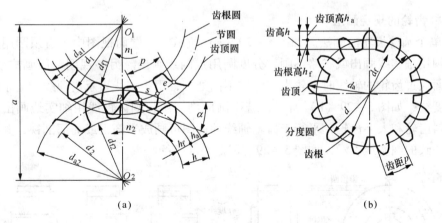

图 5-28　直齿圆柱齿轮各部分名称和代号

(a) 啮合图；(b) 投影图

（9）模数：当齿轮的齿数为 z 时，分度圆的周长 $= \pi d = zp$。令 $m = p/\pi$，则 $d = mz$，m 即为齿轮的模数。因为一对啮合齿轮的齿距 p 必须相等，所以，它们的模数也必须相等。模数是设计、制造齿轮的重要参数。模数越大，则齿距 p 也增大，随之齿厚 s 也增大，齿轮的承载能力也增大。不同模数的齿轮要用不同模数的刀具来制造。为了便于设计和加工，模数已经标准化，我国规定的标准模数数值见表 5-2。

表5-2 标准模数（圆柱齿轮摘自 GB/T 1357—1987）

第一系列	1，1.25，1.5，2，2.5，3，4，5，6，8，10，12，16，20，25，32，40，50
第二系列	1.75，2.25，2.75，(3.25)，3.5，(3.75)，4.5，5.5，(6.5)，7，9，(11)，14，18，22，28，(30)，36，45
注：选用时，优先采用第一系列，括号内的模数尽可能不用	

（10）齿顶高：分度圆至齿顶圆之间的径向距离，用 h_a 表示。

（11）齿根高：分度圆至齿根圆之间的径向距离，用 h_f 表示。

（12）全齿高：齿顶圆与齿根圆之间的径向距离，用 h 表示。$h = h_a + h_f$。

（13）齿宽：沿齿轮轴线方向测量的轮齿宽度，用 b 表示。

（14）压力角：轮齿在分度圆的啮合点上 C 处的受力方向与该点瞬时运动方向线之间的夹角，用 α 表示，标准齿轮 $\alpha = 20°$。齿轮各部分的尺寸关系见表5-3。

表5-3 标准直齿圆柱齿轮各部分尺寸关系 （单位：mm）

名称及代号	公 式	名称及代号	公 式
模数 m	$m = p/\pi = d/z$	齿根圆直径 d_f	$d_f = m(z - 2.5)$
齿顶高 h_a	$h_a = m$	齿形角 α	$\alpha = 20°$
齿根高 h_f	$h_f = 1.25 m$	齿距 p	$p = \pi m$
全齿高 h	$h = h_a + h_f$	齿厚 s	$s = p/2 = \pi m/2$
分度圆直径 d	$d = mz$	槽宽 e	$e = p/2 = \pi m/2$
齿顶圆直径 d_a	$d_a = m(z + 2)$	中心距 a	$a = (d_1 + d_2)/2 = m(z_1 + z_2)/2$

2. 圆柱齿轮的规定画法

（1）单个圆柱齿轮的画法。如图5-29（a）所示，在端面视图中，齿顶圆用粗实线画出，齿根圆用细实线画出或省略不画，分度圆用点画线画出。另一视图一般画成全剖视图，当剖切平面通过齿轮的轴线时，轮齿规定按不剖处理，用粗实线表示齿顶线和齿根线，点画线表示分度线，如图5-29（b）所示；若不画成剖视图，则齿根线用细实线画出或省略不画。对于斜齿轮和人字齿轮，平行于齿轮轴线的视图可画成半剖视或局部剖视，并用三条与齿线方向一致的细实线表示，如图5-29（c）、（d）所示。

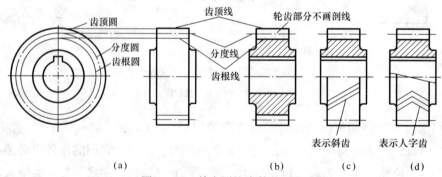

图5-29 单个圆柱齿轮的画法

(a) 直齿轮（外形视图）；(b) 直齿轮（全剖视图）；

(c) 斜齿（半剖视图）；(d) 人字齿轮（局部剖视图）

(2) 两圆柱齿轮啮合的画法。如图 5-30 所示，在表示齿轮端面的视图中，齿根圆可省略不画，啮合区的齿顶圆均用粗实线绘制。啮合区的齿顶圆也可省略不画，但相切的分度圆必须用点画线画出，如图 5-30（b）所示。

在平行于圆柱齿轮轴线的投影面的外形视图中，若不作剖视，则啮合区内的齿顶线不画，此时分度线用粗实线绘制，如图 5-30（c）所示。若作剖视，在剖视图中，啮合区的投影如图 5-30（a）所示，一个齿轮的齿顶线与另一个齿轮的齿根线之间有 0.25 mm 的间隙，被遮挡的齿顶线用虚线画出，也可省略不画。要特别注意的是：若剖切平面不通过齿轮啮合的轴线，则齿轮一律按未被剖切绘制。

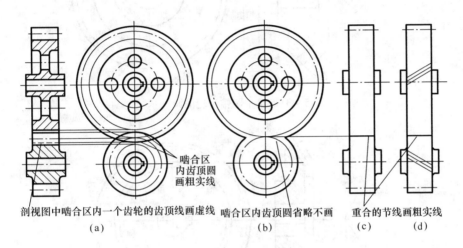

图 5-30　圆柱齿轮啮合的规定画法
(a) 规定画法；(b) 省略画法；(c) 外形视图（直齿轮）；(d) 外形视图（斜齿轮）

5.3.2　圆锥齿轮

圆锥齿轮通常用于两垂直相交轴间的传动，轮齿加工在圆锥面上，所以轮齿一端大，另一端小，沿齿宽方向轮齿大小逐步变化，故模数 m 和齿高 h 也是沿齿宽方向逐步变化的。为了计算和制造方便，规定以大端的模数和分度圆来决定其他部分尺寸，因此，对直圆锥齿轮来说，齿顶圆直径 d_a、分度圆直径 d 和齿顶高 h_a、齿根高 h_f 等都是对大端而言。

1. 单个圆锥齿轮的画法

直齿圆锥齿轮的画法与圆柱齿轮的画法基本相同，如图 5-31 所示。

(1) 一般用主、左两视图表示，主视图用剖视图，表达方式同圆柱齿轮。

(2) 在投影为圆的左视图中，用粗实线表示齿轮大端和小端的齿顶圆，用细点画线画大端分度圆，大、小端齿根圆和小端分度圆不画。

2. 圆锥齿轮啮合的画法

圆锥齿轮的啮合画法如图 5-32 所示。

(1) 主视图画成剖视图，由于两齿轮节圆（分度圆）锥面相切，所以分度圆锥母线在相切处重合，画成细点画线。

(2) 在啮合区内，应将其中一个齿轮的齿顶线画成粗实线，而另一个齿轮的齿顶线被遮挡的部分画成细虚线，也可省略不画。

(3) 左视图画成外形图。

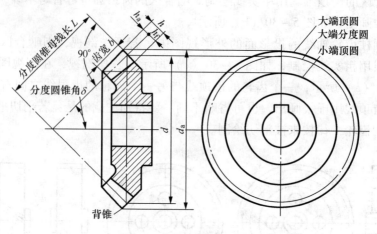

图 5-31 单个圆锥齿轮的画法

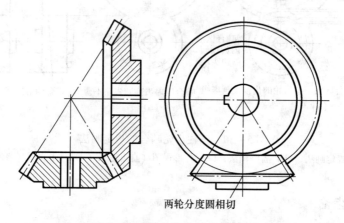

图 5-32 圆锥齿轮啮合的画法

5.4 键、销连接

5.4.1 键及其连接

键通常用于连接轴和装在轴上的齿轮、带轮等传动零件，起传递转矩的作用，如图 5-33 所示。

1. 键的分类、标记及画法

键是标准件，常用的键有普通平键、半圆键和楔键等，如图 5-34 所示。

(1) 普通平键。普通平键有 A 型（圆头）、B 型（方头）和 C 型（单圆头）三种，连接时顶面与轮毂间应有间隙，要画两条线；侧面与轮和轴及底面与轴皆接触，只画一条线，如图 5-35 所示。

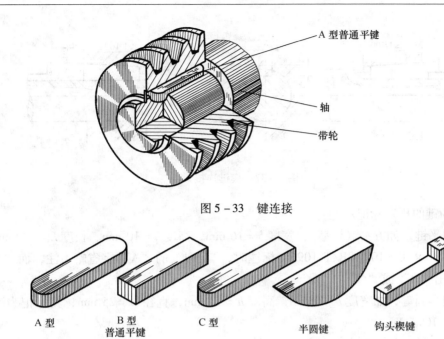

图 5-33 键连接

A 型　　B 型　　C 型　　半圆键　　钩头楔键
　　　普通平键

图 5-34 常用的几种键

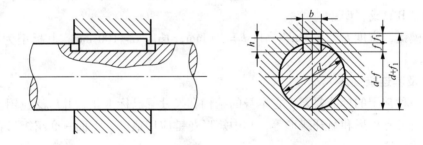

图 5-35 平键连接

（2）半圆键。半圆键常用在载荷不大的传动轴上，连接情况和画图要求与普通平键相似，两侧面与轮和轴接触，顶面应有间隙，如图 5-36 所示。

（3）楔键。楔键有普通楔键和钩头楔键两种。普通楔键又有 A 型（圆头）、B 型（方头）和 C 型（单圆头）三种；钩头键楔只有一种。楔键顶面是 1∶100 的斜度，装配时打入键槽，依靠键的顶面和底面与轮和轴之间挤压的摩擦力而连接，故画图时上下两接触面应各画一条线，如图 5-37。

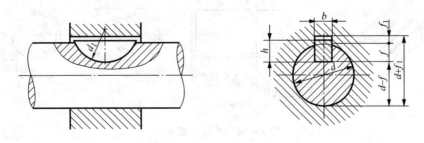

图 5-36 半圆键连接

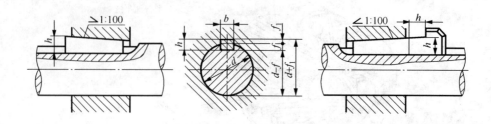

图 5-37 楔键连接

（4）各种键的规定标记示例：

①普通型平键，如方头（C型），宽度 $b=16$ mm，高度 $h=10$ mm，长度 $L=100$ mm 时，其标记为键 C 16×10×100 GB/T 1096。标注时，"A型"的"A"字省略不注，而"B型""C型"要标出"B"或"C"。

②普通型半圆键，如宽度 $b=6$ mm，高度 $h=10$ mm，直径 $D=25$ mm，其标记为键 6×10×25 GB/T 1099.1。

③普通型楔键，如半圆头（C形），宽度 $b=16$ mm，高度 $h=10$ mm，长度 $L=100$ mm，其标记为键 C 16×100 GB/T 1564。标注时，"A型"和"A"字省略不注，而"B型""C型"要标出"B"或"C"。

④钩头楔键，宽度 $b=16$ mm，高度 $h=10$ mm，长度 $L=100$ mm，其标记为键 16×100 GB/T 1564。

2. 花键及其连接画法

花键是一种常用的标准要素，它本身的结构和尺寸都已标准化，并广泛应用。

花键的齿形有矩形和渐开线形等，其中矩形花键应用最广。下面只介绍矩形花键轴及孔的画法与尺寸注法。

（1）外花键的画法。如图 5-38 所示，在平行于外花键轴线的投影面的视图中，大径用粗实线，小径用细实线绘制；在垂直于轴线的投影面视图中用剖面画出全部齿形，或一部分齿形，但要注明齿数；工作长度的终止端和尾部长度的末端均用细实线绘制，并与轴线垂直；尾部则画成与轴线成 30°的斜线；花键代号应指在大径上。

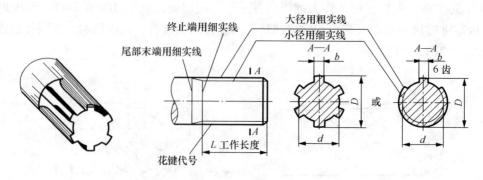

图 5-38 外花键的画法

(2) 内花键的画法。如图 5-39 所示，在平行于花键轴线的投影面上的剖视图中，大径和小径均用粗实线绘制；并用局部视图画出全部齿形或一部分齿形，但要注明齿数。

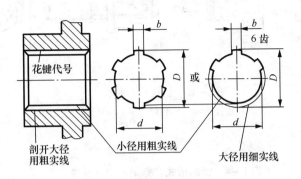

图 5-39　内花键的画法

(3) 花键连接的画法。用剖视图表示花键连接时，其连接部分用花键轴的画法表示，如图 5-40 所示。

(4) 花键的尺寸注法。花键的标注方法有两种：一种是在图中注出公称尺寸 D（大径）、d（小径）、b（键宽）和 z（齿数）等；另一种是用指引线注出花键代号，如图 5-38 所示。花键代号形式为 $z-D\times d\times b$，如 $6-50\times 45\times 12$。无论采用哪种方法，花键工作长度 L 都要在图上注出。

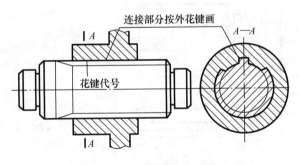

图 5-40　花键连接的画法

5.4.2　销连接

销通常用于零件之间的连接、定位和防松，常见的有圆柱销、圆锥销和开口销等，它们都是标准件。圆柱销和圆锥销可以连接零件，也可以起定位作用（限定两零件间的相对位置），如图 5-41（a）、(b) 所示。开口销常用在螺纹连接的装置中，以防止螺母的松动，如图 5-41（c）所示。表 5-4 为销的形式、标记示例和画法。

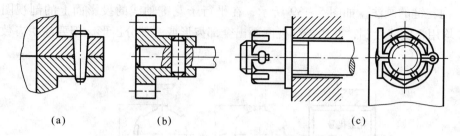

图 5-41 销连接的画法
(a) 圆锥销连接;(b) 圆柱销连接;(c) 开口销连接

表 5-4 销的形式、标记示例及画法

名称	标准号	图例	标记示例
圆锥销	GB/T 117—2000	$R_1 \approx d$ $R_2 \approx d+(L-2a)/50$	直径 $d=10$ mm,长度 $L=100$ mm,材料 35 钢,热处理硬度 28~38HRC,表面氧化处理的圆锥销。 销 GB/T 117—2000 A10×100 圆锥销的公称尺寸是指小端直径
圆柱销	GB/T 119.1—2000		直径 $d=10$ mm,长度 $L=80$ mm,材料为钢,不经表面处理。 销 GB/T 119.1—2000 10×80
开口销	GB/T 91—2000		公称直径 $d=4$ mm,(指销孔直径),$L=20$ mm,材料为低碳钢不经表面处理。 销 GB/T 91—2000 4×20

5.5 弹 簧

弹簧是机械产品中一种常用零件。它具有弹性好、刚性小的特点,因此,通常用于控制机械的运动、减少震动、储存能量以及控制和测量力的大小等。

弹簧的种类很多,常见的有螺旋弹簧(图 5-42、图 5-43)、板弹簧(图 5-44)、平面涡卷弹簧(图 5-45)和碟形弹簧(图 5-46)等。本节主要介绍圆柱螺旋压缩弹簧各部分的名称、尺寸关系及其画法。

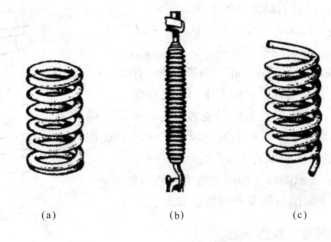

(a)   (b)   (c)

图 5-42　圆柱螺旋弹簧

（a）压缩弹簧；（b）拉伸弹簧；（c）扭转弹簧

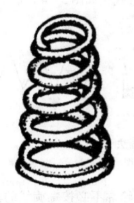
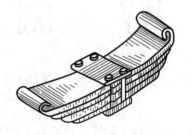

图 5-43　圆锥螺旋弹簧　　　　　　图 5-44　板弹簧

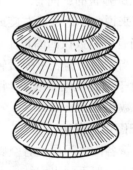

图 5-45　平面涡卷弹簧　　　　　　图 5-46　碟形弹簧

5.5.1　圆柱螺旋压缩弹簧的术语、各部分名称及尺寸关系

圆柱螺旋压缩弹簧的画法如图 5-47 所示。其参数如下：

(1) 簧丝线径 d：制造弹簧的钢丝直径。
(2) 弹簧外径 D：弹簧的最大直径。
(3) 弹簧内径 D_1：弹簧的最小直径，$D_1 = D - 2d$。
(4) 弹簧中径 D_2：弹簧的平均直径，$D_2 = D - d$。
(5) 节距 t：除两端支承圈外，相邻两圈的轴向距离。
(6) 自由高度 H_0：弹簧在没有外力作用下的高度。
(7) 支承圈数 n_2：为使弹簧工作时受力均匀，弹簧两端并紧磨平而起支撑作用的部分称为支承圈，两端支承部分加在一起的圈数称为支承圈数。支承圈有 1.5、2、2.5 三种。
(8) 有效圈数 n：支承圈以外的圈数称为有效圈数。
(9) 总圈数 n_1：支承圈数和有效圈数总和为总圈数。

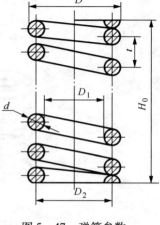

图 5－47　弹簧参数

5.5.2　圆柱螺旋压缩弹簧的画法

1. 基本规定

圆柱螺旋压缩弹簧可画成视图、剖视图和示意图三种形式，如图 5－48 所示。设计绘图时可按表达需要选用，并遵守以下规定。

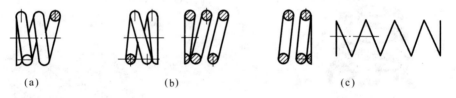

图 5－48　圆柱螺旋压缩弹簧的画法
(a) 视图；(b) 剖视图；(c) 示意图

(1) 在平行于轴线的投影面上的视图中，弹簧各圈的轮廓不必按螺旋线的真实投影画出，而应画成直线，如图 5－48 所示。
(2) 螺旋弹簧的旋向有左、右之分，因为右旋弹簧用得较多，一般按右旋画出。对左旋螺旋弹簧来说，不论画成右旋或左旋，旋向的"左"字必须注出。
(3) 当有效圈数在四圈以上时，为提高绘图效率，中间的圈数可省略不画，图形的长度也允许适当缩短。但表示弹簧轴线和钢丝剖面中心线的三条细点画线必须画出。
(4) 对于螺旋压缩弹簧，当两端并紧磨平后，不论支承圈是多少或者末端是否贴紧，均按支承圈数为 2.5 绘制。

2. 装配图中的画法

螺旋弹簧各圈之间虽然有空隙，但在装配图中，弹簧被看做为实心的物体。因此，被弹簧挡住的结构一般不画出，结构上可见部分应从弹簧的外轮廓线或者从弹簧钢丝剖面的中心线画起，当簧丝线径在图形上小于或等于 2 mm 时，簧丝剖面全部涂黑或采用示意画法，如图 5－49 所示。

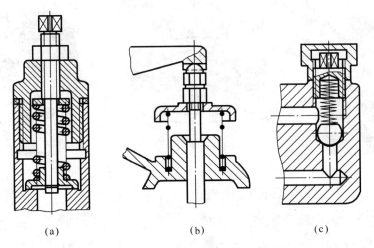

图 5-49　圆柱螺旋压缩弹簧在装配图中的画法

3. 圆柱螺旋压缩弹簧的画图步骤

（1）根据弹簧外径 D，画出中径线（两平行细点画线），定出自由高度 H_0 ［图 5-50 (a)］。

（2）画出支承圈部分，d 为簧丝线径 ［图 5-50 (b)］。

（3）画出有效圈部分，t 为节距 ［图 5-50 (c)］。

（4）按右旋方向作相应圆的公切线，再加上剖面线，即完成作图 ［图 5-50 (d)］。

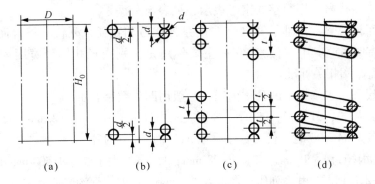

图 5-50　圆柱螺旋压缩弹簧的画图步骤

5.6　滚动轴承

滚动轴承是用来支承轴的组件，由于它具有摩擦阻力小、结构紧凑等优点，在机器中被广泛应用。滚动轴承的结构形式、尺寸均已标准化，由专门的工厂生产，使用时可根据设计要求进行选择。

5.6.1　滚动轴承的构造和种类

滚动轴承一般由外圈、内圈、滚动体和保持架组成，如图 5-51 所示。

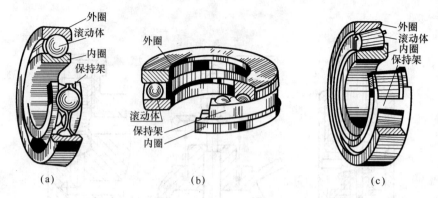

图 5-51 常见滚动轴承的结构
(a) 深沟球轴承;(b) 推力球轴承;(c) 圆锥滚子轴承

按承受载荷的方向,滚动轴承可分为三类:
(1) 主要承受径向载荷,如图 5-51 (a) 所示的深沟球轴承。
(2) 主要承受轴向载荷,如图 5-51 (b) 所示的推力球轴承。
(3) 同时承受径向载荷和轴向载荷,如图 5-51 (c) 所示的圆锥滚子轴承。

5.6.2 滚动轴承的代号

滚动轴承常用基本代号表示,基本代号由轴承类型代号、尺寸系列代号、内径代号构成。

(1) 轴承类型代号:用数字或字母表示,见表 5-5。
(2) 尺寸系列代号:由轴承宽(高)度系列代号和直径系列代号组合而成,一般用两位数字表示(有时省略其中一位)。它的主要作用是区别内径相同而宽度和外径不同的轴承,具体代号需查阅相关标准。
(3) 内径代号:表示轴承的公称内径,一般用两位数字表示。
①代号数字为 00、01、02、03 时,分别表示内径 d = 10 mm、12 mm、15 mm、17 mm。
②代号数字为 04~96 时,代号数字乘以 5,即得轴承内径。
③轴承公称内径为 1~9 mm、22 mm、28 mm、32 mm、大于或等于 500 mm 时,用公称内径毫米数值直接表示,但与尺寸系列代号之间用 "/" 隔开,如 "深沟球轴承 62/22,d = 22 mm"。

表 5-5 轴承类型代号(摘自 GB/T 272—1993)

代号	0	1	2	3	4	5	6	7	8	N	U	QJ
轴承类型	双列角接触球轴承	调心球轴承	调心滚子轴承	推力调心滚子轴承	圆锥滚子轴承	双列深沟球轴承	推力球轴承	深沟球轴承	角接触球轴承	推力圆柱滚子轴承	圆柱滚子轴承	外球面球轴承	四点接触球轴承

例：6209 09 为内径代号，$d=45$ mm；2 为尺寸系列代号（02），其中宽度系列代号 0 省略，直径系列代号为 2；6 为轴承类型代号，表示深沟球轴承。

5.6.3 滚动轴承的画法

在装配图中滚动轴承的轮廓按外径 D、内径 d、宽度 B 等实际尺寸绘制，其余部分用简化画法或用示意画法绘制。在同一图样中，一般只采用其中的一种画法。常用滚动轴承的画法，见表 5-6。

表 5-6 常用滚动轴承的画法（摘自 GB/T 4459.7—1998）

名称、标准号和代号	主要尺寸数据	规定画法	特征画法	装配示意图
深沟球轴承 60000	D d B	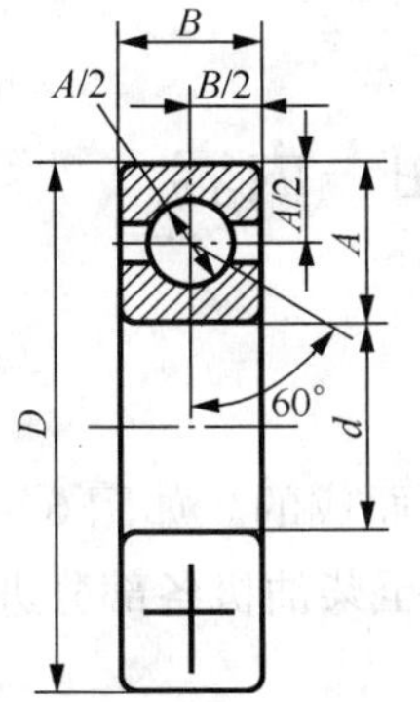	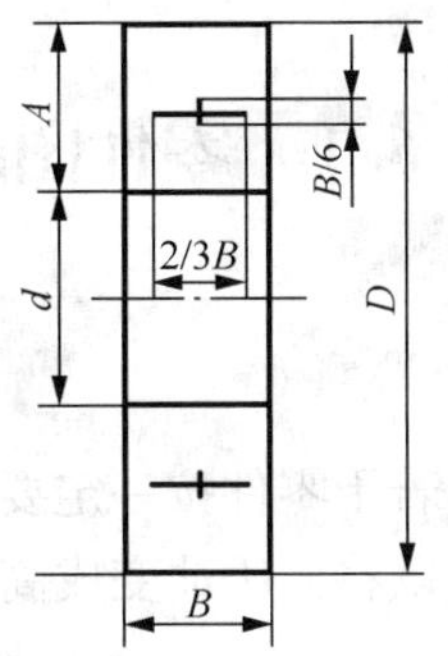	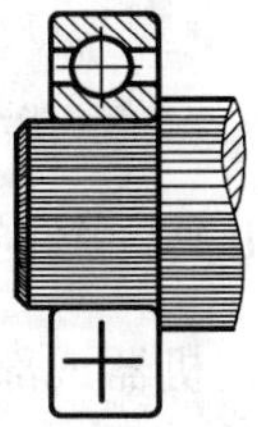
圆锥滚子轴承 30000	D d B T C	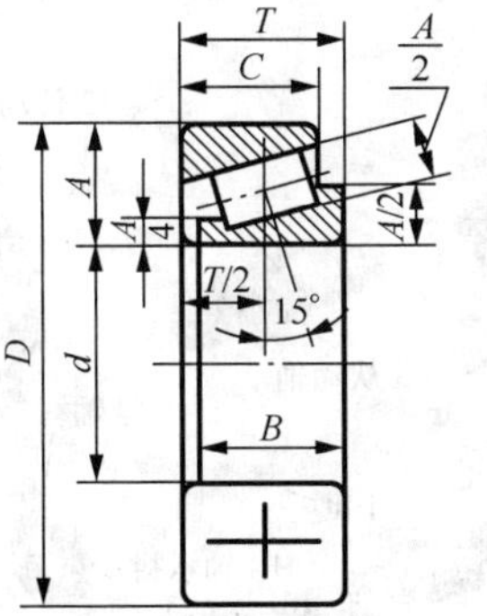	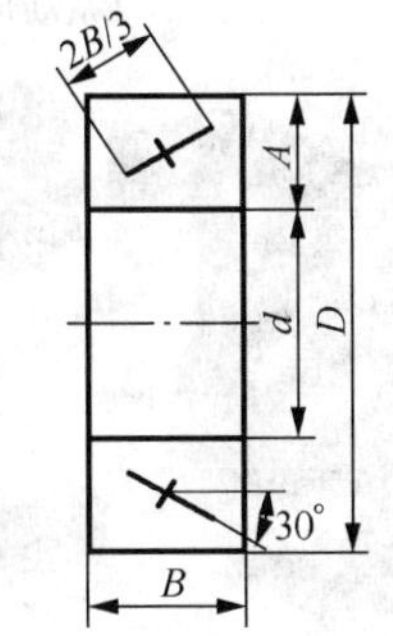	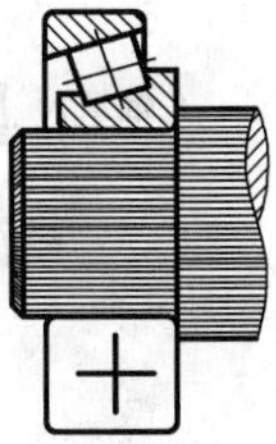
推力球轴承 50000	D d T	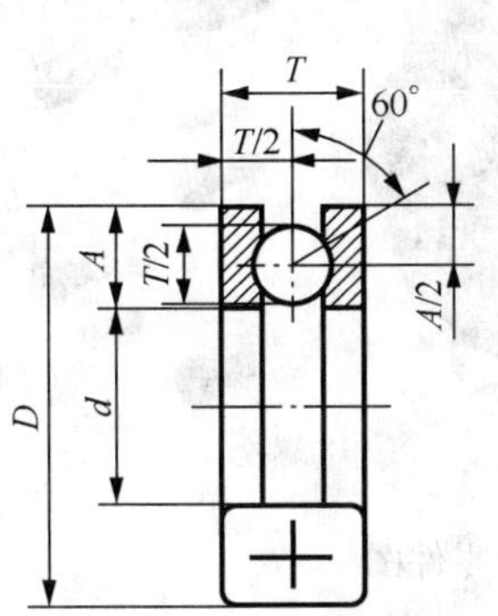	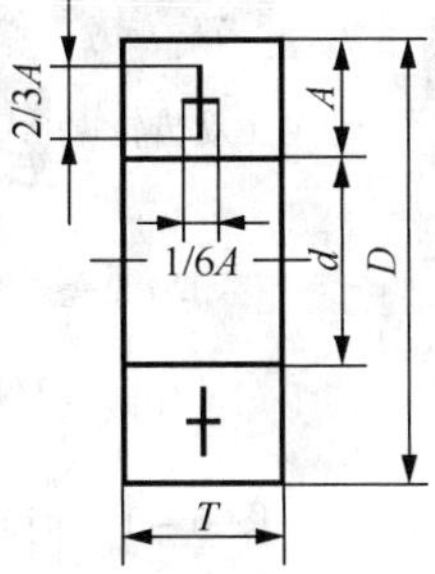	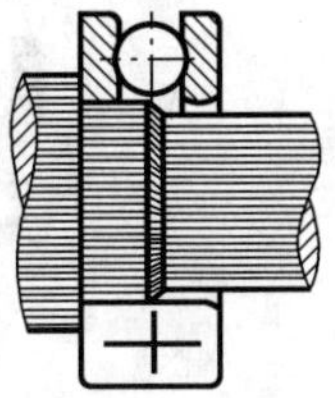

第 6 章

零件图

任何一台设备或部件都是由多个零件装配而成，例如前面我们讲过的轴承、密封圈等。表达单个零件的结构形状、尺寸大小、加工检验等方面的技术要求的图样称为零件图。它是零件制造和检验的依据。

6.1 零件图的作用、内容

6.1.1 零件的分类

任何机器或部件都是由若干零件按一定要求装配而成的。如图 6-1 所示，齿轮泵是柴油机的一个部件，通过它可以将低压油变成高压油送至柴油机各部分进行润滑或冷却。该齿轮泵共有 20 个零件组成。

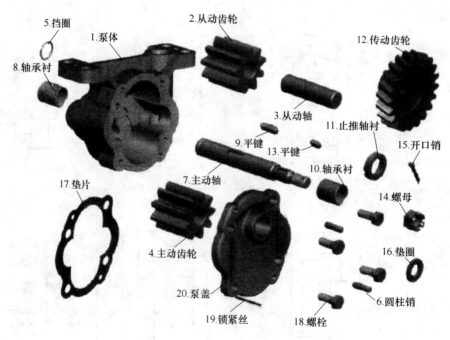

图 6-1 齿轮泵各零件图

（1）标准件：常见的标准件有紧固件（如螺栓、螺柱、螺钉、螺母、垫片等）、键、销、滚动轴承等。图 6-1 中共有 8 个标准件，它们是零件 5（挡圈）、6（圆柱销）、9（平键）、13（平键）、14（螺母）、15（开口销）、16（垫圈）、18（螺栓）。这些零件只需要根据已知条件查阅相关标准，就能获得其全部尺寸，因此不必绘制它们的零件图。

（2）非标准件：凡需自行设计、制造的零件，称为非标准件。图 6-1 中共有 12 个标准件，它们是零件 1（泵体）、2（从动齿轮）、3（从动轴）、4（主动齿轮）、7（主动轴）、8（轴承衬）、10（轴承衬）、11（止推轴衬）、12（传动齿轮）、17（垫片）、19（锁紧丝）、20（泵盖）。这些零件必须绘制零件图，以便生产制造。根据零件的结构和加工方法的不同，非标准件又可分为轴、套类零件，轮、盘类零件，叉、架类零件和箱体类零件四种。

6.1.2 零件图的作用、内容

零件图是设计部门提交给生产部门的重要技术文件。它不仅反映了设计者的设计意图，而且表达了零件的各种技术要求，如尺寸精度、表面粗糙度等。生产部门要根据零件图进行毛坯制造、工艺规程、工艺装备等设计，所以，零件图是制造和检验零件的重要依据。图 6-2 是泵盖的零件图，从图中可知，一张完整的零件图应包括以下内容。

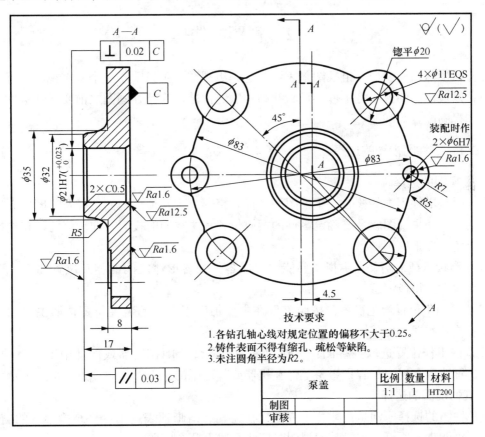

图 6-2 泵盖零件图

（1）一组视图。在零件图中须用一组视图来表达零件的形状和结构，应根据零件的结构特点选择适当的剖视、断面、局部放大图等表示法，用最简明的方案将零件的形状、结构表达出来。

（2）完整的尺寸。零件图上的尺寸不仅要标注得完整、清晰，而且还要标注得合理，能够满足设计意图，适宜于加工制造，便于检验。

（3）技术要求。零件图上的技术要求包括表面粗糙度、尺寸极限与配合、表面形状公差和位置公差、表面处理、热处理、检验等要求，零件制造后要满足这些要求才能算是合格产品。这些要求的制定不能太高，否则要增加制造成本；也不能制得太低，以至影响产品的使用性能和寿命。要在满足产品对零件性能要求的前提下，既经济又合理。

（4）标题栏。对于标题栏的格式，国家标准已作了统一规定，使用中应尽量采用标准推荐的标题栏格式。零件图标题栏的内容一般包括零件名称、材料、数量、比例、图的编号以及设计、描图、绘图、审核人员的签名等。填写标题栏时，应注意以下几点：

①标题栏中的零件名称要精练，如"轴""齿轮""泵盖"等，不必体现零件在机器中的具体作用。

②图样代号可按隶属编号和分类编号进行编制。机械图样一般采用隶属编号。图样编号要有利于图纸的检索。

③零件材料要用规定的牌号表示，不得用自编的文字或代号表示。

6.2 视图的选择

零件的形状结构要用一组视图来表示，这一组视图并不只限于三个基本视图，可采用各种手段，以最简明的方法将零件的形状和结构表达清楚。为此在画图之前要详细考虑主视图的选择和视图配置等问题。

6.2.1 零件图视图的选择

1. 主视图的选择

主视图是零件图中的核心，主视图的选择直接影响到其他视图的选择及读图的方便和图幅的利用。选择主视图就是要确定零件的摆放位置和主视图的投射方向。因此，在选择主视图时，要考虑以下原则：

（1）形状特征最明显：主视图要能将组成零件的各形体之间的相互位置和主要形体的形状、结构表达得最清楚。

（2）以加工位置为主视图：按照零件在主要加工工序中的装夹位置选取主视图，是为了加工制造者看图方便。

（3）以工作位置选取主视图：工作位置是指零件装配在机器或部件中工作时的位置。按工作位置选取主视图，容易想象零件在机器或部件中的作用。

2. 其他视图的选择

其他视图的选择原则是：配合主视图，在完整、清晰地表达出零件结构形状的前提下，视图数尽可能少。所以，配置其他视图时应注意以下几个问题：

（1）每个视图都有明确的表达重点，各个视图互相配合、互相补充，表达内容尽量不重复。

（2）根据零件的内部结构选择恰当的剖视图和断面图。选择剖视图和断面图时，一定要明确剖视或断面图的意义,使其发挥最大作用。

(3) 对尚未表达清楚的局部形状和细小结构,应补充必要的局部视图和局部放大图。

(4) 能采用省略、简化画法表达的要尽量采用。

6.2.2 典型零件的表达方法

工程实际中的零件结构千变万化,但从总体结构上可将其大致分为轴套类零件、轮盘类零件、叉架类零件、箱体类零件等。每类零件的表达方法有共同的一面,掌握相应零件的表达方法后,可以做到举一反三、触类旁通。

1. 轴套类零件表达方法的选择

常见的轴、阀杆、套筒、轴承衬等,属于轴套类零件。轴套类零件的主要加工工序是车削和磨削。在车床或磨床上装夹时以轴线定位,三爪或四爪卡盘夹紧,所以该类零件的主视图常将轴线水平放置。因为轴类零件一般是实心的,所以主视图多采用不剖或局部剖视图,对轴上的沟槽、孔洞可采用移出断面或局部放大图,如图6-3所示。图6-3为齿轮泵上主动轴的零件图。盘套类零件一般是空心的,所以主视图多采用全剖视图或半剖视图,并且绘出反映圆的视图。

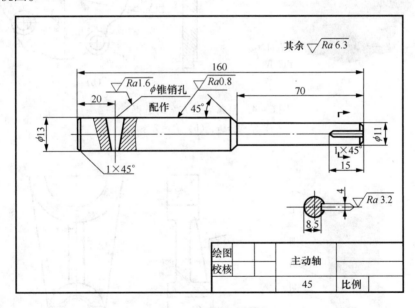

图 6-3 泵轴零件图

2. 轮盘类零件表达方法的选择

常见的齿轮、皮带轮、手轮、端盖和法兰盘等属轮盘类零件。轮盘类零件的主要结构是回转体,并具有退刀槽、倒角、键槽、轮辐、销孔等结构。其主要工序是在车床和磨床上加工,可按加工位置将其轴线水平放置,并选用与轴线垂直的方向为主视图方向。一般需用1~2个基本视图来表达其主要结构,并选用局部视图、断面图、局部放大图等来补充表达某些次要结构。

如图6-4(a)所示齿轮泵泵盖用来支撑主动轴,并和泵体结合形成工作油室。它的主要结构是由形体Ⅰ和锥台Ⅱ叠加而成,其上面切有沉孔Ⅲ、销孔Ⅳ和卸压槽Ⅴ。其表达方案的选择如图 6-4（b）所示。按加工位置将其内孔轴线水平放置，并选用 B 向为主视方向。由形体分析可知，形体 Ⅰ 和锥台 Ⅱ 需要主、左视图，因此，整个泵盖也只需要主、左两个基本视图。主视图采用旋转剖的方法画成 A—A 全剖视图以表示主要结构，再选用一个左视图补充表达形体 Ⅰ、Ⅱ 的形状及孔 Ⅲ、Ⅳ、Ⅴ 的相互位置关系。

3. 叉架类零件表达方法的选择

常见的连杆、拨叉、拉杆和支架等属叉架类零件。叉架类零件的结构形状一般比较复杂，主视图的选择要能够反映零件的形状特征，其他视图要配合主视图，在主视图没有表达清楚的结构上采用移出断面、局部视图和斜视图等。图 6-5 为拨叉零件图，主视图采用全剖视图以表达主要结构，左视图补充表达主要结构。此外采用了一个局部视图和一个移出断面来表达小孔和肋板的形状。

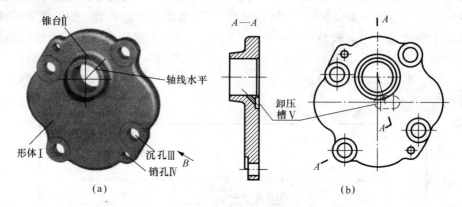

图 6-4 泵盖表达方案的选择
（a）结构分析；（b）表达方案

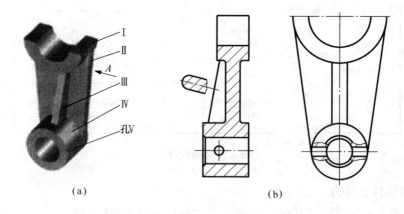

图 6-5 拨叉表达方案的选择
（a）结构分析；（b）表达方案

4. 箱体类零件表达方法的选择

箱体类零件是组成机器的主体零件，多用来安装其他零件。常见的阀体、泵体、箱体、床身等都属于箱体类零件。箱体类零件的结构一般均比较复杂，毛坯多采用铸件，工作表面采用铣削或刨削，箱体上的孔系多采用钻、扩、铰、镗。所以，箱体类零件常按工作位置或能反映零件形状特征的自然位置放置,一般需要用三个或三个以上的基本视图来表达零件的主要结构。对于这类零件,各种表达方法均可能用到。

图6-6为减速器箱盖。结构特点是:有两个比较重要的轴孔,用来安装传动轴上的轴承,两个孔轴线应当有平行度的要求;箱盖的底面是箱体与箱盖的结合面,其光滑程度应当较高;顶部是一个观察孔,是一个倾斜的结构;零件的中部是空的结构,用以容纳传动部件(齿轮、轴等),图6-7是其零件图。主视图采用了平行轴线的投影方向,主要表达零件的外形,其上采用多个局部剖视,表达箱体顶部壁厚、销孔、螺栓孔结构;俯视图用来表达宽度方向的外形尺寸,顶部的观察孔还可以采用向视图的表达方式;左视图采用两个局部剖视表达两个轴孔的内部结构。

图6-6 减速器箱盖结构图

6.3 零件图的尺寸标注

零件图的尺寸标注既要符合尺寸标注的有关规定,又要达到完整、清晰、合理的要求。将尺寸标注的完整,靠的是形体分析法;将尺寸标注得清晰,靠的是仔细推敲每一个尺寸的标注位置。这两项要求已在平面图形的尺寸标注和组合体的尺寸标注中作了讨论,下面重点讨论尺寸标注的合理问题。

所谓尺寸标注的合理是指标注的尺寸既要符合零件的设计要求,又要便于加工和检验,这就要求根据零件的设计和加工工艺要求,正确地选择尺寸基准,恰当地配置零件的结构尺寸。显然,只有具备较多的零件设计和加工检验知识,才能满足尺寸标注合理的要求,这是一位工程技术人员的重要专业修养,要通过其他有关课程的学习和生产实践来掌握。

6.3.1 尺寸基准及其选择

零件在设计、制造和检验时,常以计量尺寸的起点为尺寸基准。根据基准的作用不同,分为设计基准、工艺基准、测量基准等。

设计基准——设计时确定零件表面在机器中位置所依据的点、线、面。

工艺基准——加工制造时,确定零件在机床或夹具中位置所依据的点、线、面。

测量基准——测量某些尺寸时,确定零件在量具中位置所依据的点、线、面。

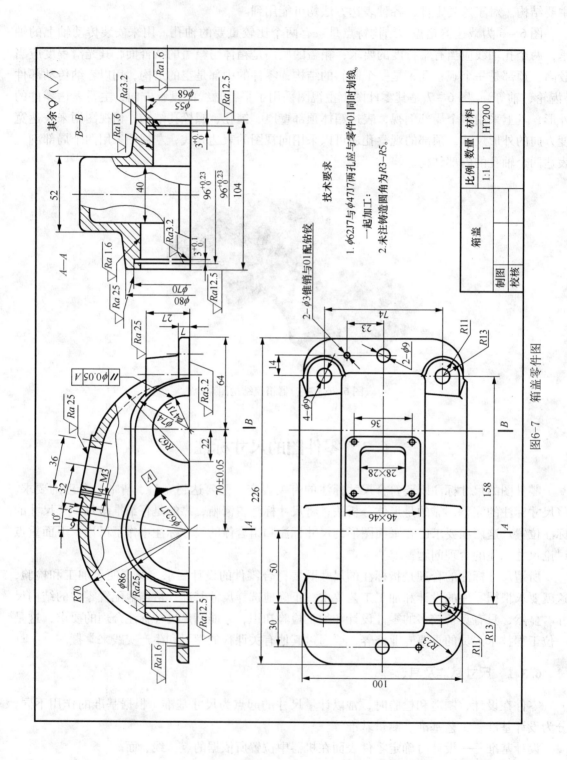

图6-7 箱盖零件图

如图 6-8 所示的齿轮轴在箱体中的安装情况,确定轴向位置依据的是端面 A,确定径向位置依据的是轴线 B,所以设计基准是端面 A 和轴线 B。在加工齿轮轴时,大部分工序是采用中心孔定位,中心孔所体现的直线与机床主轴回转轴线重合,也是圆柱面的轴线,所以,轴线 B 又为工艺基准。

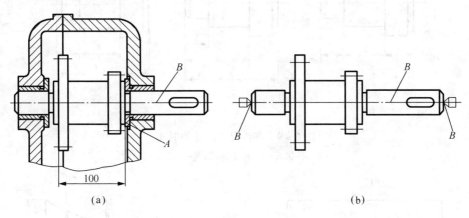

图 6-8 设计基准与工艺基准

每个零件都有长、宽、高三个方向的尺寸,每个尺寸都有基准,因此,每个方向至少有一个尺寸基准。同一方向上可以有多个尺寸基准,但其中必定有一个是主要的,称为主要基准,其余的称为辅助基准。辅助基准与主要基准之间应有尺寸相关联。

主要基准应与设计基准和工艺基准重合,工艺基准应与设计基准重合,这一原则称为"基准重合原则"。当工艺基准与设计基准不重合时,主要尺寸基准要与设计基准重合。

可作为设计基准或工艺基准的点、线、面主要有:对称平面、主要加工面、安装底面、端面、孔轴的轴线等。这些平面、轴线常常是标注尺寸的基准。

6.3.2 尺寸标注的形式

由于设计、工艺要求不同,零件图上同一方向的尺寸标注有链状式、坐标式、综合式三种,如图 6-9 所示。

1. 链状式

零件在同一方向上的几个尺寸依次首尾相接,注写成链状,称为链状式,如图 6-9 (a) 所示。这种方式可保证所注各段尺寸的精度要求,但由于基准依次推移,使各段尺寸的位置误差累加。所以,这种方式常用于标注多个孔的间距尺寸,如图 6-10 所示。

2. 坐标式

零件同一方向的多个尺寸由同一基准出发进行标注,称为坐标式,如图 6-9 (b) 所示。坐标式所标注各段尺寸的精度只取决于本段尺寸加工误差,这样既可保证所标注各段尺寸的精度要求,又因各段尺寸精度互不影响,故不产生位置误差累加。但这种形式很难保证每一环的尺寸精度要求。

坐标式常用于标注凸轮轮廓线的坐标尺寸,如图 6-11 所示。

3. 综合式

综合式是链状式与坐标式的综合,如图 6-9 (c) 所示。它具有上述两种方式的优点,既能保证一些精确尺寸，又能减少阶梯状零件中尺寸误差积累，最能适应零件的设计和工艺要求，故被广泛采用。

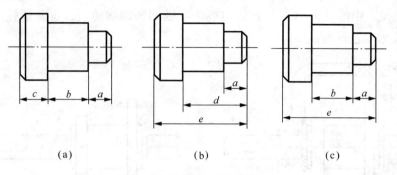

图 6-9　零件尺寸标注的形式
(a) 链状式；(b) 坐标式；(c) 综合式

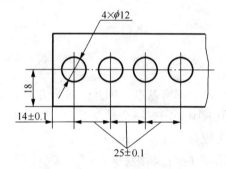

图 6-10　链状式尺寸标注实例

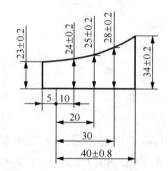

图 6-11　坐标式尺寸标注实例

6.3.3　合理标注尺寸应注意的问题

1. 零件上重要的尺寸必须直接注出

重要尺寸主要是指直接影响零件在机器中的工作性能和位置关系的尺寸。常见的如零件之间的配合尺寸，重要的安装定位尺寸等，如图 6-12 轴承座是左右对称的零件，轴承孔的中心高 H_1 和安装孔的距离尺寸 L_1 是重要尺寸，必须直接注出，如图 6-12（a）所示。而图 6-12（b）中的重要尺寸须依靠间接计算才能得到，这样容易造成误差积累。

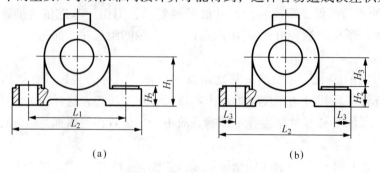

图 6-12　重要尺寸直接标出
(a) 合理；(b) 不合理

2. 避免出现封闭的尺寸链

封闭的尺寸链是指首尾相接,形成一整圈的一组尺寸。如图 6-13 所示的阶梯轴,长度 b 有一定的精度要求。图 6-13(a)中选出一个不重要的尺寸空出,加工的所有误差就积累在这一段上,保证了长度 b 的精度要求。而图 6-13(b)中长度方向的尺寸 b、c、e、d 首尾相接,构成一个封闭的尺寸链,加工时,尺寸 c、d、e 都会产生误差,这样所有的误差都会积累到尺寸 b 上,不能保证尺寸 b 的精度要求。

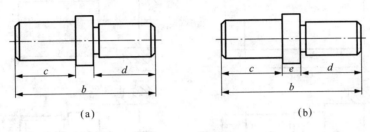

图 6-13 阶梯轴
(a)合理;(b)不合理

3. 相关零件的尺寸要协调一致

对部件中有相互配合、连接、传动等关系的相关零件的相关尺寸应尽可能做到尺寸基准、尺寸标注形式及其内容等协调一致(孔和轴配合、内外螺纹连接、键和键槽),如图 6-14 所示的尾座与导板。

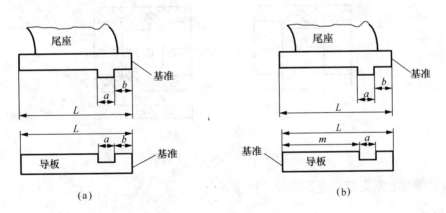

图 6-14 相关零件的尺寸协调一致
(a)正确;(b)不正确

4. 标注尺寸要便于加工和测量

(1)要符合加工顺序的要求。按加工顺序标注尺寸,符合加工过程。如图 6-15 所示的轴,标注轴向尺寸时,先考虑各轴段外圆的加工顺序,按照加工过程注出尺寸,既便于加工又便于测量。

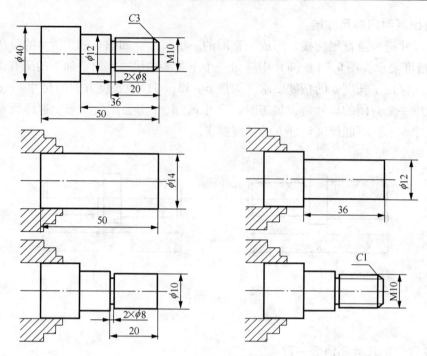

图6-15 阶梯轴的加工顺序

（2）要符合测量顺序的要求。标注尺寸应考虑测量的方便。如图6-16所示的阶梯孔，图6-16（a）的标注方法好测量，而图6-16（b）的标注方法则不便于测量。

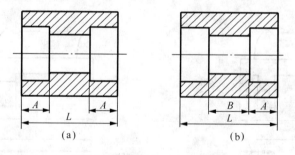

图6-16 标注尺寸便于测量

6.3.4 零件上常见结构要素的尺寸标注

（1）螺孔、沉孔、锪孔和光孔是零件上常见的结构，它们的尺寸注法分为普通注法和旁注法，见表6-1。

表6-1 常见孔的尺寸标注示例

类型		旁注法及简化注法		普通注法	说 明
螺孔	通孔	3×M6-7H	3×M6-7H	3×M6-7H	3×M6 为均匀分布直径是6 mm的3个螺孔。三种标法可任选一种

续表

类型		旁注法及简化注法	普通注法	说　明
螺孔	不通孔	3×M6▼10	3×M6	只注螺孔深度时,可以与螺孔直径连注
		3×M6▼10　孔▼12	3×M6	需要注出光孔深度时,应明确标注深度尺寸
沉孔	柱形沉孔	4×φ6　⌴φ12▼5	4×φ6	4×φ6 为小直径的柱孔尺寸,沉孔 φ12 mm,深 5 mm 为大直径的柱孔尺寸
	锥形沉孔	6×φ8　∨φ13×90°	90° φ13　6×φ8	6×φ8 为均匀分布直径 8 mm 的 6 个孔,沉孔尺寸为锥形部分的尺寸
	锪平孔	4×φ6　⌴φ12	φ12 锪平　4×φ6	4×φ6 为小直径的柱孔尺寸。锪平部分的深度不注,一般锪平到不出现毛面为止
光孔	锥销孔	推销孔 φ4 配作	推销孔 φ4 配作　φ4 配作	锥销孔小端直径为 φ4,并与其相连接的另一零件一起配铰
	精加工孔	4×φ6H7▼10　孔▼12	4×φ6H7	4×φ6 为均匀分布直径 4 mm 的 4 个孔,精加工深度为 10 mm,光孔深 12 mm

(2) 倒角的尺寸标注如图 6-17、图 6-18 所示。尺寸 c 可查附表。

(3) 退刀槽和越程槽的尺寸标注：退刀槽的标注方式为"槽宽×槽深"或"槽宽×直径"，如图 6-19 所示。砂轮越程槽常常采用局部放大图表示，如图 6-20 所示。

(4) 键槽的尺寸标注如图 6-21 所示。

(5) 锥度的尺寸标注如图 6-22 所示。

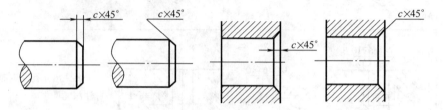

图 6-17　45°倒角的尺寸标注

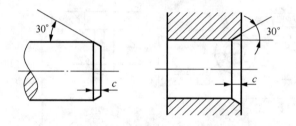

图 6-18　非45°倒角的尺寸标注

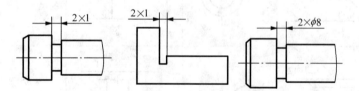

图 6-19　退刀槽的尺寸标注

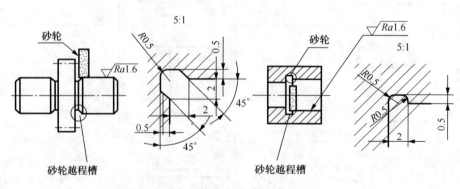

图 6-20　砂轮越程槽的尺寸标注

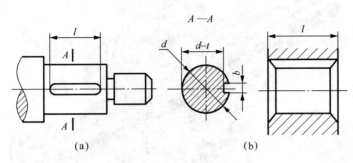

图 6-21 平键键槽的尺寸标注
(a) 轴上键槽；(b) 孔内键槽

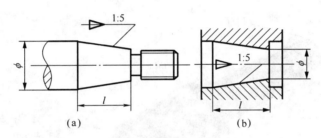

图 6-22 锥度的尺寸标注
(a) 锥轴；(b) 锥孔

6.3.5 零件尺寸标注的方法步骤

（1）对零件进行结构分析，从装配图或装配体上了解零件的作用，弄清该零件与其他零件的装配关系。

（2）选择尺寸基准和标注功能尺寸。

（3）考虑工艺要求，结合形体分析法标注全其余尺寸。

认真检查尺寸的配合与协调，是否满足设计与工艺要求，是否遗漏了尺寸，是否有多余和重复尺寸。

[例 6-1] 如标注蜗轮轴的尺寸的步骤和方法如下。

（1）进行零件结构分析：蜗轮轴的结构如图 6-23 所示，蜗轮轴上装有传动件，蜗轮和圆锥齿轮，两端各装一滚动轴承。蜗轮、圆锥齿轮和轴用键连接在一起，为了与送料机构（凸轮）连接，轴左端开有键槽。为了保证传动可靠，蜗轮、圆锥齿轮和轴承均需固定其轴向位置，左端滚动轴承由轴肩Ⅰ定位，蜗轮由轴肩Ⅱ定位，而圆锥齿轮则由其与蜗轮间的调整片的厚度保证轴向位置，且用垫圈和圆螺母加以固定，为了与圆螺母连接，轴上制有螺纹段，右端滚动轴承则由轴肩Ⅲ定位。为了使轴承、蜗轮靠紧在轴肩上，轴径变化处有越程槽、退刀槽。轴的两端均有倒角，以去除金属锐边，并使其装配时易于套入轴孔。

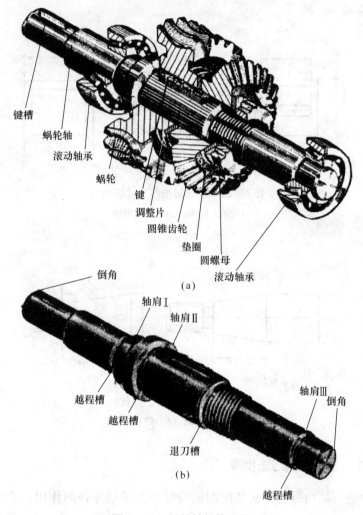

图 6-23 蜗轮轴结构分析

(2) 确定主要尺寸及尺寸基准：蜗轮轴的尺寸分为轴向和径向两个方向，下面分别加以分析。

①径向主要尺寸和尺寸基准：如图 6-24 所示，左端尺寸为 $\phi15$ 的一段和凸轮配合，尺寸为 $\phi17$ 处和右端尺寸为 $\phi15$ 处装配滚动轴承，中间尺寸为 $\phi22$ 处装配蜗轮及圆锥齿轮，这 4 个尺寸是蜗轮轴的主要径向尺寸。为了使轴传动平稳、齿轮啮合正确，这 4 段直径要求在同一轴线上，因此设计基准就是轴线。由于加工时两端用顶针支承，因此轴线亦是工艺基准。工艺基准和设计基准重合时，可以减少加工误差，提高加工质量，使加工后的尺寸容易达到设计要求。

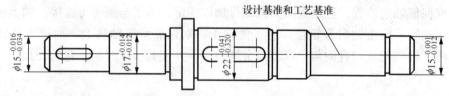

图 6-24 蜗轮轴径向主要尺寸和尺寸基准

②轴向主要尺寸和尺寸基准：蜗轮轴上主要装配蜗轮及圆锥齿轮，为了保证齿轮传动时啮合的准确性，齿轮的轴向定位十分重要，其中尤以蜗轮的轴向定位更为重要，所以选用蜗轮定位轴肩为轴向尺寸的设计基准，如图 6-25 所示。由这一轴肩开始，以尺寸 10 决定左端滚动轴承定位轴肩，再以尺寸 25 决定凸轮安装轴肩。尺寸 80 决定右端滚动轴承定位轴肩，并以尺寸 12 决定轴的右端面。除了这 4 个有设计要求的主要尺寸外尚有尺寸 33 和 16，在这个范围内安装蜗轮、调整片、圆锥齿轮、垫圈和圆螺母，由于圆锥齿轮的轴向位置在装配时可由调整片调整，因此对这两个尺寸要求稍低。轴向尺寸测量时从端部量起比较方便，选择右端面为测量基准，确定全轴长度尺寸 154。

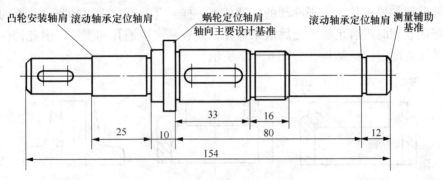

图 6-25　蜗轮轴轴向主要尺寸和尺寸基准

③其他尺寸及尺寸配置：其他尺寸如螺纹直径、螺距、键槽宽度和深度、倒角等需核查有关标准后注出。退刀槽、越程槽的宽度和直径亦尽可能符合标准，以便于选用刀具和方便加工。尺寸标注不仅要符合设计要求，配置时还要考虑加工次序和是否便于测量、检验。蜗轮轴完整的尺寸标注如图 6-26 所示。

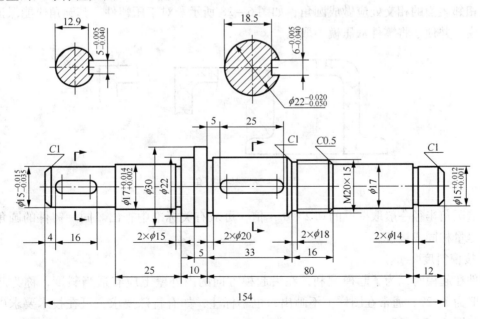

图 6-26　蜗轮轴的尺寸标注

6.4 零件上常见的工艺结构

零件的结构形状既要满足设计要求,又要满足加工制造方便的要求,否则会使制造工艺复杂化,甚至会造成废品。因此,本节主要介绍了零件上常用的一些合理的工艺结构。

6.4.1 铸造工艺结构

1. 壁厚均匀

铸件的壁厚如果不均匀,则冷却的速度就不一样。薄的部位先冷却凝固,厚的部位后冷却凝固,凝固收缩时没有足够的金属液来补充,就容易产生缩孔和裂纹。因此铸件壁厚应尽量均匀或采用逐渐过渡的结构,如图6-27所示。

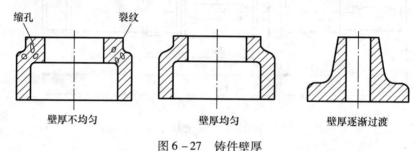

图6-27 铸件壁厚

2. 铸造圆角

为便于铸件造型,避免铸件从砂型中起模时砂型转角处落砂及浇注时铁水将砂型转角处冲毁,同时金属冷却时要收缩,防止铸件转角处产生裂纹、组织疏松和缩孔等铸造缺陷,故铸件上相邻表面的相交处应做成圆角,如图6-28所示。对于压塑件,其圆角应能保证原料充满压模,并便于将零件从压模中取出。

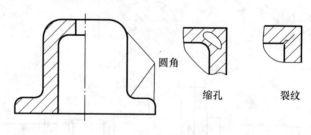

图6-28 铸件圆角

铸造圆角半径一般取壁厚的0.2~0.4倍,可从有关标准中查出。同一铸件的圆角半径大小应尽量相同或接近。

3. 拔模斜度

铸件在起模时,为了起模顺利,在沿起模方向的内外壁上应有适当斜度,称为起模斜度,一般为1:20,通常在图样上不画出,也不标注,如有特殊要求,可在技术要求中统一说明,如图6-29所示。

4. 过渡线

铸件两个非切削表面相交处一般均做成过渡圆角。所以两表面的交线就变得不明显,这种交线称为过渡线。当过渡线的投影和面的投影重合时,按面的投影绘制;当过渡线的投影不与面的投影重合时,过渡线按其理论交线的投影用细实线绘出,但线的两端要与其他轮廓线断开。

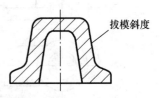

图 6-29 拔模斜度

(1) 两外圆柱表面均为非切削表面,相贯线为过渡线。在俯视图和左视图中,过渡线与柱面的投影重合;而在主视图中,相贯线的投影不与任何表面的投影重合,所以,相贯线的两端与轮廓线断开。当两个柱面直径相等时,在相切处也应该断开,如图 6-30 所示。

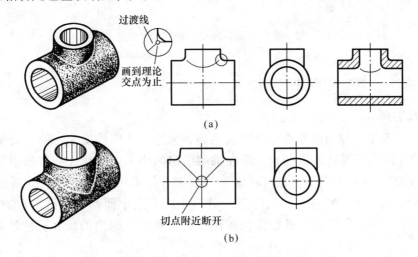

图 6-30 两曲面相交的过渡线画法
(a) 俯视图和左视图;(b) 主视图

(2) 平面与平面或平面与曲面相交的过渡线,应在转角处断开,并加画小圆弧,其弯向应与铸造圆角的弯向一致,如图 6-31 所示。

(3) 肋板与圆柱面相交的过渡线,其形状取决于肋板的断面形状及相切或相交的关系,如图 6-32 所示。

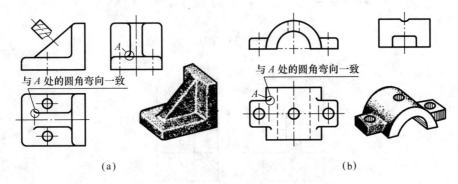

图 6-31 平面与平面、平面与曲面相交的过渡线画法
(a) 平面与平面相交;(b) 平面与曲面相交

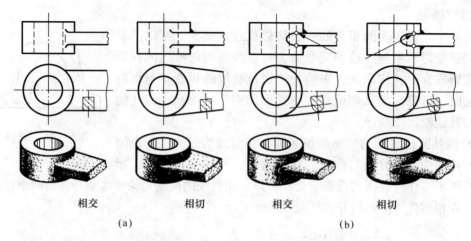

图 6-32 肋板与圆柱相交、相切的过渡线画法
(a) 断面为长方形时；(b) 断面为长圆形时

6.4.2 零件上的机械加工工艺结构

1. 倒角和圆角

（1）倒角。为了去掉切削零件时产生的毛刺、锐边，使操作安全，保护装配面便于装配，常在轴或孔的端部等处加工倒角，即在轴端做出的小圆锥台和在孔口做出的小圆锥台孔。倒角多为45°，特殊情况下，也可制成30°或60°，如图6-17、图6-18所示。

（2）圆角。为避免在零件的台肩等转折处由于应力集中而产生裂纹，常加工出圆角，如图6-33所示，圆角半径 r 可根据轴径或孔径查表确定。圆角的尺寸标注法如图6-34所示。

上述倒角、圆角，如图中不画也不在图中标注尺寸时，可在技术要求中注明，如"未注倒角 $C2$ ""锐边倒钝""全部倒角 $C3$ ""未注圆角 $R2$ "等。

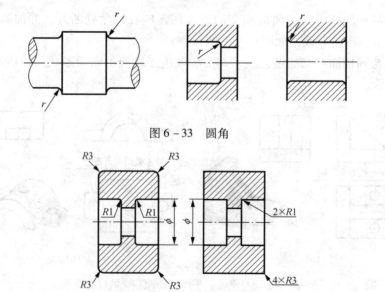

图 6-33 圆角

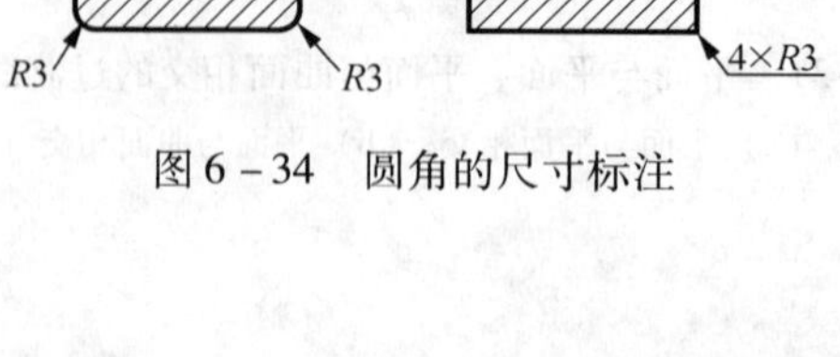

图 6-34 圆角的尺寸标注

2. 退刀槽和越程槽

为了在切削零件时容易退出刀具，保证加工质量及装配时与相关零件靠紧，常在零件加工表面的台肩处预先加工出退刀槽或越程槽。常见的有螺纹退刀槽、插齿空刀槽、砂轮越程槽、刨削越程槽等，如图 6-35 所示。图中的结构尺寸 a、b、c 等数值，可从标准中查取。

3. 钻孔处结构

零件上钻孔处的合理结构如图 6-36 所示。用钻头钻孔时，被加工零件的结构设计应考虑到加工方便，以保证钻孔的主要位置准确和避免钻头折断，同时还要保证钻削工具能有最方便的工作条件。为此，钻头的轴线应尽量垂直于被钻孔的端面，如果钻孔处表面是斜面或曲面，应预先设置与钻孔方向垂直的平面凸台或凹坑，并且设置的位置应避免钻头单边受力产生偏斜或折断。

4. 凸台或凹坑

为了保证装配时零件间接触良好，减少零件上机械加工的面积，保证质量，降低加工费用，设计铸件结构时常设置凸台或凹坑（凹槽、凹腔）。凹槽或凹腔无须加工，只加工其相邻的表面。内凸台加工不方便，应尽量设计成外凸台（凹坑），如图 6-37 所示。

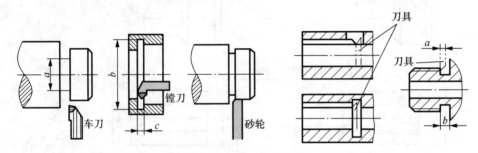

图 6-35 退刀槽和越程槽

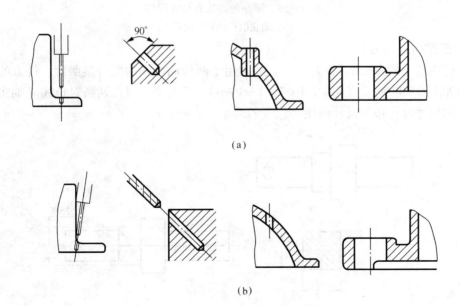

图 6-36 钻孔处结构
（a）合理；（b）不合理

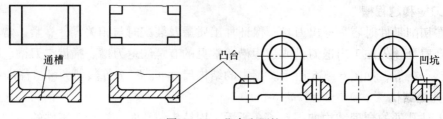

图 6-37 凸台和凹坑

5. 滚花

在某些用手转动的手柄捏手、圆柱头调整螺钉头部等表面上常做出滚花,以防操作时打滑。塑料嵌接件的嵌接面有时也做出滚花,以增强嵌接的牢固性。滚花可在车床上加工。滚花有直纹、网纹两种形式,其结构尺寸可从有关标准中查出。滚花的画法和尺寸注法（GB/T 16675.2—1996）如图 6-38 所示。

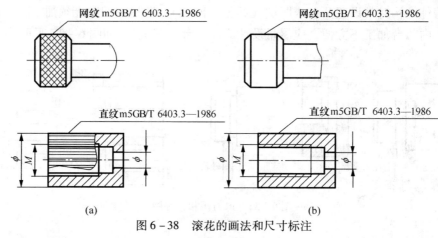

图 6-38 滚花的画法和尺寸标注
(a) 简化前；(b) 简化后

6. 方形结构（铣方）

轴、杆或孔上的方形结构（铣方）,通常用于两传动件间的配合接触面。铣方的画法和尺寸注法如图 6-39 所示（GB/T 16675.2—1996）,铣方平面可用两条对角线（细实线）表示,其结构尺寸可在边长尺寸前注 "□" 符号。

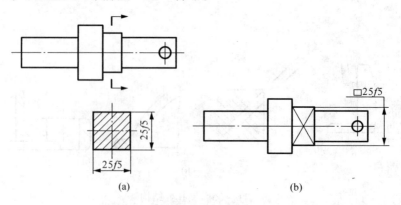

图 6-39 方形结构（铣方）的画法和尺寸标注
(a) 简化前；(b) 简化后

6.5 零件图的技术要求

机械图样中的技术要求是用规定的符号、数字、字母或者另加文字注释,简明、准确地给出零件在制造、检验或使用时应达到的各项技术指标,如表面粗糙度、极限与配合、形状和位置公差、热处理和表面处理等。

6.5.1 表面粗糙度

1. 表面粗糙度的概念

表面粗糙度是指零件在加工过程中由于不同的加工方法、机床与工具的精度、振动及磨损等因素在加工表面所形成的具有较小间距和较小峰谷的微观不平状况,它属微观几何误差,如图6-40所示。表面粗糙度对零件的摩擦、磨损、抗疲劳、抗腐蚀,以及零件间的配合性能等有很大影响。粗糙度值越大,零件的表面性能越差;粗糙度值越小,则零件表面性能越好。但是减少表面粗糙度值,就要提高加工精度,增加加工成本。因此国家标准规定了零件表面粗糙度的评定参数,以便在保证使用功能的前提下,选用较为经济的评定参数值。

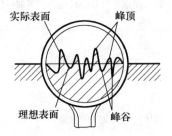

图6-40 表面粗糙度示意图

2. 表面粗糙度的评定参数

(1) 轮廓的算术平均偏差(Ra)。在取样长度L内,轮廓偏距y绝对值的算术平均值,几何意义如图6-41所示。

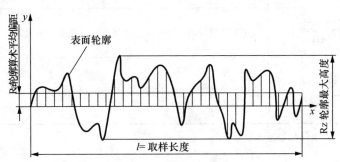

图6-41 表面粗糙度的评定参数

$$Ra = \frac{1}{l}\int_0^l |y(x)| \mathrm{d}x \approx \frac{1}{n}\sum_{i=1}^n y_i$$

(2) 轮廓的最大高度 Rz。在取样长度内，轮廓峰顶线与轮廓谷底线之间的距离。

3. 表面粗糙度符号、代号

国家标准 GB/T 131—2006 规定，表面粗糙度代号是由规定的符号和有关参数值组成，见表 6-2。

表 6-2 表面粗糙度的基本符号、代号及其意义

	符号与代号	意 义
符号	∨	基本符号，表示表面可用任何方法获得。当不加注粗糙度参数值或有关说明时，仅适用于简化代号标注
	∇	表示表面是用去除材料的方法获得，如车、铣、钻、磨、剪切、抛光、腐蚀、电火花加工、气割等
	∨○	表示表面是用不去除材料的方法获得，如锻、铸、冲压等。或者是用于保持原供应状况的表面（包括保持上道工序的状况）
	─∨ ─∇ ─∨○	在上述三个符号的长边上均可加一横线，用于标注有关参数和说明
	∨○ ∇○ ∨○○	在上述三个符号上均可加一小圆，表示所有表面具有相同的表面粗糙度要求
代号	$\sqrt{Ra3.2}$	用任何方法获得的表面，Ra 的上限值为 3.2 μm
	$\sqrt{\begin{array}{l}U\ Ra3.2\\L\ Ra1.6\end{array}}$	用去除材料的方法获得的表面，Ra 的上限值为 3.2 μm，下限值为 1.6 μm
	$\sqrt{Rz3.2}$	用任何方法获得的表面，Rz 的上限值为 3.2 μm
	$\sqrt{\begin{array}{l}U\ Ra\ \max\ 3.2\\L\ Ra\ \min\ 1.6\end{array}}$	用去除材料的方法获得的表面，Ra 的最大值为 3.2 μm，最小值为 1.6 μm
	$\sqrt{\overset{铣}{Ra3.2}}$	用去除材料的方法获得的表面，Ra 的上限值为 3.2 μm，加工方法为铣制

说明：

表面粗糙度参数的单位是 μm。

①当标注上限值或上限值与下限值时，允许实测值中有 16% 的测值超差。

②当不允许任何实测值超差时，应在参数值的右侧加注 max 或同时标注 max 和 min。

4. 表面粗糙度代号的画法

图样中表示零件表面粗糙度的符号画法、符号、代号、含义及其有关的规定在符号中注

写位置如图 6-42、图 6-43 所示。

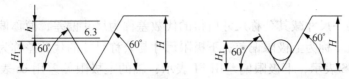

$H_1 = 1.4 h$，$H = 2.1 H$，h 是图上尺寸数字高，圆为正方形的内切圆。

图 6-42　粗糙度代号及符号的比例

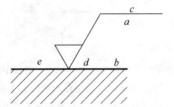

a——注写表面结构的单一要求，为避免误解，在参数代号和极限值之间应插入空格。
b——注写第二个表面结构要求，注写方法同 a。
c——注写加工方法
d——注写表面纹理和方向
e——注写加工余量（mm）

图 6-43　表面粗糙度的数值及有关规定的注写

5. 表面粗糙度的标注原则及其示例

在同一图样上每一表面只注一次粗糙度代号，且应注在可见轮廓线、尺寸界线、引出线或它们的延长线上，并尽可能靠近有关尺寸线。符号的尖端必须从材料外指向表面。代号中的数字方向应与图中尺寸数字方向一致。当零件的大部分表面具有相同的粗糙度要求时，对其中使用最多的一种代（符）号，可统一注在图纸的右上角，并加注"其余"二字。标注示例见表 6-3。

6. 表面粗糙度的选择

选择表面粗糙度时，既要考虑零件表面的功能要求，又要考虑经济性，还要考虑现有的加工设备。一般应遵从以下原则。

（1）同一零件上，工作表面比非工作表面的参数值要小。
（2）摩擦表面要比非摩擦表面的参数值小。有相对运动的工作表面，运动速度愈高，其参数值愈小。
（3）配合精度越高，参数值越小。
（4）配合性质相同时，零件尺寸越小，参数值越小。
（5）要求密封、耐腐蚀或具有装饰性的表面，参数值要小。

6.5.2　极限与配合

1. 极限与配合的概念

（1）互换性。一批相同规格的零件在装配前不经过挑选，在装配过程中不经过修配，在装配后即可满足设计和使用性能要求，零件的这种在尺寸与功能上可以互相代替的性质称为互换性。极限与配合是保证零件具有互换性的重要标准。

（2）基本术语。公称尺寸：由图样规范确定的理想形状要素的尺寸，如图 6-44 中的 $\phi50$。

极限尺寸：尺寸要素允许的尺寸的两个极端。尺寸要素允许的最大尺寸为上极限尺寸，允许的最小尺寸为下极限尺寸。如图6-44中 $\phi 50.065$ 为孔的上极限尺寸，$\phi 50.020$ 为孔的下极限尺寸。

尺寸偏差：某一尺寸减其公称尺寸所得的代数差称为尺寸偏差，简称偏差。上极限尺寸与公称尺寸的代数差称为上极限偏差；下极限尺寸与公称尺寸的代数差称为下极限偏差。孔的上极限偏差用 ES 表示，下极限偏差用 EI 表示；轴的上极限偏差用 es 表示，下极限偏差用 ei 表示。尺寸偏差可为正、负或零值。如图6-44中 ES = +0.065，EI = +0.020。

表6-3 粗糙度标注示例

图　　例	说　　明
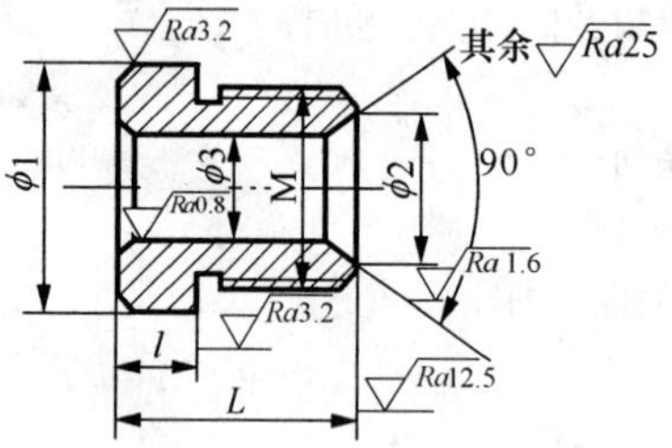	代号中数字的方向必须与尺寸数字的方向一致。对其中使用最多的一种代（符）号。可以统一标注在图纸的右上角，并加注"其余"二字，代（符）号的大小应是图形上其他代（符）号的1.4倍。
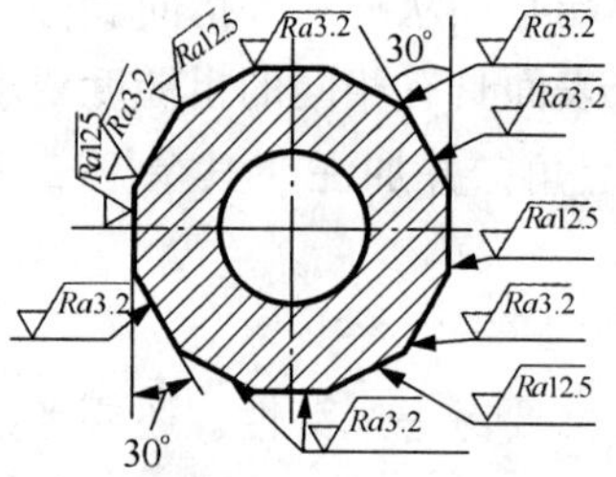	各种方向表面的表面粗糙度代（符）号的注法。在指引线上标注表面粗糙度代（符）号时，均按水平方向标注。
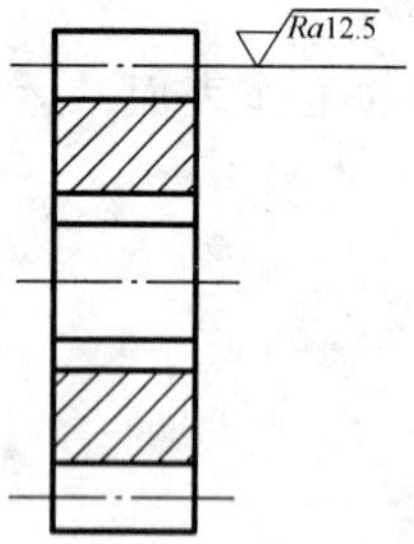	齿轮表面粗糙度代（符）号注在其分度线上。
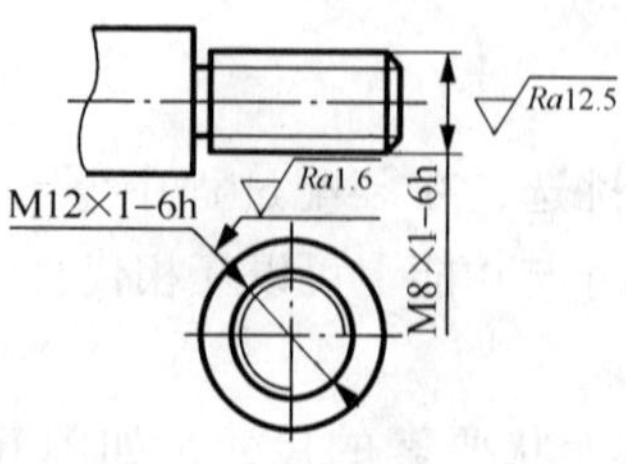	螺纹表面粗糙度代（符）号注在尺寸线或其延长线上。

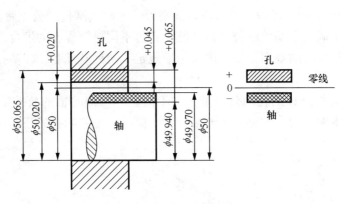

图 6-44　术语及公差带图解

尺寸公差（简称公差）：尺寸允许的变动量。尺寸公差等于上极限尺寸减去下极限尺寸，或上极限偏差减去下极限偏差。公差总是大于零的正数，如图 6-44 中孔的公差为 0.045。

公差带：在公差带图解中，用零线表示公称尺寸，上方为正，下方为负，公差带是指由代表上、下极限偏差的两条直线限定的区域，如图 6-44 所示，图中的矩形上边数值代表上极限偏差，下边代表数值下极限偏差，矩形的长度无实际意义，高度代表公差。

（3）标准公差与基本偏差。国家标准 GB/T 1800.2—2009 中规定，公差带是由标准公差和基本偏差组成的，标准公差决定公差带的高度，基本偏差确定公差带相对零线的位置。

标准公差是由国家标准规定的公差值，其大小由两个因素决定，一个是公差等级，另一个是公称尺寸。国家标准将公差划分为 20 个等级，分别为 IT01、IT0、IT1、IT2、…、IT18，其中 IT01 精度最高，IT18 精度最低。公称尺寸相同时，公差等级越高（数值越小），标准公差越小；公差等级相同时，公称尺寸越大，标准公差越大。

基本偏差是用以确定公差带相对于零线位置的那个极限偏差，一般为靠近零线的那个偏差，如图 6-45 所示。当公差带在零线上方时，基本偏差为下极限偏差；当公差带在零线下方时，基本偏差为上极限偏差；当零线穿过公差带时，离零线近的偏差为基本偏差；当公差带关于零线对称时，基本偏差为上极限偏差，或下极限偏差，如 JS（js）。基本偏差有正号和负号。

孔和轴的基本偏差代号各有 28 种，用字母或字母组合表示，孔的基本偏差代号用大写字母表示，轴用小写字母表示。如图 6-45 所示。需要注意的是，公称尺寸相同的轴和孔若基本偏差代号相同，则基本偏差值一般情况下互为相反数。此外，在图 6-45 中，公差带不封口，这是因为基本偏差只决定公差带位置的原因。一个公差带的代号，由表示公差带位置的基本偏差代号和表示公差带大小的公差等级和公称尺寸组成。如 $\phi 50H8$，$\phi 50$ 是公称尺寸，H 是基本偏差代号，大写表示孔，公差等级为 IT8。

（4）配合类别。基本尺寸相同时，相互结合的轴和孔公差带之间的关系称为配合。按配合性质不同，配合可分为间隙配合、过盈配合和过渡配合三类，如图 6-46 所示。

间隙配合：具有间隙（包括最小间隙等于零）的配合，孔的公差带在轴的公差带上方。

过盈配合：具有过盈（包括最小过盈等于零）的配合，孔的公差带在轴的公差带下方。

过渡配合：可能具有间隙或过盈的配合，轴和孔的公差带相互交叠。

（5）基准制。采用基准制是为了在基本偏差为一定的基准件的公差带与配合件相配时，只需改变配合件的不同基本偏差的公差带，便可获得不同松紧程度的配合，从而达到减少零件加工的定值刀具和量具的规格数量。国家标准规定了两种基准制，即基孔制和基轴制，如图6-47所示。

基孔制是基本偏差为H的孔的公差带，与不同基本偏差的轴的公差带形成各种配合的制度；基轴制是基本偏差为h的轴的公差带，与不同基本偏差的孔的公差带形成各种配合的制度。

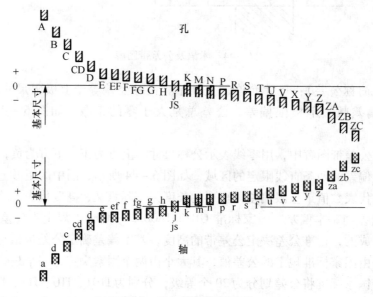

图6-45 基本偏差系列

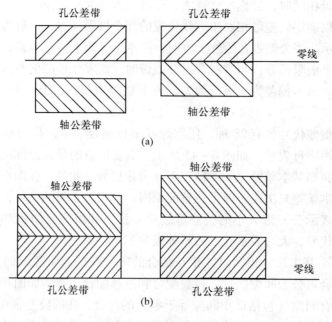

图6-46 配合类别
(a) 间隙配合；(b) 过盈配合

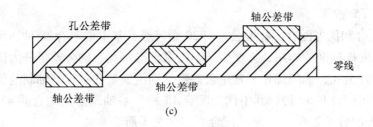

图 6-46 配合类别（续）
(c) 过渡配合

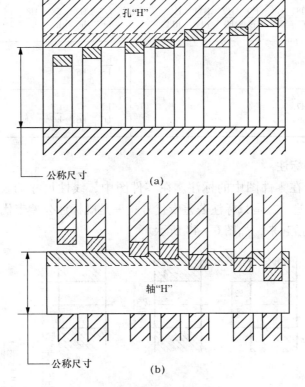

图 6-47 基孔制和基轴制
(a) 基孔制；(b) 基轴制

基准制的选择，主要从经济观点考虑，在一般情况下，优先选用基孔制配合。因为从工艺上看，加工中等尺寸的孔，通常要用价格昂贵的扩孔钻、铰刀、拉刀等定值（不可调）刀具，而加工轴，则用一把车刀或砂轮加工不同尺寸。因此，采用基孔制可以减少定值刀具、量具的品种和数量，降低生产成本，提高加工的经济性。但在有些情况下，选用基轴制配合会更好些。如使用一根冷拔圆钢做轴，轴与几个具有不同公差带的孔组成不同的配合，此时采用基轴制，轴就可以不另行加工或少量加工，用改变各孔的公差来达到不同的配合，显然比较经济合理。在采用标准件时，则应按标准件所用的基准制来确定。例如滚动轴承外圈直径与轴承座孔处的配合应采用基轴制，而滚动轴承的内圈直径与轴的配合则为基孔制。键与键槽的配合也采用基轴制。此外，如有特殊需要，标准也允许采用任一孔、轴公差带组成的配合，例如 F5/g7。

（6）常用配合和优先配合。标准公差有 20 个等级，基本偏差有 28 种，可以组成大量配合。为了更好地发挥标准的作用，方便生产，国家标准将孔、轴公差带分为优先、常用和一般用途公差带，并由孔、轴的优先和常用公差带分别组成基孔制和基轴制的优先配合和常用配合。基孔制常用配合共 59 种，其中优先配合 13 种。基轴制常用配合共 47 种，其中优先配合 13 种。优先配合见表 6-4，常用配合查阅相关手册。

表 6-4 优先配合

	基孔制优先配合	基轴制优先配合
间隙配合	$\dfrac{H7}{g6}$、$\dfrac{H7}{h6}$、$\dfrac{H8}{f7}$、$\dfrac{H8}{h7}$、$\dfrac{H9}{d9}$、$\dfrac{H9}{h9}$、$\dfrac{H11}{c11}$、$\dfrac{H11}{h11}$	$\dfrac{G7}{h6}$、$\dfrac{H7}{h6}$、$\dfrac{F8}{h7}$、$\dfrac{H8}{h7}$、$\dfrac{D9}{h9}$、$\dfrac{H9}{h9}$、$\dfrac{C11}{h11}$、$\dfrac{H11}{h11}$
过渡配合	$\dfrac{H7}{k6}$、$\dfrac{H7}{n6}$	$\dfrac{K7}{h6}$、$\dfrac{N7}{h6}$
过盈配合	$\dfrac{H7}{p6}$、$\dfrac{H7}{s6}$、$\dfrac{H7}{u6}$	$\dfrac{P7}{h6}$、$\dfrac{S7}{h6}$、$\dfrac{U7}{h6}$

2. 极限与配合的标注

（1）极限与配合在零件图中的标注。在零件图中，线性尺寸的公差有三种标注形式：一是只标注上、下偏差；二是只标注公差带代号；三是既标注公差带代号，又标注上、下偏差，但偏差值用括号括起来，如图 6-48 所示。

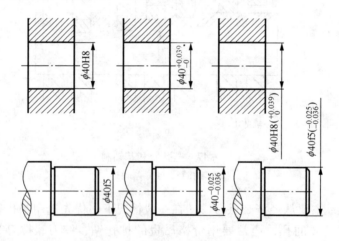

图 6-48 零件图中尺寸公差的标注

（2）极限与配合在装配图中的标注。在装配图上一般只标注配合代号。配合代号用分数形式表示，分子为孔的公差带代号，分母为轴的公差带代号。对于与轴承等标准件相配的孔或轴，则只标注非基准件（配合件）的公差带符号。如轴承内圈孔与轴的配合，只标注轴的公差带代号；外圈的外圆与箱体孔的配合，只标注箱体孔的公差带代号，如图 6-49 所示。

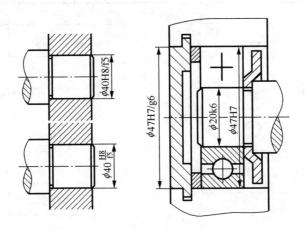

图 6-49 装配图中尺寸公差的标注

6.5.3 形状和位置公差

1. 形位公差的概念

零件经过加工后，不仅会产生尺寸误差和表面粗糙度，而且会产生形状和位置误差。形状误差是指实际要素和理想几何要素的差异；位置误差是指相关联的两个几何要素的实际位置相对于理想位置的差异。形状误差和位置误差都会影响零件的使用性能，因此必须对一些零件的重要表面或轴线的形状和位置误差进行限制。形状和位置误差的允许变动量称为形状和位置公差（简称形位公差）。

要素——指零件的特征部分（点、线、面）。这些要素是实际存在的，也可以是由实际要素取得的轴线或中心平面。

被测要素——给出形状或位置公差的要素。

基准要素——用来确定被测要素方向或位置的要素。理想基准要素简称要素。

形状公差——单一实际要素的形状所允许的变动量。

位置公差——关联实际要素的位置对基准所允许的变动全量。

公差带——根据被测要素的特征和结构尺寸，公差带的主要形式有：圆内的区域；两同心圆之间的区域；两同轴圆柱面之间的区域；两等距曲线之间的区域；两平行直线之间的区域；两平行平面之间的区域；球内的区域等。

2. 形位公差的代号

在技术图样中，形位公差采用代号标注，当无法采用代号时，允许在技术要求中用文字说明。形位公差代号由形位公差符号、框格、公差值、指引线、基准代号和其他有关符号组成。形状和位置公差的分类、名称和符号见表 6-5。

表6-5 形位公差的名称及符号

分类	项目	符号	分类	项目	符号
形状公差	直线度	—	位置公差	平行度	∥
	平面度	▱		垂直度	⊥
	圆度	○		倾斜度	∠
	圆柱度	⌭		同轴度	◎
	线轮廓度	⌒		对称度	═
	面轮廓度	⌓		位置度	⊕
				圆跳动	↗
				全跳动	⌰

（1）公差框格。形位公差的框格如图6-50所示。框格中自左至右顺序标注几何特征符号，公差值和基准。

图6-50 形位公差框格和基准代号

对同一个要素有一个以上的公差特征项目要求时，可将一个框格放在另一个框格的下面，如图6-51所示。

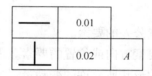

图6-51 两个框格的画法

（2）被测要素的标注。用带箭头的指引线将被测要素与公差框格的一端相连。指引线箭头应指向公差带的宽度方向或直径方向。指引线用细实线绘制，可以不转折或转折一次（通常为垂直转折）。指引线箭头按下列方法与被测要素相连。

①当被测要素为线或表面时，指引线箭头应指在该要素的轮廓线或其引出线上，并应明显地与该要素的尺寸线错开，如图6-52（a）所示。

②当被测要素为中心线或中心面时，指引线箭头应与该要素的尺寸线对齐，如图6-52（b）、（c）所示。

③当被测要素为整体轴线或公共对称平面时，指引线箭头可直接指在轴线或对称线上，如图6-52（c）所示。

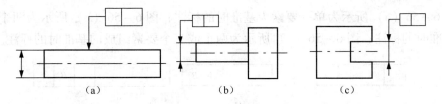

图 6-52 被测要素的标注方法

（3）基准要素的注法。标注位置公差的基准，要用基准代号。与被测要素相关的基准用一个大写字母表示。字母注在基准方格内，与一个涂黑的或空白的三角形相连以表示基准，如图 6-53（a）所示；表示基准的字母也应注在公差框格内，如图 6-53（b）所示。涂黑的和空白的基准三角形含义相同。无论基准代号在图样上的方向如何，圆圈内的字母均应水平填写。

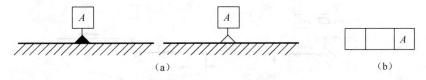

图 6-53 基准字母的注法

①当基准要素为素线或表面时，基准三角形应放置在该要素的轮廓线或其延长线上，并应明显地与尺寸线错开，如图 6-54（a）所示。基准三角形还可置于轮廓面引出线的水平线上，如图 6-54（b）所示。

②当基准是轴线、中心平面或中心点时，基准三角形应放置在该尺寸线的延长线上，如图 6-55（a）所示；如果没有足够的位置标注基准要素尺寸的两个尺寸箭头，则其中一个箭头可用基准三角形代替，如图 6-55（b）所示。如果只以要素的某一局部作基准，则应用粗点画线示出该部分并加注尺寸，如图 6-55（c）所示。

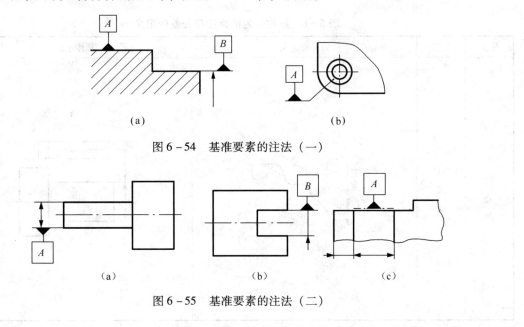

图 6-54 基准要素的注法（一）

图 6-55 基准要素的注法（二）

③图6-56（a）所示为单一要素为基准时的标注；图6-56（b）所示为两个要素组成的公共基准时的标注；图6-56（c）所示为两个或三个要素组成的基准时的标注。

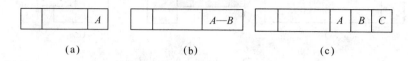

(a)   (b)   (c)

图6-56 基准要素在框格中的标注

(4) 形位公差数值。

①形位公差的数值，无特殊说明时，一般是指被测要素全长上的公差值，如图6-57（a）所示。如果被测部位仅为某一局部范围时，可用细实线画出被测范围，并注出此范围的尺寸，如图6-57（b）所示。

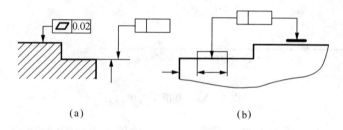

(a)   (b)

图6-57 形位公差值的标注

②公差数值表示公差带的宽度或直径，当公差带是圆或圆柱时，应在公差数值前加"ϕ"；若公差带为球，则应在公差数值前加注"$S\phi$"。

3. 形位公差的公差带定义和标注示例

常用的形位公差的公差带定义和标注见表6-6。

表6-6 形位公差的标注与公差带定义

分类	项目	公差带定义	标注示例
形状公差	直线度	$\phi 0.015$	$\phi 0.015$

续表

分类	项目	公差带定义	标注示例
形状公差	平面度	0.020	0.020
形状公差	圆度	0.015	0.015
形状公差	圆柱度	0.018	0.018
形状公差	线轮廓度	0.04 ⌀0.04	0.04
形状公差	面轮廓度	S⌀0.1 0.1	0.1 A
位置公差	平行度	0.1 基准平面	// 0.1 A B

续表

分类	项目	公差带定义	标注示例
位置公差	垂直度		⊥ $\phi 0.01$ A
	倾斜度		∠ 0.08 A ; 40° ; A
	同轴度		◎ $\phi 0.08$ A—B
	对称度		⌯ 0.08 A
	位置度		⊕ $\phi 0.08$ C A B ; 68 ; 100
	圆跳动		↗ 0.8 A
	全跳动		⌰ 0.1 A—B

6.6 读零件图

在设计、制造和检测零件时，常需要读零件图，以便研究分析零件的结构特点和设计的合理性。读零件图时，根据装配图了解该零件在机器或部件中的作用、工作运动情况以及与相邻零件的装配连接关系，想象出该零件的结构形状。

6.6.1 读零件图的方法和步骤

1. 了解概况

首先看标题栏，了解零件名称、材料、画图比例等，并对全图做大体观览，对零件的大致形状、复杂程度、零件制造时的工艺要求，以及在机器中的作用等有大概认识。从图的比例和图形的大小估计出零件的实际大小。对不熟悉的零件，需要进一步参考有关技术资料，如装配图和技术说明书等文字资料，了解零件在机器或部件中的功用，以及与相关零件的配合、装配关系，从而初步判断零件的主要形状和结构。

2. 读懂零件的结构形状

分析结构形状。在搞清各视图关系的基础上，根据零件的功用和视图特征，运用形体分析和结构分析的方法，对零件进行形体分析，把它分解成几个部分，读懂各部分的结构形状，然后按它们的相对位置，综合想象出零件的整体形状。

3. 分析尺寸

图上的尺寸是加工、制造和检验零件的重要依据。因此，必须对零件的全部尺寸进行仔细的分析。分析时可从两个方面考虑，一是找出零件图上长、宽、高三个方向的尺寸基准，然后从基准出发，按形体分析法，找出各组成部分的定形、定位尺寸，并根据零件的结构特点，了解功能尺寸和非功能尺寸，确定零件的总体尺寸；另一个是要结合极限偏差值及公差带代号和表面粗糙度看尺寸，从而找出功能尺寸及确定加工表面的加工方法和技术要求。

4. 分析技术要求，读懂全图

零件图的技术要求是制造零件的质量指标。看图时应根据零件在机器中的作用，主要分析零件的表面粗糙度、尺寸公差和形位公差要求，先弄清配合面或主要加工面的加工精度要求，了解其代号含义；再分析其余加工面和非加工面的相应要求，了解零件加工工艺特点和功能要求；然后了解分析零件的材料热处理、表面处理或修饰、检验等其他技术要求，以便根据现有加工条件，确定合理的制造工艺和加工方法，保证产品质量。

5. 综合归纳

通过以上看图过程，对零件已有了较全面的了解，将所获得的各方面认识、资料进行归纳分析，就可了解这一零件的完整形象，真正读懂这张零件图。

以上说明了读零件图的一般方法和步骤。必须指出，各个步骤在读图过程中可以灵活、交叉进行。

6.6.2 读零件图举例

下面以图 6-58 为例，说明读零件图的方法。

从标题栏中可知，零件材料为铸铁，牌号为HT200，主要用来容纳和支承蜗杆轴、蜗轮轴和蜗轮。

从图上的视图位置可以确定三个基本视图：主视图、俯视图、左视图；D—D剖视图和三个局部视图。分析该零件的作用和视图上表示的形状特征，可以看出该箱体是由带有阶梯的主体部分、安装底板、支撑肋板三部分组成。主体部分设计成圆柱体，内腔容纳一对相互啮合的蜗轮、蜗杆传动，上孔装蜗轮从动轴，下孔装蜗杆主动轴，因此箱体做成阶梯的空腔。为防止灰尘，箱体前后端与轴承盖连接，凸台上有螺纹孔。为了和箱体连接，在箱体的左端面上有固定箱盖的螺纹孔。安装板设计成长方体，上面有六个螺纹孔用于与其他机器相连接。为加强箱体的强度，设计了支撑肋板，将主体与安装板连接起来。

箱体主视图是按工作位置来选择的，采用了全剖，清楚地反映了蜗轮箱体的内部结构及左端面螺纹孔的深度以及箱体的三个组成部分的相对位置。重合断面图表达出支撑肋板的厚度及断面形状。左视图进一步表明了蜗轮箱体的内外形状以及左端面上螺纹孔的分布和大小，同时表达出蜗杆轴孔的大小及位置。D—D半剖视图补充表达出蜗轮箱体的内部形状，并反映出安装底板的形状、螺栓孔的分布和大小。A向局部视图表达了安装底板下表面的结构，B向局部视图表达了箱体前后凸台的形状和螺孔的分布及大小。

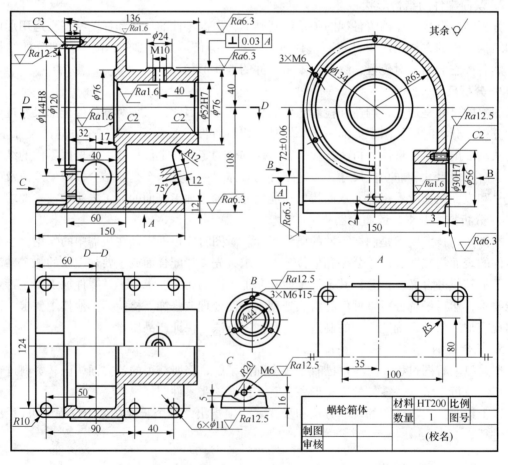

图6-58 蜗轮箱体零件图

尺寸标注首先确定零件长、宽、高三个方向的主要基准，尽量减少在加工过程中的装夹次数。

长度方向基准：主视图中的左端面（装配结合面）作为长度方向的主要基准，保证长度方向的尺寸精度。

高度方向基准：加工时首先加工底面，然后以底面为基准加工蜗轮轴孔，再以蜗轮轴孔为基准加工蜗杆轴孔。这样高度方向便出现了两个基准，其中底面为工艺基准，蜗轮轴孔的轴线是设计基准。它们都是主要基准。

宽度方向基准：该箱体为对称图形，选择对称面为主要基准。

按设计要求功能尺寸直接注出。如底面到蜗轮轴孔的中心高 108 是确定零件在部件中准确位置的尺寸，是加工时确定主轴孔位置的重要尺寸；两孔中心距 72 ± 0.06 是影响蜗轮蜗杆啮合性质、保证箱体质量的功能尺寸；有配合要求的尺寸 $\phi144H8$、$\phi52H7$、$\phi30H7$，连接尺寸 $3\times M6$、$M10$，安装尺寸 124、90、40、$6\times\phi11$ 等都是功能尺寸，要直接标注，补全其他尺寸。标出每个结构的定形和定位尺寸，同时要注意尺寸标注的清晰、合理，如尺寸不封闭、方便加工和测量等。

技术要求：重要的腔体和重要表面应有粗糙度要求；重要的箱体孔、重要的中心距和重要的表面应有尺寸公差和形位公差要求。

6.7 零件测绘

依据实际零件，通过分析选定表达方案，画出图形，测量并标注尺寸，制定必要的技术要求，从而完成零件图绘制的过程，称为零件测绘。零件测绘常常在现场进行，由于受时间和场所限制，一般先画零件草图（徒手图），再根据整理后的零件草图画零件工作图（零件图）。零件测绘对改造设备、修配零件、推广先进技术、交流革新成果，都起重要作用，是工程技术人员必须掌握的一门技术。

6.7.1 零件草图的绘制

1. 对零件草图的要求

（1）内容俱全。零件草图是画零件工作图的重要依据，有时也直接用以制配零件，因此，必须具有零件工作图的全部内容，包括一组图形、齐全的尺寸、技术要求和标题栏。

（2）目测徒手。零件草图是不使用绘图工具，只凭目测实际零件形状、大小和大致比例关系，用铅笔徒手画出图形，然后集中测量，标注尺寸和技术要求。

（3）草图不草。草图决不能理解为"潦草之图"。画出的零件草图应做到"图形正确、比例匀称、表达清楚、尺寸齐全清晰、线型分明、字体工整"。为提高绘图质量和速度，应在方格纸上画零件草图。

2. 画零件草图的步骤

现以图 6-59 所示的阀盖为例，说明绘制零件草图的步骤。

（1）了解和分析测绘对象。

在测绘前应首先了解零件的名称、用途、材料以及它在机器（或部件）中的位置和作用；然后对零件进行结构分析和制造方法的大致分析。

（2）确定视图表达方案。先根据反映零件形状特征的原则，按零件的加工位置或工作位置确定主视图；再按零件的内外结构特点选用必要的其他视图和剖视、断面等表达方法。视图表达方案要求完整、清晰、简练。

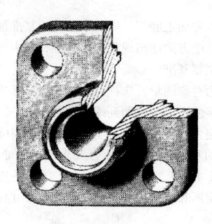

图 6-59　阀盖结构图

（3）绘制零件草图。

①在图纸上定出各视图的位置，画出主、左视图的对称中心线和作图基准线，如图 6-60（a）所示。布置视图时，要考虑到各视图应留有标注尺寸的位置。

②以目测比例详细地画出零件的结构形状，如图 6-60（b）所示。

③选定尺寸基准，按正确、完整、清晰、合理的要求，画出全部尺寸界线、尺寸线和箭头。经仔细校核后，按规定线型加深（包括剖面符号），如图 6-60（c）所示。

（4）逐个量注尺寸，标注各表面的表面粗糙度代号，并注写技术要求和标题栏，如图 6-60（d）所示。

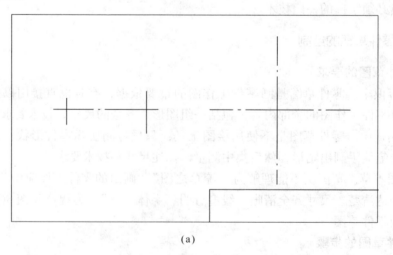

(a)

图 6-60　画零件草图的步骤

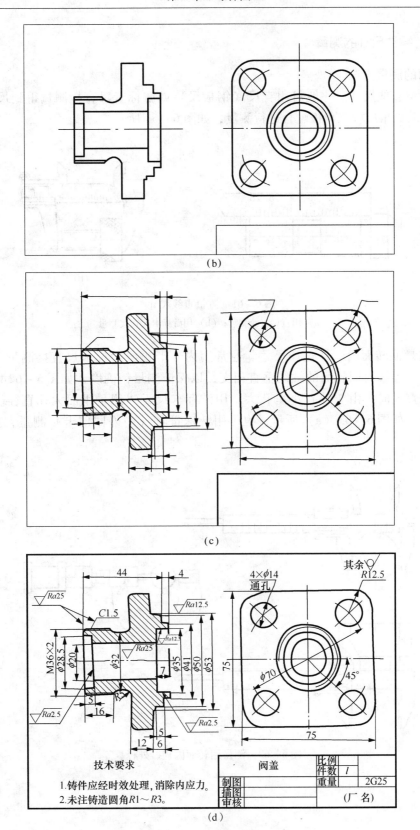

图 6-60 画零件草图的步骤（续）

6.7.2 零件尺寸的测量

1. 常用的测量方法

（1）测量直线尺寸。一般可用直尺（钢板尺）或游标卡尺直接测量得到尺寸的数值；必要时可借助直角尺或三角板配合进行测量，如图 6-61 所示。

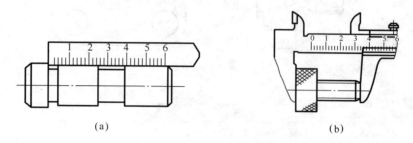

图 6-61 测量直线尺寸
(a) 用直尺直接测量；(b) 用游标卡尺直接测量

（2）测量回转面内、外直径尺寸。通常用内外卡钳或游标卡尺直接测量，测量时应使两测量点的连线与回转面的轴线垂直相交，以保证测量精确度，如图 6-62 所示。在测量阶梯孔的直径时，由于外孔小里孔大，用游标卡尺无法测量里面大孔直径。这时可用内卡钳测量，如图 6-63（a）所示；也可用特殊量具（内外同值卡）测量，如图 6-63（b）所示。

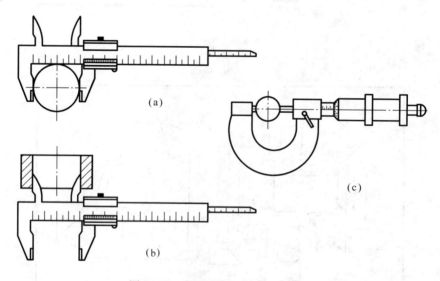

图 6-62 测量回转面内径、外径

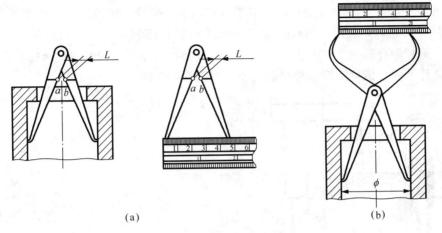

图 6-63 测量阶梯孔的直径

（3）测量壁厚。一般可用直尺测量，如图 6-64（a）所示。若孔径较小时，可用带测量深度的游标卡尺测量，如图 6-64（b）所示；有时也会遇到用直尺或游标卡尺都无法测量的壁厚，如圆壁厚。这时则需用卡钳来测量，如图 6-64（c）、（d）所示。

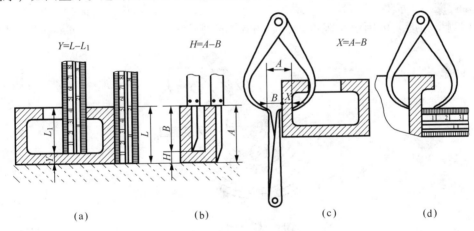

图 6-64 测量壁厚

（4）测量孔间距。可用游标卡尺、卡钳或直尺测量，如图 6-65 所示。

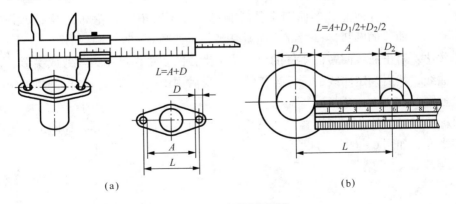

图 6-65 测量孔间距

（5）测量中心高。一般可用直尺、卡钳或游标卡尺测量，如图6-66所示。

（6）测量圆角。一般用圆角规测量。每套圆角规有很多片，一半测量外圆角，一半测量内圆角，每片刻有圆角半径的大小。测量时，只要在圆角规中找到与被测部分完全吻合的一片，从该片上的数值可知圆角半径的大小，如图6-67所示。

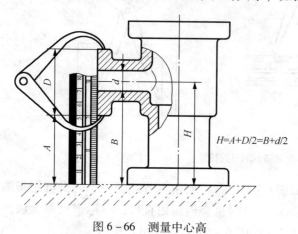

图6-66 测量中心高　　　　　　图6-67 测量圆角

（7）测量角度。可用量角规测量，如图6-68所示。

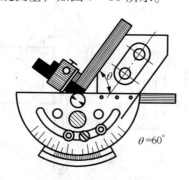

图6-68 测量角度

（8）测量曲线或曲面。曲线和曲面要求测量很准确时，必须用专门测量仪进行测量。要求不太准确时，常采用下面三种方法测量：

①拓印法：对于柱面部分的曲率半径的测量，可用纸拓印其轮廓，得到如实的平面曲线，然后判定该曲线的圆弧连接情况，测量其半径，如图6-69（a）所示。

②铅丝法：对于曲线回转面零件的母线曲率半径的测量，可用铅丝弯成实形后，得到如实的平面曲线，然后判定曲线的圆弧连接情况，最后用中垂线法求得各段圆弧的中心，测量其半径，如图6-69（b）所示。

③坐标法：一般的曲面可用直尺和三角板定出曲面上各点的坐标，在图上画出曲线，或求出曲率半径，如图6-69（c）所示。

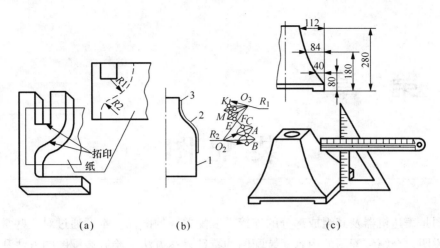

图 6-69 测量曲线或曲面

2. 零件测绘时的注意事项

(1) 零件的制造缺陷，如砂眼、气孔、刀痕等，以及长期使用所造成的磨损，都不应画出。

(2) 零件上因制造、装配的需要而形成的工艺结构，如铸造圆角、倒角、倒圆、退刀槽、越程槽、凸台、凹坑等，都必须画出，不能忽略。

(3) 有配合关系的尺寸，一般只要测出它的基本尺寸，其配合性质和相应的公差值，应在分析考虑后再查阅有关手册确定。

(4) 对螺纹、键槽、齿轮的轮齿等标准结构的尺寸，应该把测量的结果与标准值核对，采用标准结构尺寸，以有利于制造。

第 7 章

装 配 图

装配图是表达机器及其组成部分的连接、装配关系的图样。本章通过对一些常见装配结构的举例说明，介绍装配图的内容、装配图的特殊表达方法、绘制装配图的方法和步骤以及读装配图和由装配图拆画零件图的步骤和方法。装配图的绘制和识读，是对前面已学过的投影理论、组合体的绘制和阅读、机件的表达方法、零件图的绘制和阅读等方面知识的综合运用。

7.1 装配图的作用和内容

7.1.1 装配图与零件图的关系

表示机器或部件的图样称为装配图。表示一台完整机器的装配图称为总装配图，表示机器中部件的装配图称为部件装配图。

装配图主要用来表示机器或部件的工作原理、各零件的相对位置和装配连接关系。在产品设计中，通常先画出机器或部件的装配图，然后再根据装配图画出零件图。

7.1.2 装配图的作用

在设计新产品时，一般根据用户提出的使用要求，先画出装配图，再根据装配图拆画零件图。制造部门则首先根据零件图制造零件，然后再根据装配图将零件装配成机器或部件。当需要改进原有设备时，通过观察其外观、工作情况，画出其装配示意图、零件草图、装配图，然后由装配图拆画成工作零件图，再进行制造、检验、装配。

由此可见，装配图是设计部门和生产部门不可缺少的重要技术资料，也是安装、调试、操作和检修机器或部件时的依据。

7.1.3 装配图的内容

图 7-1 所示为滑动轴承的装配图，其立体图如图 7-2 所示。可以看出，一张完整的装配图包括以下内容：

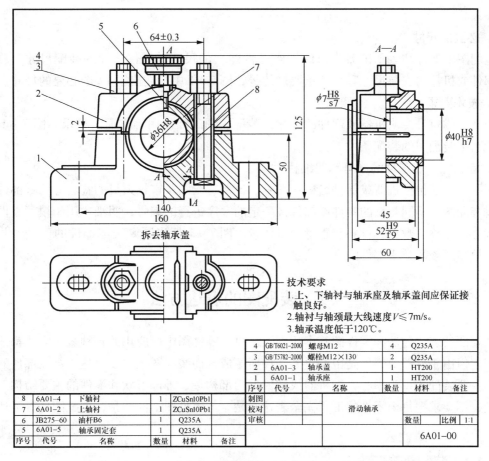

图 7-1 滑动轴承装配图

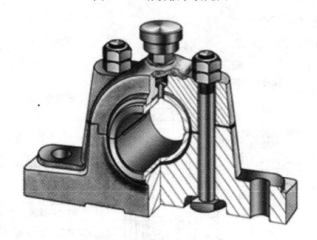

图 7-2 滑动轴承立体图

1. 视图

选用一组恰当的视图（包括各种表达方法），正确、完整、清晰、简便地表达机器或部件的工作原理、各零件间的装配、连接关系和重要零件的结构形状等。在图 7-1 中，基本表达方法有视图、剖视图、断面图等，完整、清晰地表达了各装配体的主要结构和相互间的装配关系。

2. 必要的尺寸

装配图上要标注表示机器或部件规格（性能）的尺寸、零件之间的装配尺寸、总体尺寸、部件或机器的安装尺寸和其他重要尺寸等，图 7-1 中标注出了 12 个必要的尺寸。

3. 技术要求

用文字或符号说明机器或部件的性能、装配、调试和使用等方面的要求。图 7-1 中有三处说明了装配图的装配条件。

4. 标题栏、零部件的序号和明细栏

标题栏一般包括机器或部件名称、图号、比例、绘图及审核人员的签名等；零部件的序号是对装配图中不同类型的零件或部件按一定的顺序进行的编号；明细栏用于填写零件的序号、代号、名称、数量、材料、重量、备注等。图 7-1 标出了 8 类零部件的序号，并在明细栏中填写了该 8 类零部件的有关信息。

7.2 装配图的表达方法

装配图的表达方法和零件图基本相同，所以，零件图中所应用的各种表达方法都适用于装配图。但由于机器或部件是由若干零部件所组成，而装配图主要以表达机器或部件的工作原理和主要装配关系为中心，把机器或部件的内部构造、外部形状和零件的主要结构形状表达清楚，不要求把每个零件的形状完全表达清楚。与零件图不同的是，装配图还有下述一些表达方法。

7.2.1 装配图的规定画法

1. 两零件的接触面和配合面

两零件的接触面和配合面只画一条线。但是，如果两相邻零件的基本尺寸不相同，即使间隙很小，也必须画成两条线，如图 7-3 所示的上部结构。

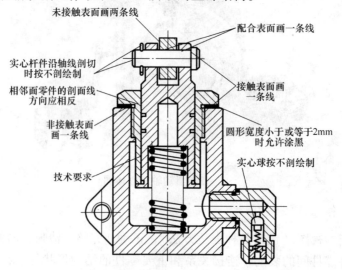

图 7-3 接触面和非接触面画法、剖面线的画法

2. 相邻零件的剖面线

相邻两个或多个零件的剖面线应有区别，或者方向相反，或者方向一致但间隔不等，并相互错开，如图 7-3 所示。在同一张装配图中，所有剖视图、断面图中同一零件的剖面线方向、间隔和倾斜角度应一致。

7.2.2 装配图的简化画法和特殊画法

1. 简化画法

简化画法是对某些标准件或工艺结构的固定形式的省略画出，以及对相同部分的简化画出。

（1）对于标准件以及轴、杆、键、销、球及手柄等实心零件，若剖切面通过其对称平面或基本轴线时，则这些零件均按不剖绘制。在表明零件的凹槽、键槽、销孔等构造时，可用局部剖视表示，如图 7-4 所示。

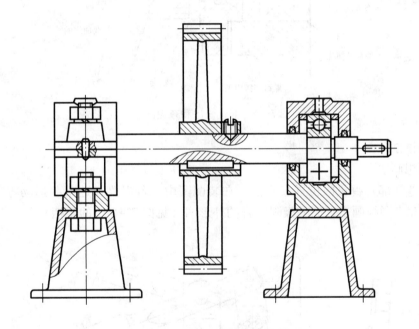

图 7-4　实心件的画法

（2）单独表达法。如所选择的视图已将大部分零件的形状、结构表达清楚，但仍有少数零件的某些方面还未表达清楚时，可单独画出这些零件的视图或剖视图。

（3）在装配图中，零件的局部工艺结构，如倒角、圆角、退刀槽等允许省略（见图 7-5 中轮齿部分及转轴右端的螺纹头部等）。

（4）在装配图中，螺母和螺栓头部的截交线（双曲线）的投影允许省略，简化为六棱柱（见图 7-5 中的螺母）；对于螺纹连接等相同的零件组，在不影响看图的情况下，允许只详细地画出其中一组，而其余用细点画线表示出其中心位置即可（见图 7-5 中的螺钉连接组）。

（5）在部件的剖视图中，对称于轴线的同一轴承或油封的两部分，若其图形完全一样，可只画出一部分，另一部分用相交细实线画出（见图 7-5 中的轴承和油封）。

（6）在剖视或剖视图中，若零件在图中的厚度在 2 mm 以下时，允许用涂黑代替剖面符号，如图 7-5 和图 7-7 中的垫圈。如果是在图形中玻璃或其他材料不宜涂黑时，可不画剖面符号。

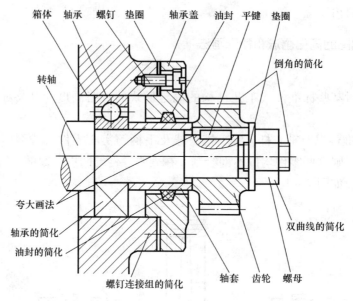

图 7-5　简化画法和夸大画法

2. 特殊画法

（1）假想画法。

①运动零（部）件极限位置表示法。在装配图中，若需要表达某些运动零件的极限位置时，可用双点画线画出它们的极限位置的外形图（见图 7-6 中的手柄）。

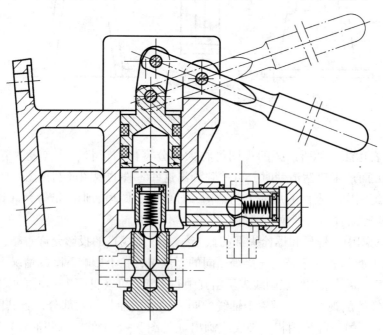

图 7-6　假想画法

在装配图中，若需要表达出与本部件相关，但又不属于本部件的零件时，也可采用假想画法画出相关部分的轮廓（见图 7-7 中间的主视图）。

②相邻零（部）件表示法。在装配图中，当需要表示与本部件有装配或安装关系但又不属于本部件的相邻其他零（部）件时，可用细双点画线画出该相邻（部）件的部分外形轮廓，如图 7-7 中的机架。

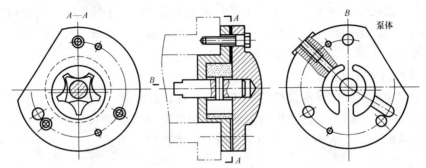

图 7-7 转子油泵装配图画法

（2）夸大画法。对薄片零件、细丝弹簧、微小间隙等，若按它们的实际尺寸在装配图中很难画出或难以明显表达时，均可按比例而采用夸大画法。如图 7-5 所示中轴承盖与轴套之间、平键上顶面与齿轮上键槽之间的间隙画法。

（3）沿结合面剖切与拆卸画法。在装配图中，为了清楚表达被遮住部分的结构和装配关系，可假想沿某些零件的结合面剖切，画出其剖视图，此时在结合面上不要画出剖面线（见图 7-7 中的 A—A 剖视图）。也可假想将某些零件拆卸后画出其视图，如需要说明时，可标注"拆去零件××"，如图 7-1 中的俯视图所示。

（4）展开画法。为表示齿轮传动顺序和装配关系，可按空间轴系传动顺序沿其各轴线剖切后依次展开在同一平面上，画出剖视图，并在剖视图上方加注"×—×展开图"，这种画法称为展开画法。图 7-8 左视图即为车床上三行星齿轮传动机构的剖视展开画法。

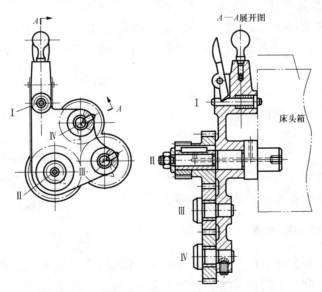

图 7-8 三行星齿轮传动机构装配图画法

7.3 装配图中的尺寸标注和技术要求

7.3.1 装配图中的尺寸标注

在装配图中的尺寸标注不同于在零件图中的尺寸标注。由于装配图不直接用于零件的生产制造，因此，装配图不需注出零件的全部尺寸，而只需标注必要的尺寸。这些尺寸按其作用不同，大致可分为以下五大类尺寸。

1. 性能尺寸（规格尺寸）

这类尺寸集中地反映机器或部件的性能特点，在设计时就已确定。它是了解、设计和选用机器或部件的主要依据，是表示机器、部件工作性能或规格的尺寸。如图 7-1 中滑动轴承的轴孔直径 $\phi 36H8$，它表明了该滑动轴承所支撑的轴的大小。

2. 装配尺寸

这是用以保证机器或部件上有关零件装配或说明装配要求的尺寸，它可分为以下两种：

（1）配合尺寸。表示两零件间配合性质和相对运动情况的尺寸。如图 7-1 中的尺寸 $\phi 7\frac{H8}{s7}$、$\phi 40\frac{H8}{h7}$、$52\frac{H9}{f9}$ 等。

（2）相对位置尺寸。表示装配后有关组成件之间应达到的相对位置或间隙的尺寸，如图 7-1 中轴孔中心到底面的中心高 50 mm。有些重要相对位置尺寸还可以在装配时靠增减垫片或更换垫片得到。

3. 安装尺寸

这是将机器或部件安装到其他零部件或机座上所需要的尺寸，如图 7-1 中底板上两安装孔的中心距 140 mm。

4. 外形尺寸（总体尺寸）

这是表示机器或部件的外形轮廓总长、总宽和总高的尺寸。它表明了机器或部件所占空间的大小，是包装、运输和安装的依据。如图 7-1 中的总长尺寸 160 mm、总宽尺寸 60 mm 和总高尺寸 125 mm。

5. 其他重要尺寸

除以上四类尺寸外，在设计中确定的、在装配或使用中必须说明的尺寸，如运动零件的位移尺寸等。

需要说明的是，上述各类尺寸之间不是孤立无关的，装配图上的某些尺寸有时兼有几种意义；同样，一张装配图中也不一定都具有上述五类尺寸。在标注尺寸时，必须明确每个尺寸的作用，对装配图没有意义的结构尺寸不需标注出。

7.3.2 装配图中的技术要求

用文字或符号在装配图中说明对机器或部件的性能、装配、检验、使用等方面的要求和条件，这些统称为装配图中的技术要求。如图 7-1 的技术要求，对于一些无法在图中表达清楚的技术要求，可以在图纸的空白处用文字说明。

装配图中的技术要求一般有以下内容：
(1) 有关产品性能、安装、使用、维护等方面的要求。
(2) 有关试验、检验的方法和条件方面的要求。
(3) 有关装配时的加工、密封和润滑等方面的要求。

图 7-1 所示的技术要求即是关于滑动轴承安装时的注意事项及使用环境方面的要求。

7.4 装配图中的零件序号和明细栏

为便于图纸管理、生产准备、机器装配和装配图的阅读，装配图上各零部件都必须编写序号。同一装配图中相同的零部件（即每一种零部件）只编写一个序号，并在标题栏上方填写与图中序号一致的明细栏，不能产生差错。

7.4.1 零件序号

为了便于阅读装配图，图中所有零件都必须编号，形状、尺寸完全相同的零件只编一个序号，一般也只标一次。图中零件的序号应与明细栏中的该零件的序号一致。序号应尽可能标注在反映装配关系最清楚的视图上，而且应沿水平或垂直方向排列整齐，并按顺时针或逆时针方向依次排列。零件序号是用指引线和数字来标注的。

1. 指引线的画法

指引线应从所指零件的可见轮廓内用细实线向图外引出，并在指引线的引出端画出一个小圆点，如图 7-9（a）所示。当所指部分很薄或剖面涂黑不宜画小圆点时，可在指引线的引出端用箭头代替，箭头指到该部分的轮廓线上，如图 7-9（b）所示。指引线应尽可能分布均匀，不允许彼此相交。当通过有剖面线的区域时，不应与剖面线平行。必要时，指引线可以画成折线，但只可曲折一次，如图 7-9（c）所示。

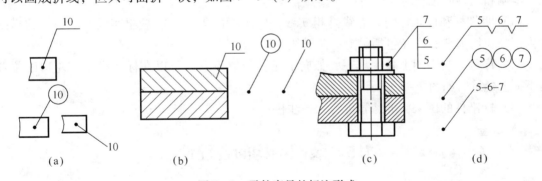

图 7-9 零件序号的标注形式

2. 零件序号的标注形式

在装配图中，零件序号的常用标注形式有三种 [见图 7-9（a）]：

(1) 在指引线的终端画一水平横线（细实线），并在该横线上方注写序号，其字高比该装配图中所注尺寸数字大一号或两号。

(2) 在指引线的终端画一细实线圆，并在该圆内注写序号，其字高比该装配图中所注尺寸数字大一号或两号。

(3) 在指引线终端附近注写序号，其字高比该装配图中所注尺寸数字大两号。

注意：在同一装配图中所采用的序号标注形式要一致。此外，装配关系清楚的紧固件组，可以采用公共指引线，如图7－9（d）所示。

7.4.2 明细栏

明细栏是机器或部件中全部零部件的详细目录。明细栏画在标题栏正上方，其底边线与标题栏的顶边线重合，其内容和格式在国家标准（GB/T 10609.2—1989）中已有规定，如图7－10所示。

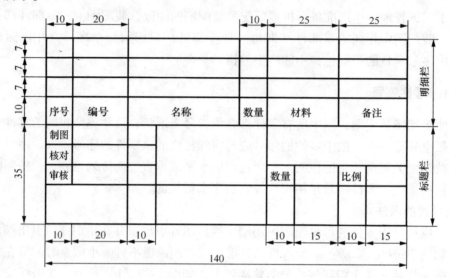

图7－10 明细栏格式

绘制和填写明细栏时应注意以下几点：

(1) 明细栏和标题栏的分界线是粗实线，明细栏的外框竖线是粗实线，明细栏的横线和内部竖线均为细实线（包括最上一条横线）。

(2) 序号应自下而上顺序填写，如向上延伸位置不够，可以在标题栏紧靠左边的位置自下而上延续，如图7－1所示。

(3) 标准件的国家标准编号可写入备注栏。

7.5 装配结构的合理性

在设计和绘制装配图时，应考虑采用合理的装配工艺结构，以保证机器和部件的工作性能，并给零件的加工和装拆带来方便。下面介绍几种常见的装配结构。

1. 接触面转角处的结构形式

当轴和孔配合，且轴肩和端面相互接触时，应在接触端面制成倒角或在轴肩部切槽，以保证两零件的接触良好，如图7－11（a）所示，图7－11（b）的画法则是不合理的。

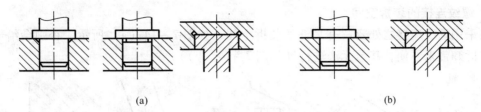

图 7-11 直角接触面处的结构
(a) 合理；(b) 不合理

2. 两零件接触面的数量

为了避免装配时表面发生互相干涉，两零件在同一方向上应只有一个接触面，这样即可保证两面接触良好，又可降低加工要求，如图 7-12（a）所示，图 7-12（b）的画法则是错误的。

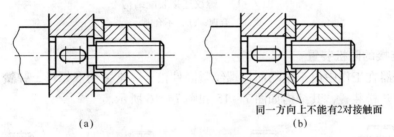

图 7-12 两零件接触面
(a) 合理；(b) 不合理

3. 合理减小接触面积

零件加工时的面积越大，其不平度和不直度的可能性就越大，故其接触面的不平稳性也越大，同时加工成本也会越高。因此，应合理地减小接触面积，如图 7-13 所示。

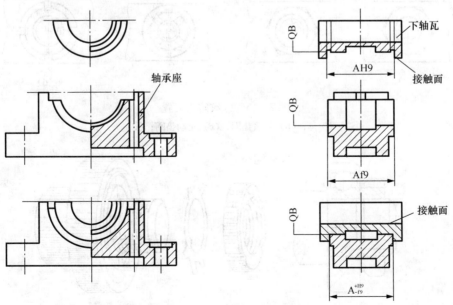

图 7-13 合理减小接触面积

4. 螺纹连接的装拆空间

在采用螺纹连接之处要留有足够的装拆空间，如图 7 – 14（a）所示，否则会给部件的装配和拆卸带来不便，甚至无法进行（见图 7 – 14（b））。

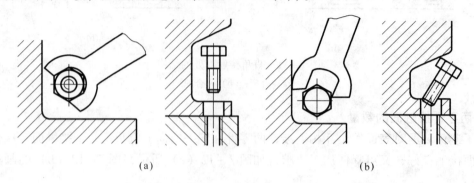

图 7 – 14　螺纹连接装配结构
(a) 合理；(b) 不合理

5. 螺纹连接的防松装置

为防止机器在工作中由于振动而将螺纹紧固件松开，常采用双螺母、弹簧垫圈、止动垫圈和开口销等防松装置，其结构如图 7 – 15 和图 7 – 16 所示。

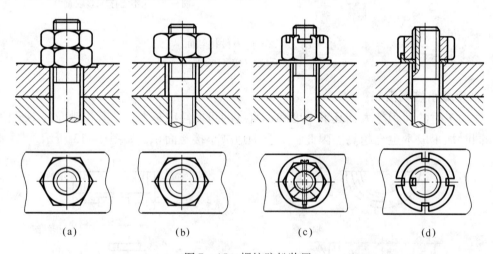

图 7 – 15　螺纹防松装置
(a) 双螺母；(b) 弹簧垫圈；(c) 止动垫圈；(d) 开口销

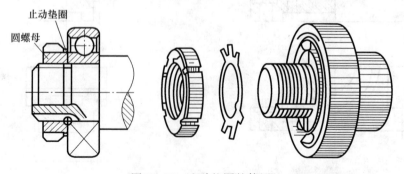

图 7 – 16　止动垫圈的使用

6. 密封装置

有些机器或部件，为了防止外界的灰尘、铁屑、水汽和其他不洁净的物质进入机体内部，以及防止内部液体的外溢，常需要采用密封装置。

如图 7-17 所示的密封装置，就是用于泵和阀类部件中的常见密封结构，它依靠螺母、填料压盖将填料压紧，从而起到防漏作用。须注意的是，填料压盖与阀体端面之间应留有一定的间隙，以便当填料磨损后，还可拧紧填料压盖将填料压紧，使之继续起到密封防漏作用。

图 7-18 所示为两种常见的滚动轴承的密封装置，其中，图 7-18（a）为毡圈式，图 7-18（b）圆形油沟式。这些密封件的结构都已标准化。

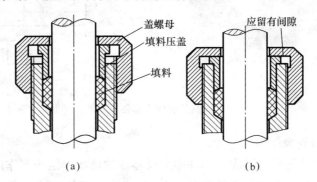

图 7-17 常见的密封装置
(a) 合理；(b) 不合理

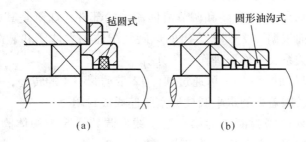

图 7-18 滚动轴承的两种密封装置
(a) 毡圈式；(b) 圆形油沟式

7.6 由零件图画装配图

如上所述，装配图的绘制工作是机器或部件的设计及测绘中重要的一个环节。下面通过实例，介绍绘制装配图的方法与步骤。

[例题 7-1] 绘制如图 7-19 所示的球阀装配图。

在绘制装配体之前，应充分了解球阀的用途、性能、工作原理、结构特点、装配体所有的零件草图或零件图（标准件除外），以及各零件间的装配关系等有关内容，并画出装配示意图。这些内容应是绘制装配图必须掌握的第一手资料。这些资料或是绘图者亲身参与部件测绘，或是直接引用他人的测绘结果而获得。

本例在上述工作的基础上开始进行装配图的绘制。

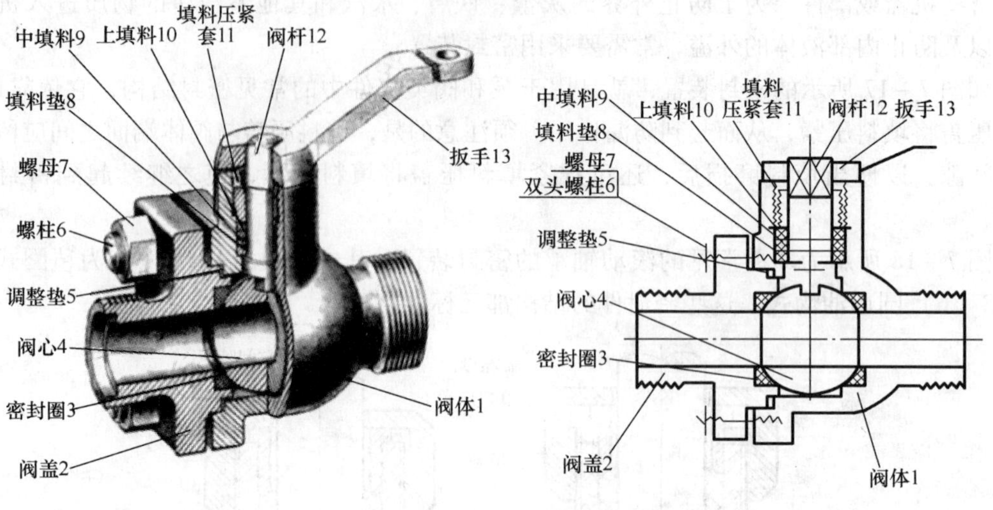

图 7-19 球阀装配体立体图及装配示意图

1. 分析了解测绘对象

分析部件的功能及部件的组成，部件中主要零件的形状、结构与作用，以及各个零件间的相互位置和连接装配关系及各条装配线，弄清各零件间相互配合的要求，以及零件间的定位、连接方式、密封关系等问题，再进一步认清运动零件与非运动零件的相对位置关系等，可对部件的工作原理和装配关系有所了解。

在管道系统中，阀是用于启/闭和调节流体流量的部件。球阀是其中的一种，因其阀心是球形的而得名。下面根据图 7-19 给出的球阀装配体的立体图和装配示意图，从运动关系、密封关系、连接关系及工作原理作一一分析。

（1）运动关系。转动扳手 13，可通过阀杆 12 带动阀心 4 的转动，从而使阀心中的水平圆柱形空腔与阀体 1 及阀盖 2 的水平圆柱形空腔连通或封闭。

（2）密封关系。两个密封圈 3 为第一道防线，调整垫 5 为阀体阀盖之间的密封装置，并可调节阀心 4 与密封圈 3 之间的松紧程度。填料垫 8、中填料 9 和上填料 10 以及填料压紧套 11 防止球阀从转动零件阀杆 12 漏油，为第二道防线。

（3）连接关系。阀体 1 和阀盖 2 是球阀的主体零件，均带有方形的凸缘，它们之间以四组双头螺柱 6 和螺母 7 连接，在阀体上部有阀杆 12，阀杆下部有凸块，榫接阀心 4 上的凹槽。阀心 4 通过两个密封圈 3 定位于阀体中，通过填料压紧套 11 与阀体的螺纹旋合将填料垫 8、中填料 9 和上填料 10 固定于阀体中。

（4）球阀的工作原理。将转动扳手 13 的方孔套进阀杆 12 上部的四棱柱，当扳手处于如图 7-19 所示的位置时，则阀门全部开启，管道畅通；当扳手按顺时针方向旋转 90°时（扳手处于图 7-21 的俯视图中双点画线所示的位置），则阀门全部关闭，管道断流。

2. 主视图和其他视图的选择

（1）主视图的选择。装配图的主视图一般按部件的工作位置选择，并使主视图能够较多地表达机器（或部件）的工作原理、零件间主要装配关系及主要零件的结构形状特征。装配图的表达重点与零件图有所不同，一般多采用剖视图作为主要表达方法，用以表达零件主要装配干线，如工作系统、传动路线等。选择主视图时，通常考虑以下几方面：

①应能反映部件的工作状态或安装状态。

②应能反映部件的整体形状特征。

③应能表示主装配干线零件的装配关系。

④应能表示部件的工作原理。

球阀的工作位置情况不唯一，但一般是将其通路放成水平位置。从对球阀各零件间装配关系的分析看出，阀心、阀杆、压紧套等部分和阀体、密封圈、阀盖等部分为球阀的两条主要装配轴线，它们互相垂直相交。因而将其通路放成水平位置，以剖切面通过该两装配轴线的全剖视图作为主视图，可比较清晰地表达各个主要零件以及零件间的相互关系。

（2）确定其他视图。根据确定的主视图，针对装配体在主视图中尚未表达清楚的内容，再选取能反映其他装配关系、外形及局部结构的视图。一般情况下，部件中的每一种零件至少应在视图中出现一次。

在本例中，球阀沿前后对称面剖开的主视图，虽清楚地反映了各零件间的主要装配关系和球阀工作原理，但用以连接阀盖及阀体的螺柱分布情况和阀盖、阀体等零件的主要结构形状未能表达清楚，于是选取左视图。

根据球阀前后对称的特点，它的左视图可采用半剖视图。在左视图上，左半边为视图，主要表达阀盖的基本形状和4组螺柱的连接方位；右半边为剖视图，用以补充表达阀体、阀芯和阀杆的结构。

选取俯视图，并作 $B—B$ 局部剖视，反映扳手与定位凸块的关系。从以上对球阀视图选择过程中可以看出，应使每个视图表达内容有明确的目的和重点。对装配体主要装配关系应在基本视图上表达；对次要的装配、连接关系可采用局部剖视图或断面等来表达。

3. **画图步骤**

确定了部件的视图表达方案后，根据视图表达方案以及部件大小及复杂程度，选取适当的比例安排各视图的位置，从而选定图幅，便可着手画图。在安排各视图的位置时，要注意留有供编写零部件序号、明细栏以及注写尺寸和技术要求的位置。

画图时，应先画出各视图的主要轴线（装配干线）、对称中心线和作图基线（某些零件的基面和端面）。由主视图开始，几个视图配合进行。画剖视图时以装配干线为准，由内向外逐个画出各个零件，也可由外向里画，视作图方便而定。

绘制球阀装配图底稿的具体作图步骤如下：

（1）画出各视图的主要轴线，对称中心线及作图基准线，留出标题栏、明细栏位置如图7-20（a）所示。

（2）画出主要零件阀体的轮廓线，几个基本视图要保证三等关系，关联作图如图7-20（b）、（c）所示。

（3）逐一画出其他零件的三视图如图7-20（d）所示。

（4）检查校核、画出剖面符号、标注尺寸及公差配合、加深各类图线等。最后给零件编号、填写标题栏、明细栏、技术要求，完成全图如图7-21所示。

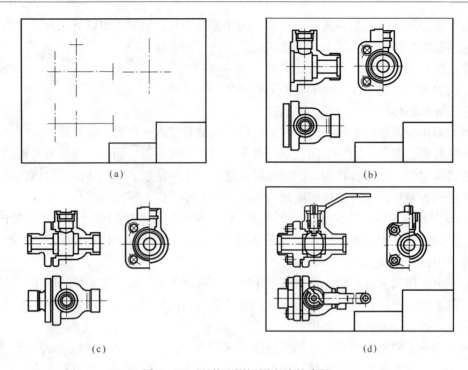

图 7-20 画装配图视图底稿的步骤

(a) 画出各视图的主要轴线、对称中心线及作图基线；(b) 画主要零件阀体的轮廓线；
(c) 根据阀盖和阀体的位置画出三视图；(d) 逐一画出其他零件的三视图

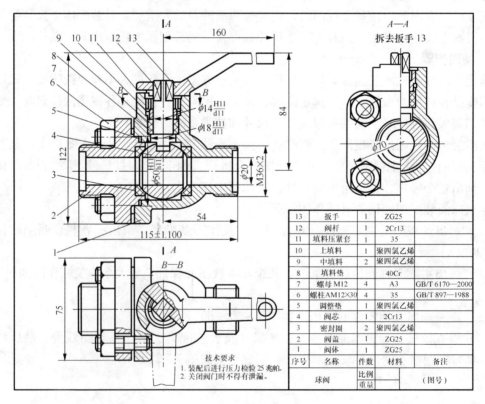

图 7-21 球阀装配图

7.7 读装配图和由装配图拆画零件图

在设计、制造、装配、使用、维修和技术交流等过程中，都会遇到装配图的阅读问题，而在设计中常常要在读懂装配图的基础上，根据装配图拆画零件图。因此，工程技术人员必须具备阅读装配图的能力。

7.7.1 读装配图的方法和步骤

阅读装配图的目的是了解产品名称、功用和工作原理；弄清各零件的主要结构、作用、零件之间的相互位置、装配连接关系以及装拆顺序等。它是装配图绘制工作的一个逆过程。

1. 概括了解

（1）通过调查和查阅明细栏和说明书获知零件的名称和用途。

（2）对照零部件序号在装配图上查找这些零部件的位置，了解标准和非标准零部件的名称与数量。

（3）对视图进行分析，根据装配图上视图的表达情况，找出各个视图、剖视、断面等配置的位置及投射方向，从而理解各视图的表达重点。

通过以上这些内容的了解，并参阅有关尺寸，从而对部件的大体轮廓与内容有一个基本的印象。

2. 详细分析

对照视图分析研究装配关系和工作原理，这是读装配图的一个重要环节。看图应从反映装配关系比较明显的视图入手，再配合其他视图。首先分析装配干线，其次分析零件，读懂零件形状。分析零件是依据装配图的各视图对应关系、剖视图上零件的剖面线以及零件序号的标注范围来进行的。当零件在装配图中表达不完整，可对有关的其他零件仔细观察分析后，再进行结构分析，从而确定零件的内外形状。在分析零件形状的同时，还应分析零件在部件中的运动情况，零件之间的配合要求、定位和连接方式等，从而了解工作原理。

3. 归纳总结

在进行了以上分析后，还应该对装配图重新研究，参考下列问题，综合各部分的结构，想象总体形状。

（1）对反映部件工作原理的装配关系和各运动部分的动作是否完全读懂。

（2）是否读懂全部零件（特别是主要零件）的基本结构形状和作用。

（3）分析所注尺寸在装配图上所起的作用。

（4）该部件的拆装顺序。

读图时，上述三个步骤是不能截然分开的，常常要穿插进行。

7.7.2 由装配图拆画零件图

由装配图拆画零件工作图是设计工作的一个重要环节，也是一项细致的工作，它是在全面读懂装配图的基础上进行的。拆图时，应对所拆零件的作用进行分析，然后分离该零件（即把零件从与其组装的其他零件中分离出来）。具体方法是首先在装配图中各视图的投影轮廓中找出该零件的范围，将其从装配图中"分离"出来，再结合分析结果，补齐所缺的轮廓线，然后根据零件图的视图表达要求，重新安排视图。选定和画出零件的各视图以后，应按零件图的要求，注写尺寸及技术要求。这种由装配图画出零件图的过程就称为拆画零件图。

1. 拆画零件图的一般方法和步骤

（1）读懂装配图。拆图前必须认真阅读装配图，全面深入了解设计意图，分析清楚装配关系、技术要求和各个零件的主要结构。

（2）确定视图表达方案。读懂零件的结构形状后，要根据零件在装配图中的工作位置或零件的加工位置，重新选择视图，确定表达方案。此时可以参考装配图的表达方案，但要注意不应受原装配图的限制。

（3）补全工艺结构。在装配图上，零件的细小工艺结构，如倒角、倒圆、退刀槽等往往被省略。拆图时，这些结构必须补全，并加以标准化。

（4）标注尺寸。由于装配图上给出的只是必要的尺寸，而在零件图上则要求完整、正确、清晰、合理地注出零件各组成部分的全部尺寸，所以很多尺寸是在拆画零件图时才确定的。因此在拆画出的零件图上进行尺寸标注时，一般按以下步骤进行：

①抄：凡装配图上已注出的有关该零件的尺寸，应直接照抄，不能随意改变。

②查：零件上某些尺寸数值（如与螺纹紧固件连接的零件通孔直径和螺纹尺寸；与键、销连接的尺寸；标注结构要素的倒角、倒圆、退刀槽等），应从明细栏或有关标准中查得。

③算：如所拆零件是齿轮、弹簧等传动零件或常用件，则其设计时所需参数，如齿轮的分度圆和齿顶圆、弹簧的自由高度和展开长度等，应根据装配图中所提供的参数，通过计算来确定。

④量：在对所拆画的零件进行整体尺寸分析后，对照"正确、完全、清晰、合理"的基本要求，对装配图中没有标注出的该零件的其他尺寸，可在装配图中直接测量，并按装配图的绘图比例换算、圆整后标出。拆画零件图是一种综合能力训练，它不仅需要具有读懂装配图的能力，而且还应具备有关的专业知识。随着计算机绘图技术的普及，拆画零件图的方法将会变得更容易。如果是由计算机绘出的机器或部件的装配图，可对被拆画的零件进行复制，然后加以整理，并标注尺寸，即可画出零件图。

2. 拆画零件图举例

[例题 7-2]　如图 7-22 所示为从齿轮油泵装配图中拆画出的泵体（1号零件）零件图。

（1）分离零件，想象零件的结构、形状。根据装配图中各视图的投影轮廓中找出该零件的范围，再根据图中的剖面线及零件序号的标注范围，将泵体零件从装配图中分离出来，如图 7-22 所示。结合以上分析，该零件属箱体类零件，由包容轴孔、空腔的壳体及底座组成。

（2）确定零件的表达方案。根据零件的工作位置确定主视图的安放位置，并按形状特征原则决定其投射方向，该零件的主视图确定为图 7-23 所示位置；左视图即为原装配图中的主视方向；为表达底板形状及底板上安装孔的位置，通过其功能分析及想象补充完整，作出 B 向局部视图进行表达，如图 7-23 所示。

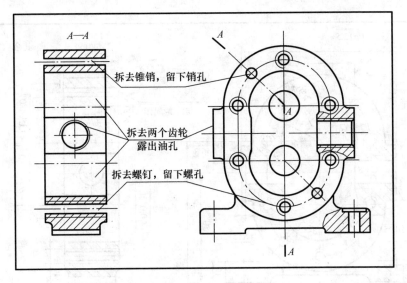

图 7-22 分离零件

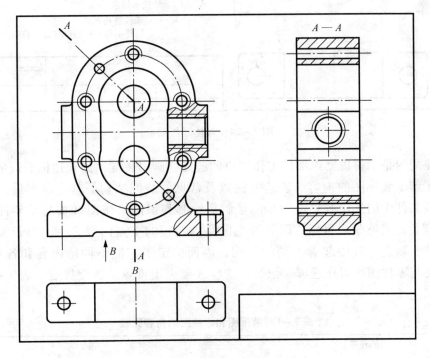

图 7-23 重新确定泵体的表达方案

(3) 标注尺寸及技术要求，填写标题栏。按照零件图的要求，并根据上述"抄""查""算""量"的步骤，正确、完整、清晰并尽可能合理地标注尺寸；再经过查阅标准和各种技术资料以及与同类零件的分析类比，标注各项技术要求，完成全图，如图 7-24 所示。

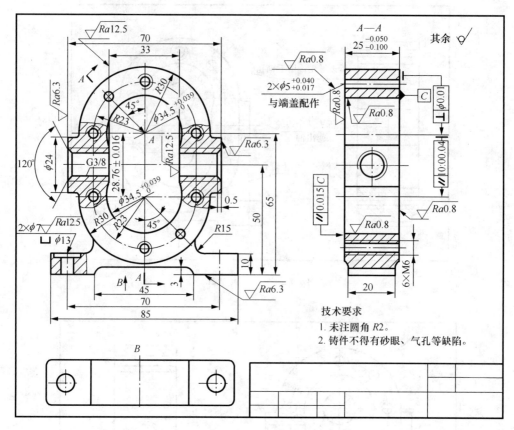

图 7-24 泵体零件图

读懂装配图是了解机器或部件工作特点的起点，画出装配图是表达机器或部件的最终目的。当了解了装配图的内容、表达方法以及常见的装配结构等基本内容后，才能对零件在机器或部件中的作用有更进一步的了解。绘制和识读机械图（核心是零件图和装配图）是本课程的最终学习目标，因此装配图是本课程的重点内容之一。由于装配图和零件图在设计、制造过程中起着不同的作用，因而决定了它们不同的内容和各自的特点。在学习时要与零件图作对比理解、记忆，这样才能突出重点，融会贯通。表 7-1 列出了二者的异同之处。

表 7-1 装配图和零件图的内容比较

图的种类 项目内容	零件图	装配图
视图方案选择	把零件的结构、形状和各部分相对位置完全表达和确定下来	表达工作原理、装配关系为主，各个零件结构形状不要求完全表达清楚
尺寸标注	标注全部尺寸	标注与安装、装配等有关尺寸

续表

图的种类 项目内容	零件图	装配图
尺寸公差	注偏差值或公差带代号	只注配合代号
形位公差	需注出	不需注出
表面粗糙度	需注出	不需注出
技术要求	为保证加工质量而设，多以代（符）号为主，文字说明为辅	标注性能、装配、调试等要求，多以文字表述为主
标题栏、序号和明细栏	有标题栏	除标题栏外，还有零件编号、明细栏，以助读图和管理

画装配图和读装配图是从不同途径培养形体表达能力和分析想象能力，同时也是一种综合运用制图知识、投影理论和制图技能的训练。因此，在绘制装配图和读装配图时应掌握以下要领：

（1）画装配图首先在于选择装配图的视图表达方案，而选择表达方案的关键则在于对部件的装配关系和工作情况进行分析，弄清它的装配干线。然后才能考虑选用哪些视图，在各视图上应作什么剖视图，才能将各装配干线上的装配关系表示清楚。

（2）画装配图时，先画主要装配线，后画次要装配线，由内而外，先定位置后画结构形状，先大体后细节等。

（3）读装配图并由装配图上拆画零件图的关键在于准确地分离零件，即在对装配体的工作原理、对照明细栏认识各零件及其相互关系的前提下，根据轮廓线、剖面线及零件序号所标注的范围，将所要拆画的零件从装配图中"剥离"下来，然后才能根据零件的类型进行视图选择、尺寸和技术要求的标注等工作。

7.7.3 读装配图举例

以图 7 - 25 所示的机用虎钳装配图为例，介绍读装配的方法和步骤。

1. 概括了解

（1）从标题栏、明细栏中可以看出，该部件是机械加工中用来夹持工件的夹具。机用虎钳共有十种零件，其中标准件为三种，其余为非标准件。

（2）分析工作原理：将扳手（图上未表示）套在螺杆 9 右端的方头处，转动螺杆时，方螺母 5 带动活动钳身 3 左右移动，虎钳的两钳口用于夹紧或松开。

（3）该装配体共用了三个基本视图来表示。主视图为通过螺杆轴线的全剖视图，表达了钳身 7、螺杆 9、方螺母 5、活动钳身 3 和钳口板 6 等零件的装配关系，并较好地反映了机用虎钳的形状特征。左视图采用了 A—A 阶梯剖视，左半部分表示钳身断面形状及钳口板与钳身连接部分的外形；右半部分表示活动钳身的断面形状及螺钉 4 与方螺母、螺杆的装配情况；还可表示出固定钳身与螺杆连接孔的位置。俯视图表示出了整个机用虎钳俯视情况，主

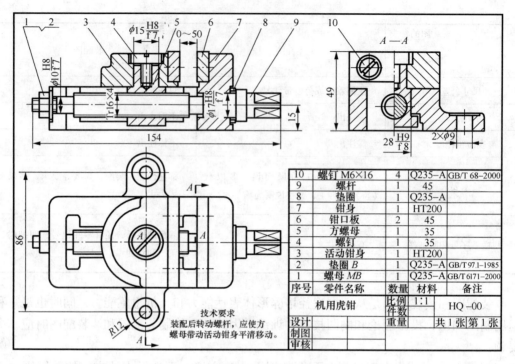

图 7-25 机用虎钳装配图

要表达安装位置关系。

2. 详细分析

机用虎钳中螺杆 9 的轴线是一条主要的装配干线。从主视图可以看出，螺杆左端装在螺母 1 中（螺母与活动钳身采用过盈配合装配在一起），其右端装配在钳身的孔中，并采用间隙配合，保证螺杆转动灵活。孔的上部装有垫圈 8，防止磨损。从左视图的 A—A 半剖视图中可以看出，钳身与方螺母之间采用间隙配合，并用螺钉与方螺母装配在一起，使活动钳身能沿着钳身上的导轨移动灵活、平稳，保证被夹紧的工件定位准确、牢靠。从俯视图中可以看出，活动钳身的右端有一个长方形的槽，用来保证两钳口的最大距离达到 50 mm。此时，螺杆左端进入活动钳身左端的圆柱孔中。图中 0~50 是机用虎钳的规格性能尺寸，154、49、R12 是外形尺寸，2×φ9、86 为安装尺寸，15 是重要的相对位置尺寸，其余都是装配尺寸。

3. 归纳总结

（1）机用虎钳的安装及工作原理。通过机用虎钳左右两端的钳口，用螺钉固定钳口板即可将工件固定在钳台上。

（2）机用虎钳的装配结构。机用虎钳零件间的连接方式均为可拆连接。因该部件工作时不需要高速运转，故不需要润滑。

（3）机用虎钳的拆装顺序。拆卸时，可依次拆下螺母 1、取出垫圈 2、螺钉 4、活动钳身 3、螺杆 9、方螺母 5、垫圈 8、螺钉 10、钳口板 6、钳身 7。

（4）由装配图拆画零件图。按照零件图的要求拆绘零件图。以方螺母 5 和钳身 7 为例，绘制零件图如图 7-26 和图 7-27 所示。

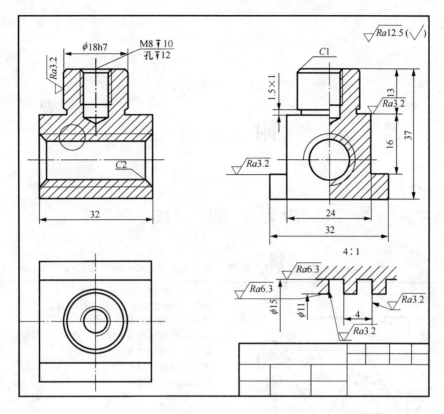

图 7-26 方螺母零件图

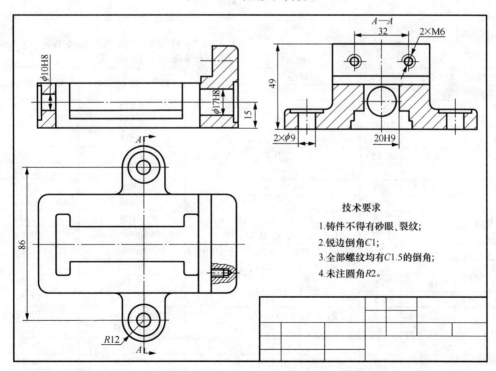

技术要求
1. 铸件不得有砂眼、裂纹；
2. 锐边倒角C1；
3. 全部螺纹均有C1.5的倒角；
4. 未注圆角R2。

图 7-27 钳身零件图

附 录

附录A 螺 纹

表 A-1 普通螺纹直径与螺距（摘自 GB/T 196-197—2003）　　（单位：mm）

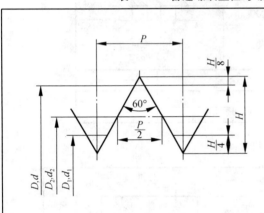

D——内螺纹的基本大径（公称直径）
d——外螺纹的基本大径（公称直径）
D_2——内螺纹的基本中径
d_2——外螺纹的基本中径
D_1——内螺纹的基本小径
d_1——外螺纹的基本小径
P——螺距
H——$\dfrac{\sqrt{3}}{2}P$

标注示例
M24（公称直径为24 mm、螺距为3 mm的粗牙右旋普通螺纹）
M24×1.5-LH（公称直径为24 mm、螺距为1.5 mm的细牙左旋普通螺纹）

公称直径 D、d		螺距 P		粗牙中径 D_2、d_2	粗牙小径 D_1、d_1
第一系列	第二系列	粗牙	细牙		
3		0.5	0.35	2.675	2.459
	3.5	(0.6)		3.100	2.850
4		0.7	0.5	3.545	3.242
	4.5	(0.75)		4.013	3.688
5		0.8		4.480	4.134
6		1	0.75 (0.5)	5.350	4.917
8		1.25	1, 0.75, (0.5)	7.188	6.647
10		1.5	1.25, 1, 0.75, (0.5)	9.026	8.376
12		1.75	1.5, 1.25, 1, 0.75, (0.5)	10.863	10.106
	14	2	1.5 (1.25), 1, (0.75), (0.5)	12.701	11.835
16		2	1.5, 1, (0.75), (0.5)	14.701	13.835
	18	2.5		16.376	15.294
20		2.5	1.5, 1, (0.75), (0.5)	18.376	17.294
	22	2.5	2, 1.5, 1, (0.75), (0.5)	20.376	19.294
24		3	2, 1.5, 1, (0.75)	22.051	20.752
	27	3	2, 1.5, 1, (0.75)	25.051	23.752
30		3.5	(3), 2, 1.5, 1, (0.75)	27.727	26.211

注：1. 优先选用第一系列，括号内尺寸尽可能不用，第三系列未列入。
　　2. M14×1.25 仅用于火花塞。

表 A-2 梯形螺纹（摘自 GB/T 5796.4—1986） （单位：mm）

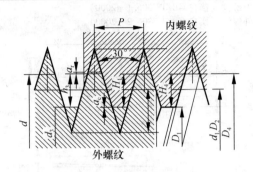

- d——外螺纹大径（公称直径）
- d_3——外螺纹小径
- D_4——内螺纹大径
- D_1——内螺纹小径
- d_2——外螺纹中径
- D_2——内螺纹中径
- P——螺距
- a_c——牙顶间隙
- $h_3 = H_4 + H_1 + a_c$

标记示例：

Tr40×7-7H（单线梯形内螺纹、公称直径 d = 40 mm、螺距 P = 7、右旋、中径公差带为 7H、中等旋合长度）

Tr×18（P9）LH-8c-L（双线梯形外螺纹、公称直径 d = 60 mm、导程 ph = 18、螺距 P = 9、左旋、中径公差带为 8c、长旋合长度）

梯形螺纹的基本尺寸

d 公称系列		螺距 P	中径 $d_2 = D_2$	大径 D_4	小径		d 公称系列		螺距 P	中径 $d_2 = D_2$	大径 D_4	小径	
第一系列	第二系列				d_3	D_1	第一系列	第二系列				d_3	D_1
8	—	1.5	7.25	8.3	6.2	6.5	32	—	6	29.0	33	25	26
—	9	2	8.0	9.5	6.5	7	—	34	6	31.0	35	27	28
10	—	2	9.0	10.5	7.5	8	36	—	6	33.0	37	29	30
—	11	2	10.0	11.5	8.5	9	—	38	7	34.5	39	30	31
12	—	3	10.5	12.5	8.5	9	40	—	7	36.5	41	32	33
—	14	3	12.5	14.5	10.5	11	—	42	7	38.5	43	34	35
16	—	4	14.0	16.5	11.5	12	44	—	7	40.5	45	36	37
—	18	4	16.0	18.5	13.5	14	—	46	8	42.0	47	37	38
20	—	4	18.0	20.5	15.5	16	48	—	8	44.0	49	39	40
—	22	5	19.5	22.5	16.5	17	—	50	8	46.0	51	41	42
24	—	5	21.5	24.5	18.5	19	52	—	8	48.0	53	43	44
—	26	5	23.5	26.5	20.5	21	—	55	9	50.5	56	45	46
28	—	5	25.5	28.5	22.5	23	60	—	9	55.5	61	50	51
—	30	6	27.0	31.0	23.0	24	—	65	10	60.0	66	54	55

注：1. 优先选用第一系列的直径。
2. 表中所列的螺距和直径，是优先选择的螺距及与之对应的直径。

表 A-3　55°密封管螺纹

第1部分　圆柱内螺纹与圆锥外螺纹（摘自 GB/T 7306.1—2000）
第2部分　圆锥内螺纹与圆锥外螺纹（摘自 GB/T 7306.2—2000）

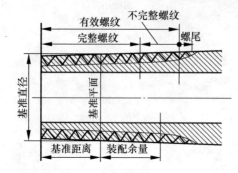

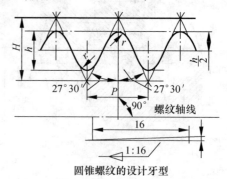

圆锥螺纹的设计牙型

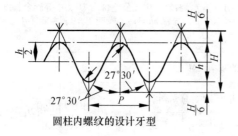

圆柱内螺纹的设计牙型

标注示例：
GB/T 7306.1—2000
$R_p3/4$（尺寸代号3/4，右旋，圆柱内螺纹）
R_13（尺寸代号3，右旋，圆锥外螺纹）
$R_p3/4LH$（尺寸代号3/4，左旋，圆柱内螺纹）
R_p/R_13（右旋圆锥螺纹，圆柱内螺纹螺纹副）

GB/T 7306.2—2000
$R_c3/4$（尺寸代号3/4，右旋，圆锥内螺纹）　　　　R_23（尺寸代号3，右旋，圆锥内螺纹）
$R_c3/4LH$（尺寸代号3/4，左旋，圆锥内螺纹）　　　R_2/R_23（右旋圆锥内螺纹、圆锥外螺纹螺纹副）

尺寸代号	每25.4 mm 内所含的牙数 n	螺距 P /mm	牙高 h /mm	基准平面内的基本直径			基准距离（基本）/mm	外螺纹的有效螺纹不小于/mm
				大径（基准直径）$d = D$/mm	中径 $d_2 = D_2$ /mm	小径 $d_1 = D_1$ /mm		
1/16	28	0.907	0.581	7.723	7.142	6.561	4	6.5
1/8	28	0.907	0.581	9.728	9.147	8.566	4	6.5
1/4	19	1.337	0.856	13.157	12.301	11.445	6	9.7
3/8	19	1.337	0.856	16.662	15.806	14.950	6.4	10.1
1/2	14	1.814	1.162	20.955	19.793	18.631	8.2	13.2
3/4	14	1.814	1.162	26.441	25.279	24.117	9.5	14.5
1	11	2.309	1.479	33.249	31.770	30.291	10.4	16.8
1 1/14	11	2.309	1.479	41.910	40.431	38.952	12.7	19.1
1 1/12	11	2.309	1.479	47.803	46.324	44.845	12.7	19.1
2	11	2.309	1.479	59.614	58.135	56.656	15.9	23.4
2 1/2	11	2.309	1.479	75.184	73.705	72.226	17.5	26.7
3	11	2.309	1.479	87.884	86.405	84.926	20.6	29.8
4	11	2.309	1.479	113.030	111.551	110.072	25.4	35.8
5	11	2.309	1.479	138.430	136.951	135.472	28.6	40.1
6	11	2.309	1.479	163.830	162.351	160.872	28.6	40.1

表 A-4 55°非密封管螺纹（摘自 GB/T 7307—2001）

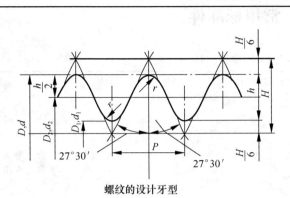

螺纹的设计牙型

标注示例：
G2（尺寸代号2，右旋，圆柱内螺纹）
G3A（尺寸代号3，右旋，A级圆柱外螺纹）
G2-LH（尺寸代号2，左旋，圆柱外螺纹）
G4B-LH（尺寸代号4，左旋，B级圆柱外螺纹）
注：$r = 0.137\,329P$
$P = 25.4/n$
$H = 0.960\,401P$

尺寸代号	每25.4 mm 内所含的牙数 n	螺距 P/mm	牙高 h/mm	基本直径		
				大径 $d = D$/mm	中径 $d_2 = D_2$/mm	小径 $d_1 = D_1$/mm
1/16	28	0.907	0.581	7.723	7.142	6.561
1/8	28	0.907	0.581	9.728	9.147	8.566
1/4	19	1.337	0.856	13.157	12.301	11.445
3/8	19	1.337	0.856	16.662	15.806	14.950
1/2	14	1.814	1.162	20.955	19.793	18.631
3/4	14	1.814	1.162	26.441	25.279	24.117
1	11	2.309	1.479	33.249	31.770	30.291
1 1/4	11	2.309	1.479	41.910	40.431	38.952
1 1/2	11	2.309	1.479	47.803	46.324	44.845
2	11	2.309	1.479	59.614	58.135	56.656
2 1/2	11	2.309	1.479	75.184	73.705	72.226
3	11	2.309	1.479	87.884	86.405	84.926
4	11	2.309	1.479	113.030	111.551	110.072
5	11	2.309	1.479	138.430	136.951	135.472
6	11	2.309	1.479	163.830	162.351	160.872

附录 B 常用标准件

表 B-1 六角头螺栓（一）　　　　　　　　　　（单位：mm）

六角头螺栓—A 和 B 级（摘自 GB/T 5782—2000）
六角头螺栓—细牙—A 和 B 级（摘自 GB/T 5785—2000）

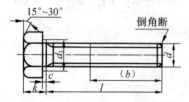

标记示例：
螺栓 GB/T 5782 M12×100
（螺纹规格 d = M12、公称长度 l = 100、性能等级为 8.8 级、表面氧化、杆身半螺纹、A 级的六角头螺栓）

六角头螺栓—全螺纹—A 和 B 级（摘自 BG/T 5783—2000）
六角头螺栓—细牙—全螺纹—A 和 B 级（摘自 GB/T 5786—2000）

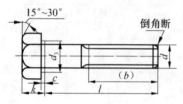

标记示例：
螺栓 GB/T 5786 M30×2×80
（螺纹规格 d = M30×2、公称长度 l = 80、性能等级为 8.8 级、表面氧化、全螺纹、B 级的细牙六角头螺栓）

螺纹规格	d	M4	M5	M6	M8	M10	M12	M16	M20	M24	M30	M36	M42	M48
	$D×P$	—	—	—	M8×1	M10×1	M12×1.5	M16×1.5	M20×2	M24×2	M30×2	M36×3	M42×3	M48×3
$b_{参考}$	$l≤125$	14	16	18	22	26	30	38	46	54	66	78	—	—
	$125<l≤200$	—	—	—	28	32	36	44	52	60	72	84	96	108
	$l>200$	—	—	—	—	—	—	57	65	73	85	97	109	121
c_{max}		0.4	0.5		0.6			0.8					1	
$k_{公称}$		2.8	3.5	4	5.3	6.4	7.5	10	12.5	15	18.7	22.5	26	30
s_{max}=公称		7	8	10	13	16	18	24	30	36	46	55	65	75
e_{min}	A	7.66	8.79	11.05	14.38	17.77	20.03	26.75	33.53	39.98	—	—	—	—
	B	—	8.63	10.89	14.2	17.59	19.85	26.17	32.95	39.55	50.85	60.79	72.02	82.6
d_{wmin}	A	5.9	6.9	8.9	11.6	14.6	16.6	22.5	28.2	33.6	—	—	—	—
	B	—	6.7	8.7	11.4	14.4	16.4	22	27.7	33.2	42.7	51.1	60.6	69.4
$l_{范围}$	GB 5782 / GB 5785	25~40	25~50	30~60	35~80	40~100	45~120	55~160	65~200	80~240	90~300	110~360 / 110~300	130~400	140~400
	GB 5783	8~40	10~50	12~60	16~80	20~100	25~100	35~100	40~100				80~500	100~500
	GB 5786	—	—	—	80	20~100	25~120	35~160	40~200				90~400	100~500
$l_{系列}$	GB 5782 GB 5785	20~65（5 进位）、70~160（10 进位）、180~400（20 进位）												
	GB 5783 GB 5786	6、8、10、12、16、18、20~65（5 进位）、70~160（10 进位）、180~500（20 进位）												

注：1. P——螺距。末端按 GB/T2—2000 规定。
　　2. 螺纹公差：6g；机械性能等级：8.8。
　　3. 产品等级：A 级用于 $d≤24$ 和 $l≤10d$ 或 ≤150 mm（按较小值）；
　　　　　　　　B 级用于 $d>24$ 和 $l>10d$ 或 >150 mm（按较小值）。

表 B-2 六角头螺栓（二） （单位：mm）

六角头螺栓—C 级（摘自 GB/T 5780—2000）

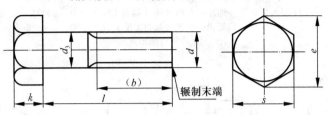

标记示例：
螺栓 GB/T 5780　M20×100
（螺纹规格 d = M20、公称长度 l = 100、性能等级为 4.8 级、不经表面处理、杆身半螺纹、C 级的六角头螺栓）

六角头螺栓—全螺纹—C 级（摘自 GB/T 5781—2000）

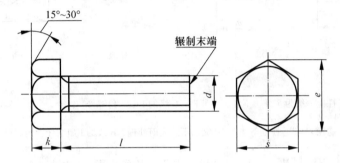

标记示例：
螺栓 GB/T 5781　M12×80
（螺纹规格 d = M12、公称长度 l = 80、性能等级为 4.8 级、不经表面处理、全螺纹、C 级的六角头螺栓）

螺纹规格 d		M5	M6	M8	M10	M12	M16	M20	M24	M30	M36	M42	M48
$b_{参考}$	l≤125	16	18	22	26	30	38	40	54	66	78	—	—
	125＜l≤1200	—	—	28	32	36	44	52	60	72	84	96	108
	l＜200	—	—	—	—	—	57	65	73	85	97	109	121
$k_{公称}$		3.5	4.0	5.3	6.4	7.5	10	12.5	15	18.7	22.5	26	30
s_{max}		8	10	13	16	18	24	30	36	46	55	65	75
c_{max}		8.63	10.9	14.2	17.6	19.9	26.2	33.0	39.6	50.9	60.8	72.0	82.6
d_{max}		5.48	6.48	8.58	10.6	12.7	16.7	20.8	24.8	30.8	37.0	45.0	49.0
$l_{范围}$	GB/T 5780—2000	25～50	30～60	35～80	40～100	45～120	55～160	65～200	80～240	90～300	110～300	160～420	180～480
	GB/T 5781—2000	10～40	12～50	16～65	20～80	25～100	35～100	40～100	50～100	60～100	70～100	80～420	90～480
$l_{系列}$		10、12、16、20～50（5 进位）、(55)、60、(65)、70～160（10 进位）、180、220～500（20 进位）											

注：1. 括号内的规格尺寸可能不用。末端按 GB/T 2—2000 规定。
　　2. 螺纹公差：8g（GB/T 5780—2000）；6g（GB/T 5781—2000）；机械能等级：4.6、4.8；产品等级：C。

表 B—3　I 型六角螺母

I 型六角螺母—A 和 B 级（摘自 GB/T 6170—2000）
I 型六角螺母—细牙—A 和 B 级（摘自 GB/T 6171—2000）
I 型六角螺母—C 级（摘自 GB/T 41—2000）
允许制造的形式

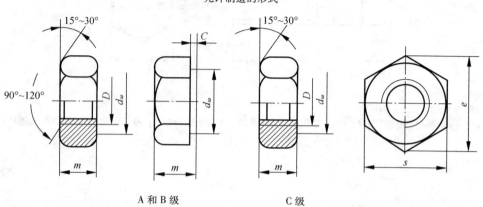

A 和 B 级　　　　C 级

标记示例：
螺母 GB/T 41　M12
（螺纹规格 D = M12、性能等级为 5 级、不经表面处理、C 级的 I 型六角螺母）
螺母 GB/T 6171　M24×2
（螺纹规格 D = M24、螺距 P = 2、性能等级为 10 级、不经表面处理、B 级的 I 型细牙六角螺母）

螺纹规格	D	M4	M5	M6	M8	M10	M12	M16	M20	M24	M30	M36	M42	M48
	$D×P$	—	—	—	M8×1	M10×1	M12×1.5	M16×1.5	M20×2	M24×2	M30×2	M36×3	M42×3	M48×3
c		0.4	0.5	0.5	0.6	0.6	0.6	0.6	0.8	0.8	0.8	0.8	1	1
s_{max}		7	8	10	13	16	18	24	30	36	46	55	65	75
e_{min}	A、B 级	7.66	8.79	11.05	14.38	17.77	20.03	26.75	32.95	39.95	50.85	60.79	72.02	82.6
	C 级	—	8.63	10.89	14.2	17.59	19.85	26.17	32.95	39.95	50.85	60.79	72.02	82.6
m_{max}	A、B 级	3.2	4.7	5.2	6.8	8.4	10.8	14.8	18	21.5	25.6	31	34	38
	C 级	—	5.6	6.1	7.9	9.5	12.2	15.9	18.7	22.3	26.4	31.5	34.9	38.9
d_{wmin}	A、B 级	5.9	6.9	8.9	11.6	14.6	16.6	22.5	27.7	33.2	42.7	51.1	60.6	69.4
	C 级	—	6.9	8.7	11.5	14.5	16.5	22	27.7	33.2	42.7	51.1	60.6	69.4

注：1. P——螺距。
2. A 级用于 D≤16 的螺母；B 级用于 D>16 的螺母；C 级用于 D≥5 的螺母。
3. 螺纹公差：A、B 级为 6H，C 级为 7H；机械性能等级：A、B 级为 6、8、10 级，C 级为 4、5 级。

附 录

表 B-4 双头螺柱（摘自 GB/T 897-900—1988）　　　（单位：mm）

$b_m = 1d$ （GB/T 897—1988）；　　$b_m = 1.25d$ （GB/T 898—1988）；　　$b_m = 1.5d$ （GB/T 899—1988）；
　　　　　　　　　　　　　　　　$b_m = 2d$ （GB/T 900—1988）

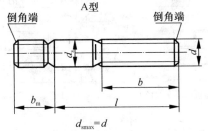
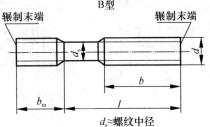

标记示例：
螺柱 GB/T 900—1988　M10×50
（两端均为粗牙普通螺纹、$d = 10$、$l = 50$、性能等级为 4.8 级、不经表面处理、B 型、$b_m = 2d$ 的双头螺柱）
螺柱 GB/T 900—1988　AM10-10×1×50
（旋入机体一端为粗牙普通螺纹、旋螺母端为螺距 $P = 1$ 的细牙普通螺纹、$d = 10$ mm、$l = 50$ mm、性能等级为 4.8 级、不经表面处理、A 型、$b_m = 2d$ 的双头螺柱）

螺纹规格 d	b_m（旋入机体端长度）				l/b（螺柱长度/旋螺母端长度）				
	GB/T 897	GB/T 898	GB/T 899	GB/T 900					
M4	—	—	6	8	$\frac{16 \sim 22}{8}$	$\frac{25 \sim 40}{14}$			
M5	5	6	8	10	$\frac{16 \sim 22}{10}$	$\frac{25 \sim 50}{16}$			
M6	6	8	10	12	$\frac{20 \sim 22}{10}$	$\frac{25 \sim 30}{14}$	$\frac{32 \sim 75}{18}$		
M8	8	10	12	16	$\frac{20 \sim 22}{12}$	$\frac{25 \sim 30}{16}$	$\frac{32 \sim 90}{22}$		
M10	10	12	15	20	$\frac{25 \sim 28}{14}$	$\frac{30 \sim 38}{16}$	$\frac{40 \sim 120}{26}$	$\frac{130}{32}$	
M12	12	15	18	24	$\frac{25 \sim 30}{14}$	$\frac{32 \sim 40}{16}$	$\frac{45 \sim 120}{26}$	$\frac{130 \sim 180}{32}$	
M16	16	20	24	32	$\frac{30 \sim 38}{16}$	$\frac{40 \sim 55}{20}$	$\frac{60 \sim 120}{30}$	$\frac{130 \sim 200}{36}$	
M20	20	25	30	40	$\frac{35 \sim 40}{20}$	$\frac{45 \sim 65}{30}$	$\frac{70 \sim 120}{38}$	$\frac{130 \sim 200}{44}$	
(M24)	24	30	36	48	$\frac{45 \sim 50}{25}$	$\frac{55 \sim 75}{35}$	$\frac{80 \sim 120}{46}$	$\frac{130 \sim 200}{52}$	
(M30)	30	38	45	60	$\frac{60 \sim 65}{40}$	$\frac{70 \sim 90}{50}$	$\frac{95 \sim 120}{66}$	$\frac{130 \sim 200}{72}$	$\frac{210 \sim 250}{85}$
M36	36	45	54	72	$\frac{65 \sim 75}{45}$	$\frac{80 \sim 110}{60}$	$\frac{120}{78}$	$\frac{130 \sim 200}{84}$	$\frac{210 \sim 300}{97}$
M42	42	52	63	84	$\frac{70 \sim 80}{50}$	$\frac{85 \sim 110}{70}$	$\frac{120}{90}$	$\frac{130 \sim 200}{96}$	$\frac{210 \sim 300}{109}$
M48	48	60	72	96	$\frac{80 \sim 90}{60}$	$\frac{95 \sim 110}{80}$	$\frac{120}{102}$	$\frac{130 \sim 200}{108}$	$\frac{210 \sim 300}{121}$

注：1. 尽可能不采用括号内的规格。末端按 GB/T 2—2000 规定。
　　2. $b_m = 1d$，一般用于钢对钢；$b_m = (1.25 \sim 1.5)d$，一般用于钢对铸铁；$b_m = 2d$，一般用于钢对铝合金。

表 B-5 螺钉（一） （单位：mm）

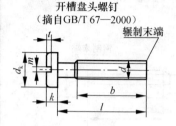
开槽盘头螺钉
（摘自GB/T 67—2000）

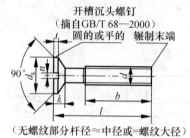
开槽沉头螺钉
（摘自GB/T 68—2000）

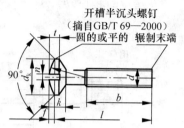
开槽半沉头螺钉
（摘自GB/T 69—2000）

（无螺纹部分杆径≈中径或=螺纹大径）

标记示例：
螺钉 GB/T 67　M5×60
（螺纹规格 d = M5、l = 60、性能等级为4.8级、不经表面处理的开槽盘头螺钉）

螺纹规格 d	P	b_{min}	n 公称	f	r_f	k_{max}		d_{kmax}		t_{min}			l 范围		全螺纹时最大长度	
				GB/T 69	GB/T 67	GB/T 68 GB/T 69	GB/T 67	GB/T 68 GB/T 69	GB/T 67	GB/T 68	GB/T 69	GB/T 67	GB/T 68 GB/T 69	GB/T 67	GB/T 68 GB/T 69
M2	0.4	25	0.5	4	0.5	1.3	1.2	4	3.8	0.5	0.4	0.8	2.5~20	3~20	30	
M3	0.5		0.8	6	0.7	1.8	1.65	5.6	5.5	0.7	0.6	1.2	4~30	5~30		
M4	0.7		1.2	9.5	1	2.4	2.7	8	8.4	1	1	1.6	5~40	6~40		
M5	0.8	38				1.2	3		9.5	9.3	1.	1.1	2	6~50	8~50		
M6	1		1.6	12	1.4	3.6	3.3	12	12	1.4	1.2	2.4	8~60	8~60	40	45
M8	1.25		2	16.5	2	4.8	4.65	16	16	1.9	1.8	3.2	10~80			
M10	1.5		2.5	19.5	2.3	6	5	20	20	2.4	2	3.8				

l 系列：2、2.5、3、4、5、6、8、10、12、(14)、16、20~50 (5 进位)、(55)、60、(65)、70、(75)、80

注：螺纹公差：6g；机械性能等级：4.8、5.8；产品等级：A。

表 B-6 螺钉（二） （单位：mm）

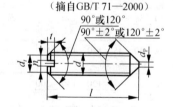
开槽锥端紧定螺钉
（摘自GB/T 71—2000）

开槽平端紧定螺钉
（摘自GB/T 73—2000）

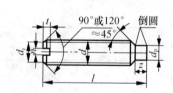
开槽长圆柱端紧定螺钉
（摘自GB/T 75—2000）

标记示例：
螺钉 GB/T 71　M5×20
（螺纹规格 d = M5、公称长度 l = 20、性能等级为14H级、表面氧化的开槽锥端紧定螺钉）

螺纹规格 d	P	d_t	d_{max}	d_{pmax}	n 公称	t_{max}	z_{max}	l 范围		
								GB 71	GB 73	GB 75
M2	0.4	螺纹小径	0.2	1	0.25	0.84	1.25	3~10	2~10	3~10
M3	0.5		0.3	2	0.4	1.05	1.75	4~16	3~16	5~16
M4	0.7		0.4	2.5	0.6	1.42	2.25	6~20	4~20	6~20
M5	0.8		0.5	3.5	0.8	1.63	2.75	8~25	5~25	8~25
M6	1		1.5	4	1	2	3.25	8~30	6~30	8~30
M8	1.25		2	5.5	1.2	2.5	4.3	10~40	8~40	10~40
M10	1.5		2.5	7	1.6	3	5.3	12~50	10~50	12~50
M12	1.75		3	8.5	2	3.6	6.3	14~60	12~60	14~60

l 系列：2、2.5、3、4、5、6、8、10、12、(14)、16、20、25、30、35、40、45、50、(55)、60

注：螺纹公差：6g；机械性能等级：14H、22H；产品等级：A。

表 B-7 内六角圆柱头螺钉（摘自 GB/T 70.1—2000）　　（单位：mm）

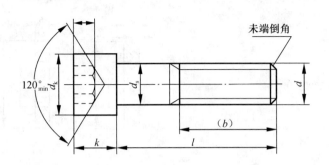
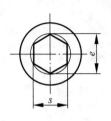

标记示例：
螺钉 GB/T 70.1　M5×20
（螺纹规格 d = M5、公称长度 l = 20、性能等级为 8.8 级、表面氧化的内六角圆柱头螺钉）

螺纹规格 d		M4	M5	M6	M8	M10	M12	(M14)	M16	M20	M24	M30	M36
螺距 P		0.7	0.8	1	1.25	1.5	1.75	2	2	2.5	3	3.5	4
$b_{参考}$		20	22	24	28	32	36	40	44	52	60	72	84
d_{kmax}	光滑头部	7	8.5	10	13	16	18	21	24	30	36	45	54
	滚花头部	7.22	8.72	10.22	13.27	16.27	18.27	21.33	24.33	30.33	36.39	45.39	54.46
k_{max}		4	5	6	8	10	12	14	16	20	24	30	36
t_{min}		2	2.5	3	4	5	6	7	8	10	12	15.5	19
$S_{公称}$		3	4	5	6	8	10	12	14	17	19	22	27
e_{min}		3.44	4.58	5.72	6.86	9.15	11.43	13.72	16	19.44	21.73	25.15	30.35
d_{smax}		4	5	6	8	10	12	14	16	20	24	30	36
$l_{范围}$		6~40	8~50	10~60	12~80	16~100	20~120	25~140	25~160	30~200	40~200	45~200	55~200
全螺纹时最大长度		25	25	30	35	40	45	55	55	65	80	90	100
$l_{系列}$		6、8、10、12、(14)、(16)、20~50（5 进位）、(55)、60、(65)、70~160（10 进位）、180、200											

注：1. 括号内的规格尽可能不用。末端按 GB/T 2—2000 规定。
　　2. 机械性能等级：8.8、12.9。
　　3. 螺纹公差：机械性能等级 8.8 级时为 6g，12.9 级时为 5g、6g。
　　4. 产品等级：A。

表 B-8　垫圈　　　　　　　　　　　　　　　　　　　　　　（单位：mm）

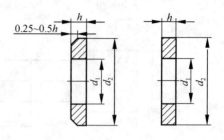

小垫圈—A 级（GB/T 848—2002）
平垫圈—A 级（GB/T 97.1—2000）
平垫圈—倒角型—A 级（GB/T 97.2—2000）

标记示例：
垫圈 GB/T 97.1
（标准系列、规格8、性能等级为140HV级、不经表面处理的平垫圈）

公称尺寸（螺纹规格 d）		1.6	2	2.5	3	4	5	6	8	10	12	14	16	20	24	30	36
d_1	GB/T 848	1.7	2.2	2.7	3.2	4.3	5.3	6.4	8.4	10.5	13	15	17	21	25	31	37
	GB/T 97.1																
	GB/T 97.2	—	—	—	—	—											
d_2	GB/T 848	3.5	4.5	5	6	8	9	11	15	18	20	24	28	34	39	50	60
	GB/T 97.1	4	5	6	7	9	10	12	16	20	24	28	30	37	44	56	66
	GB/T 97.2	—	—	—	—	—	10	12	16	20	24	28	30	37	44	56	66
h	GB/T 848	0.3	0.3	0.5	0.5	0.5	1	1.6	1.6	1.6	2	2.5	2.5	3	4	4	5
	GB/T 97.1																
	GB/T 97.2	—	—	—	—	—											

表 B-9　标准型弹簧垫圈（摘自 GB/T 93—1987）　　　　　　　　（单位：mm）

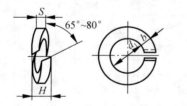 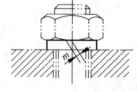

标记示例：
垫圈 GB/T 93　10
（规格10、材料为65Mn、表面氧化的标准型弹簧垫圈）

规格（螺纹大径）	4	5	6	8	10	12	16	20	24	30	36	42	48
$d_{1\min}$	4.1	5.1	6.1	8.1	10.2	12.2	16.2	20.2	24.5	30.5	36.5	42.5	48.5
$S=b_{公称}$	1.1	1.3	1.6	2.1	2.6	3.1	4.1	5	6	7.5	9	10.5	12
$m\leqslant$	0.55	0.65	0.8	1.05	1.3	1.55	2.05	2.5	3	3.75	4.5	5.25	6
$H_{\max}$	2.75	3.25	4	5.25	6.5	7.75	10.25	12.5	15	18.75	22.5	26.25	30

注：m 应大于零。

表 B-10　圆柱销（摘自 GB/T 119.1—2000）　　　　（单位：mm）

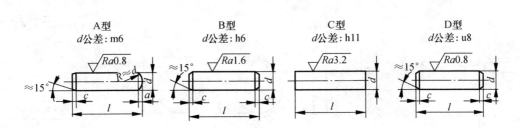

标记示例：
销 GB/T 119.1　6 m6×30
（公称直径 $d=6$、公差为 m6、公称长度 $l=30$、材料为钢、不经表面处理的圆柱销）
销 GB/T 119.1　6 m6×30—A1
（公称直径 $d=6$、公差为 m6、公称长度 $l=30$、材料为 A1 组奥氏体不锈钢、表面简单处理的圆柱销）

d（公称）m6/h8	2	3	4	5	6	8	10	12	16	20	25
$a=$	0.25	0.40	0.50	0.63	0.80	1.0	1.2	1.6	2.0	2.5	3.0
$c=$	0.35	0.5	0.63	0.8	1.2	1.6	2	2.5	3	3.5	4
$l_{范围}$	6~20	8~30	8~40	10~50	12~60	14~80	18~95	22~140	26~180	35~200	50~200
$l_{系列}$（公称）	2、3、4、5、6~32（2 进位）、35~100（5 进位）、120~≥200（按 20 递增）										

表 B-11　圆锥销（摘自 GB/T 117—2000）　　　　（单位：mm）

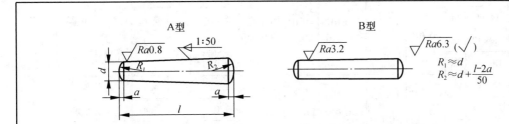

标记示例：
销 GB/T 117　10×60
（公称直径 $d=10$、长度 $l=60$、材料为 35 钢、热处理硬度 28~38HRC、表面氧化处理的 A 型圆锥销）

$d_{公称}$	2	2.5	3	4	5	6	8	10	12	16	20	25
$a\approx$	0.25	0.3	0.4	0.5	0.63	0.8	1.0	1.2	1.6	2.0	2.5	3.0
$l_{范围}$	10~35	10~35	12~45	14~55	18~60	22~90	22~120	26~160	32~180	40~200	45~200	50~200
$l_{系列}$	2、3、4、5、6~32（2 进位）、35~100（5 进位）、120~200（20 进位）											

表 B-12　普通平键键槽的尺寸及公差（摘自 GB/T 1095—2003）　（单位：mm）

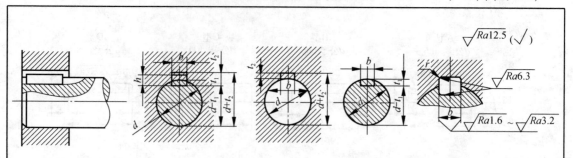

注：在工作图中，轴槽深用 t_1 或 $(d-t_1)$ 标注，轮毂槽深用 $(d+t_2)$ 标注。

轴的直径 d	键尺寸 $b \times h$	键槽 宽度 b 基本尺寸	极限偏差 正常连接 轴 N9	极限偏差 正常连接 毂 JS9	极限偏差 紧密连接 轴和毂 P9	极限偏差 松连接 轴 H9	极限偏差 松连接 毂 D10	深度 轴 t_1 基本尺寸	深度 轴 t_1 极限偏差	深度 毂 t_2 基本尺寸	深度 毂 t_2 极限偏差	半径 r min	半径 r max
自 6~8	2×2	2	-0.004 -0.029	±0.0125	-0.006 -0.031	+0.025 0	+0.060 +0.020	1.2	+0.1 0	1.0	+0.1 0	0.08	0.16
>8~10	3×3	3						1.8		1.4			
>10~12	4×4	4	0 -0.030	±0.015	-0.012 -0.042	+0.030 0	+0.078 +0.030	2.5		1.8			
>12~17	5×5	5						3.0		2.3			
>17~22	6×6	6						3.5		2.8		0.16	0.25
>22~30	8×7	8	0 -0.036	±0.018	-0.015 -0.051	+0.036 0	+0.098 +0.040	4.0		3.3			
>30~38	10×8	10						5.0		3.3			
>38~44	12×8	12	0 -0.043	±0.026	-0.018 -0.061	+0.043 0	+0.120 +0.050	5.0		3.3			
>44~50	14×9	14						5.5		3.8		0.25	0.40
>50~58	16×10	16						6.0		4.3			
>58~65	18×11	18						7.0	+0.2 0	4.4	+0.2 0		
>65~75	20×12	20	0 -0.052	±0.031	-0.022 -0.074	+0.052 0	+0.149 +0.065	7.5		4.9			
>75~85	22×14	22						9.0		5.4		0.40	0.60
>85~95	25×14	25						9.0		5.4			
>95~110	28×16	28						10.0		6.4			
>110~130	32×18	32						11.0		7.4			
>130~150	36×20	36	0 -0.062	±0.037	-0.026 -0.088	+0.062 0	+0.180 +0.080	12.0	+0.3 0	8.4	+0.3 0	0.70	1.0
>150~170	40×22	40						13.0		9.4			
>170~200	45×25	45						15.0		10.4			

注：$(d-t_1)$ 和 $(d+t_2)$ 两组组合尺寸的极限偏差按相应的 t_1 和 t_2 的极限偏差选取，但 $(d-t_1)$ 极限偏差应取负号 $(-)$。

B-13 普通平键的尺寸与公差（摘自 GB/T 1096—2003） （单位：mm）

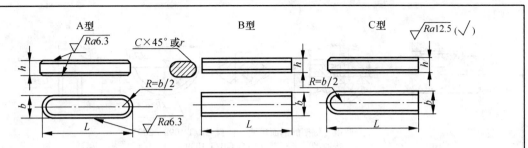

标记示例：
圆头普通平键（A 型）、$b=18$、$h=11$、$L=100$；GB/T 1096—2003 键 $18\times11\times100$
平头普通平键（B 型）、$b=18$、$h=11$、$L=100$；GB/T 1096—2003 键 B $18\times11\times100$
单圆头普通平键（C 型）、$b=18$、$h=11$、$L=100$；GB/T 1096—2003 键 C $18\times11\times100$

宽度 b	基本尺寸	2	3	4	5	6	8	10	12	14	16	18	20	22
	极限偏差（h8）	0 −0.014			0 −0.018			0 −0.022			0 −0.027		0 −0.033	

高度 h		基本尺寸	2	3	4	5	6	7	8	9	10	11	12	14
	极限偏差	矩形（h11）	—			—				0 −0.090			0 −0.010	
		方形（h8）	0 −0.014			0 −0.018		—		—			—	

倒角或圆角 s	0.16 ~ 0.25	0.25 ~ 0.40	0.40 ~ 0.60	0.60 ~ 0.80

长度 L														
基本尺寸	极限偏差（h14)													
6	0 −0.36			—	—	—	—	—	—	—	—	—	—	—
8						—	—	—	—	—	—	—	—	—
10							—	—	—	—	—	—	—	—
12	0 −0.48							—	—	—	—	—	—	—
14								—	—	—	—	—	—	—
16									—	—	—	—	—	—
18									—	—	—	—	—	—
20										—	—	—	—	—
22	0 −0.52	—			标准					—	—	—	—	—
25		—									—	—	—	—
28		—	—								—	—	—	—
32		—	—									—	—	—
36	0 −0.62	—	—	—								—	—
40		—	—	—								—	—	—
45		—	—	—	—		长度						—	—
50		—	—	—	—									—
56		—	—	—	—	—								
63	0 −0.74	—	—	—	—	—								
70		—	—	—	—	—	—							
80		—	—	—	—	—	—							
90	0 −0.87	—	—	—	—	—	—	—		范围				
100		—	—	—	—	—	—	—						
110		—	—	—	—	—	—	—						
125		—	—	—	—	—	—	—	—					
140	0 −1.00	—	—	—	—	—	—	—	—					
160		—	—	—	—	—	—	—	—	—				
180		—	—	—	—	—	—	—	—	—				
200	0 −1.15	—	—	—	—	—	—	—	—	—	—			
220		—	—	—	—	—	—	—	—	—	—	—		
250		—	—	—	—	—	—	—	—	—	—	—		

表 B-14 半圆键（摘自 GB/T 1098—2003、GB/T 1099—2003） （单位：mm）

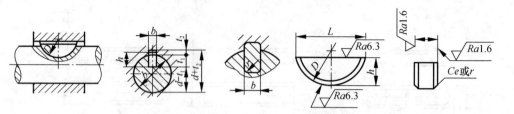

半圆键　键槽的剖面尺寸（摘自 GB/T 1098—2003）
普通型　半圆键（摘自 GB/T 1099—2003）

标记示例：
宽度 $b=6$，高度 $h=10$，直径 $D=25$，普通型半圆键的标记为：
GB/T 1099.1 键 $6×10×25$

键尺寸				键槽					半径 r
b	h (h11)	D (h12)	c	轴		轮毂 t_2			
				t_1	极限偏差	t_2	极限偏差		
1.0	1.4	4	0.16~0.25	1.0	+0.1 0	0.6	+0.1 0		0.16~0.25
1.5	2.6	7		2.0		0.8			
2.0	2.6	7		1.8		1.0			
2.0	3.7	10		2.7		1.0			
2.5	3.7	10		3.8		1.2			
3.0	5.0	13		5.3		1.4			
3.0	6.5	16		5.0		1.4			
4.0	6.5	16	0.25~0.40	6.0	+0.2 0	1.8			0.25~0.40
4.0	7.5	19		4.5		1.8			
5.0	6.5	16		5.5		2.3			
5.0	7.5	19		7.0		2.3			
5.0	9.0	22		6.5		2.3			
6.0	9.0	22		7.5		2.8			
6.0	10.0	25	0.40~0.60	8.0	+0.3 0	2.8	+0.2 0		0.40~0.60
8.0	11.0	28		10.0		3.3			
10.0	13.0	32				3.3			

注：1. 在图样中，轴槽深用 t_1 或 $(d-t_1)$ 标注，轮毂槽深用 $(d+t_2)$ 标注。$(d-t_1)$ 和 $(d+t_2)$ 的两个组合尺寸的极限偏差按相应的 t_1 和 t_2 的极限偏差选取，但 $(d-t_1)$ 极限偏差应为负偏差。
　　2. 键长 L 的两端允许倒成圆角，倒角半径 $r=0.5~1.5$ mm。
　　3. 键宽 b 的下偏差统一为"-0.025"。

表 B-15 滚动轴承 （单位：mm）

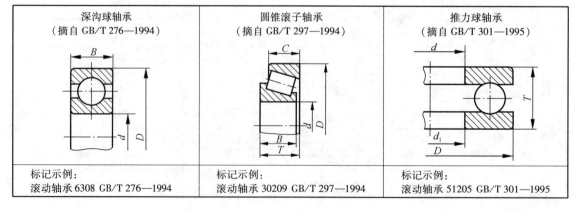

深沟球轴承 （摘自 GB/T 276—1994）	圆锥滚子轴承 （摘自 GB/T 297—1994）	推力球轴承 （摘自 GB/T 301—1995）
标记示例： 滚动轴承 6308 GB/T 276—1994	标记示例： 滚动轴承 30209 GB/T 297—1994	标记示例： 滚动轴承 51205 GB/T 301—1995

续表

轴承型号	尺寸/mm			轴承型号	尺寸/mm					轴承型号	尺寸/mm			
	d	D	B		d	D	B	C	T		d	D	T	d_1
尺寸系列[(0)2]				尺寸系列[02]						尺寸系列[12]				
6202	15	35	11	30203	17	40	12	11	13.25	51202	15	32	12	17
6203	17	40	12	30204	20	47	14	12	15.25	51203	17	35	12	19
6204	20	47	14	30205	25	52	15	13	16.25	51204	20	40	14	22
6205	25	52	15	30206	30	62	16	14	17.25	51205	25	47	15	27
6206	30	62	16	30207	35	72	17	15	18.25	51206	30	52	16	32
6207	35	72	17	30208	40	80	18	16	19.75	51207	35	62	18	37
6208	40	80	18	30209	45	85	19	16	20.75	51208	40	68	19	42
6209	45	85	19	30210	50	90	20	17	21.75	51209	45	73	20	47
6210	50	90	20	30211	55	100	21	18	22.75	51210	50	78	22	52
6211	55	100	21	30212	60	110	22	19	23.75	51211	55	90	25	57
6212	60	110	22	30213	65	120	23	20	24.75	51212	60	95	26	62
尺寸系列[(0)3]				尺寸系列[03]						尺寸系列[13]				
6302	15	42	13	30302	15	42	13	11	14.25	51304	20	47	18	22
6303	17	47	14	30303	17	47	14	12	15.25	51305	25	52	18	27
6304	20	52	15	30304	20	52	15	13	16.25	51306	30	60	21	32
6305	25	62	17	30305	25	62	17	15	18.25	51307	35	68	24	37
6306	30	72	19	30306	30	72	19	16	20.75	51308	40	78	26	42
6307	35	80	21	30307	35	80	21	18	22.75	51309	45	85	28	47
6308	40	90	23	30308	40	90	23	20	25.25	51310	50	95	31	52
6309	45	100	25	30309	45	100	25	22	27.25	51311	55	105	35	57
6310	50	110	27	30310	50	110	27	23	29.25	51312	60	110	35	62
6311	55	120	29	30311	55	120	29	25	31.50	51313	65	115	36	67
6312	60	130	31	30312	60	130	31	26	33.50	51314	70	125	40	72

注：圆括号中的尺寸系列代号在轴承代号中省略。

附录 C 极限与配合

表 C-1 基本尺寸小于 500 mm 的标准公差　　　　　　　　（单位：μm）

基本尺寸/mm	公差等级																		
	TT01	TT0	TT1	TT2	TT3	TT4	TT5	TT6	TT7	TT8	TT9	TT10	TT11	TT12	TT13	TT14	TT15	TT16	TT17	TT18
≤3	0.3	0.5	0.8	1.2	2	3	4	6	10	14	25	40	60	100	140	250	400	600	1 000	1 400
>3~6	0.4	0.6	1	1.5	2.5	4	5	8	12	18	30	48	75	120	180	300	480	750	1 200	1 800
>6~10	0.4	0.6	1	1.5	2.5	4	6	9	15	22	36	58	90	150	220	360	580	900	1 500	2 200
>10~18	0.5	0.8	1.2	2	3	5	8	11	18	27	43	70	110	180	270	430	700	1 100	1 800	2 700
>18~30	0.6	1	1.5	2.5	4	6	9	13	21	33	52	84	130	210	330	520	840	1 300	2 100	3 300
>30~50	0.7	1	1.5	2.5	4	7	11	16	25	39	62	100	160	250	390	620	1 000	1 600	2 500	3 900
>50~80	0.8	1.2	2	3	5	8	13	19	30	46	74	120	190	300	460	740	1 200	1 900	3 000	4 600
>80~120	1	1.5	2.5	4	6	10	15	22	35	54	87	140	220	350	540	870	1 400	2 200	3 500	5 400
>120~180	1.2	2	3.5	5	8	12	18	25	40	63	100	160	250	400	630	1 000	1 600	2 500	4 000	6 300
>180~250	2	3	4.5	7	10	14	20	29	46	72	115	185	290	460	720	1 150	1 850	2 900	4 600	7 200
>250~315	2.5	4	6	8	12	16	23	32	52	81	130	210	320	520	810	1 300	2 100	3 200	5 200	8 100
>315~400	3	5	7	9	13	18	25	36	57	89	140	230	360	570	890	1 400	2 300	3 600	5 700	8 900
>400~500	4	6	8	10	15	20	27	40	63	97	155	250	400	630	970	1 550	2 500	4 000	6 300	9 700

表 C-2 轴的极限偏差（摘自 GB/T 1008.4—1999） （单位：μm）

基本尺寸 /mm	常用及优先公差带（带圈者为优先公差带）												
	a	b		c			d				e		
	11	11	12	9	10	⑪	8	⑨	10	11	7	8	9
>0~3	-270 -330	-140 -200	-140 -240	-60 -85	-60 -100	-60 -120	-20 -34	-20 -45	-20 -60	-20 -80	-14 -24	-14 -28	-14 -39
>3~6	-270 -345	-140 -215	-140 -260	-70 -100	-70 -118	-70 -145	-30 -48	-30 -60	-30 -78	-30 -105	-20 -32	-20 -38	-20 -50
>6~10	-280 -370	-150 -240	-150 -300	-80 -116	-80 -138	-80 -170	-40 -62	-40 -79	-40 -98	-40 -130	-25 -40	-25 -47	-25 -61
>10~14	-290 -400	-150 -260	-150 -330	-95 -138	-95 -165	-95 -205	-50 -77	-50 -93	-50 -120	-50 -160	-32 -50	-32 -59	-32 -75
>14~18													
>18~24	-300 -430	-160 -290	-160 -370	-110 -162	-110 -194	-110 -240	-65 -98	-65 -117	-65 -149	-65 -195	-40 -61	-40 -73	-40 -92
>24~30													
>30~40	-310 -470	-170 -330	-170 -420	-120 -182	-120 -220	-120 -280	-80 -119	-80 -142	-80 -180	-80 -240	-50 -75	-50 -89	-50 -112
>40~50	-320 -480	-180 -340	-180 -430	-130 -192	-130 -230	-130 -290							
>50~65	-340 -530	-190 -380	-190 -490	-140 -214	-140 -260	-140 -330	-100 -146	-100 -174	-100 -220	-100 -290	-60 -90	-60 -106	-60 -134
>65~80	-360 -550	-200 -390	-200 -500	-150 -224	-150 -270	-150 -340							
>80~100	-380 -600	-220 -440	-220 -570	-170 -257	-170 -310	-170 -390	-120 -174	-120 -207	-120 -260	-120 -340	-72 -109	-72 -126	-72 -159
>100~120	-410 -630	-240 -460	-240 -590	-180 -267	-180 -320	-180 -400							
>120~140	-460 -710	-260 -510	-260 -660	-200 -300	-200 -360	-200 -450	-145 -208	-145 -245	-145 -305	-145 -395	-85 -125	-85 -148	-85 -185
>140~160	-520 -770	-280 -530	-280 -680	-210 -310	-210 -370	-210 -460							
>160~180	-580 -830	-310 -560	-310 -710	-230 -330	-230 -390	-230 -480							
>180~200	-660 -950	-340 -630	-340 -800	-240 -355	-240 -425	-240 -530	-170 -242	-170 -285	-170 -355	-170 -460	-100 -146	-100 -172	-100 -215
>200~225	-740 -1 030	-380 -670	-380 -840	-260 -375	-260 -445	-260 -550							
>225~250	-820 -1 110	-420 -710	-420 -880	-280 -395	-280 -465	-280 -570							
>250~280	-920 -1 240	-480 -800	-480 -1 000	-300 -430	-300 -510	-300 -620	-190 -271	-190 -320	-190 -400	-190 -510	-110 -162	-110 -191	-110 -240
>280~315	-1050 -1 370	-540 -860	-540 -1 060	-330 -460	-330 -540	-330 -650							
>315~355	-1 200 -1 560	-600 -960	-600 -1 170	-360 -500	-360 -590	-360 -720	-210 -299	-210 -350	-210 -440	-210 -570	-125 -182	-125 -214	-125 -265
>355~400	-1 350 -1 710	-680 -1 040	-680 -1 250	-400 -540	-400 -630	-400 -760							
>400~450	-1 500 -1 900	-760 -1 160	-760 -1 390	-440 -595	-440 -690	-440 -840	-230 -327	-230 -385	-230 -480	-230 -630	-135 -198	-135 -232	-135 -290
>450~500	-1 650 -2 050	-840 -1 240	-840 -1 470	-480 -635	-480 -730	-480 -880							

附 录   231

续表

基本尺寸 /mm	常用及优先公差带（带圈者为优先公差带）														
	f					g			h						
	5	6	⑦	8	9	5	⑥	7	5	⑥	⑦	8	⑨	10	⑪	12
>0~3	-6 -10	-6 -12	-6 -16	-6 -20	-6 -31	-2 -6	-2 -8	-2 -12	0 -4	0 -6	0 -10	0 -14	0 -25	0 -40	0 -60	0 -100
>3~6	-10 -15	-10 -18	-10 -22	-10 -28	-10 -40	-4 -9	-4 -12	-4 -16	0 -5	0 -8	0 -12	0 -18	0 -30	0 -48	0 -75	0 -120
>6~10	-13 -19	-13 -22	-13 -28	-13 -35	-13 -49	-5 -11	-5 -14	-5 -20	0 -6	0 -9	0 -15	0 -22	0 -36	0 -58	0 -90	0 -150
>10~14 >14~18	-16 -24	-16 -27	-16 -34	-16 -43	-16 -59	-6 -14	-6 -17	-6 -24	0 -8	0 -11	0 -18	0 -27	0 -43	0 -70	0 -110	0 -180
>18~24 >24~30	-20 -29	-20 -33	-20 -41	-20 -53	-20 -72	-7 -16	-7 -20	-7 -28	0 -9	0 -13	0 -21	0 -33	0 -52	0 -84	0 -130	0 -210
>30~40 >40~50	-25 -36	-25 -41	-25 -50	-25 -64	-25 -87	-9 -20	-9 -25	-9 -34	0 -11	0 -16	0 -25	0 -39	0 -62	0 -100	0 -160	0 -250
>50~65 >65~80	-30 -43	-30 -49	-30 -60	-30 -76	-30 -104	-10 -23	-10 -29	-10 -40	0 -13	0 -19	0 -30	0 -46	0 -74	0 -120	0 -190	0 -300
>80~100 >100~120	-36 -51	-36 -58	-36 -71	-36 -90	-36 -123	-12 -27	-12 -34	-12 -47	0 -15	0 -22	0 -35	0 -54	0 -87	0 -140	0 -220	0 -350
>120~140 >140~160 >160~180	-43 -61	-43 -68	-43 -83	-43 -106	-43 -143	-14 -32	-14 -39	-14 -54	0 -18	0 -25	0 -40	0 -63	0 -100	0 -160	0 -250	0 -400
>180~200 >200~225 >225~250	-50 -70	-50 -79	-50 -96	-50 -122	-50 -165	-15 -35	-15 -44	-15 -61	0 -20	0 -29	0 -46	0 -72	0 -115	0 -185	0 -290	0 -460
>250~280 >280~315	-56 -79	-56 -88	-56 -108	-56 -137	-56 -186	-17<>-40	-17 -49	-17 -69	0 -23	0 -32	0 -52	0 -81	0 -130	0 -210	0 -320	0 -520
>315~355 >355~400	-62 -87	-62 -98	-62 -119	-62 -151	-62 -202	-18 -43	-18 -54	-18 -75	0 -25	0 -36	0 -57	0 -89	0 -140	0 -230	0 -360	0 -570
>400~450 >450~500	-68 -95	-68 -108	-68 -131	-68 -165	-68 -223	-20 -47	-20 -60	-20 -83	0 -27	0 -40	0 -63	0 -97	0 -155	0 -250	0 -400	0 -630

续表

基本尺寸 /mm	常用及优先公差带（带圈者为优先公差带）													
	js			k			m			n			p		
	5	⑥	7	5	⑥	7	5	6	7	5	⑥	7	5	⑥	7
>0~3	±2	±3	±5	+4 0	+6 0	+10 0	+6 +2	+8 +2	+12 +2	+8 +4	+10 +4	+14 +4	+10 +6	+12 +6	+16 +6
>3~6	±2.5	±4	±6	+6 +1	+9 +1	+13 +1	+9 +4	+12 +4	+16 +4	+13 +8	+16 +8	+20 +8	+17 +12	+20 +12	+24 +12
>6~10	±3	±4.5	±7	+7 +1	+10 +1	+16 +1	+12 +6	+15 +6	+21 +6	+16 +10	+19 +10	+25 +10	+21 +15	+24 +15	+30 +15
>10~14	±4	±5.5	±9	+9 +1	+12 +1	+19 +1	+15 +7	+18 +7	+25 +7	+20 +12	+23 +12	+30 +12	+26 +18	+29 +18	+36 +18
>14~18															
>18~24	±4.5	±6.5	±10	+11 +2	+15 +2	+23 +2	+17 +8	+21 +8	+29 +8	+24 +15	+28 +15	+36 +15	+31 +22	+35 +22	+43 +22
>24~30															
>30~40	±5.5	±8	±12	+13 +2	+18 +2	+27 +2	+20 +9	+25 +9	+34 +9	+28 +17	+33 +17	+42 +17	+37 +26	+42 +26	+51 +26
>40~50															
>50~65	±6.5	±9.5	±15	+15 +2	+21 +2	+32 +2	+24 +11	+30 +11	+41 +11	+33 +20	+39 +20	+50 +20	+45 +32	+51 +32	+62 +32
>65~80															
>80~100	±7.5	±11	±17	+18 +3	+25 +3	+38 +3	+28 +13	+35 +13	+48 +13	+38 +23	+45 +23	+58 +23	+52 +37	+59 +37	+72 +37
>100~120															
>120~140	±9	±12.5	±20	+21 +3	+28 +3	+43 +3	+33 +15	+40 +15	+55 +15	+45 +27	+52 +27	+67 +27	+61 +43	+68 +43	+83 +43
>140~160															
>160~180															
>180~200	±10	±14.5	±23	+24 +4	+33 +4	+50 +4	+37 +17	+46 +17	+63 +17	+51 +31	+60 +31	+77 +31	+70 +50	+79 +50	+96 +50
>200~225															
>225~250															
>250~280	±11.5	±16	±26	+27 +4	+36 +4	+56 +4	+43 +20	+52 +20	+72 +20	+57 +34	+66 +34	+86 +34	+79 +56	+88 +56	+108 +56
>280~315															
>315~355	±12.5	±18	±28	+29 +4	+40 +4	+61 +4	+46 +21	+57 +21	+78 +21	+62 +37	+73 +37	+94 +37	+87 +62	+98 +62	+119 +62
>355~400															
>400~450	±13.5	±20	±31	+32 +5	+45 +5	+68 +5	+50 +23	+63 +23	+86 +23	+67 +40	+80 +40	+103 +40	+95 +68	+108 +68	+131 +68
>450~500															

续表

基本尺寸 /mm	常用及优先公差带（带圈者为优先公差带）														
	τ			s			t			u		v	x	y	x
	5	6	7	5	⑥	7	5	6	7	⑥	7	6	6	6	6
>0~3	+14 +10	+16 +10	+20 +10	+18 +14	+20 +14	+24 +14	—	—	—	+24 +18	+28 +18	—	+26 +20	—	+32 +26
>3~6	+20 +15	+23 +15	+27 +15	+24 +19	+27 +19	+31 +19	—	—	—	+31 +23	+35 +23	—	+36 +28	—	+43 +35
>6~10	+25 +19	+28 +19	+34 +19	+29 +23	+32 +23	+38 +23	—	—	—	+37 +28	+43 +28	—	+43 +34	—	+51 +42
>10~14	+31 +23	+34 +23	+41 +23	+36 +28	+39 +28	+46 +28	—	—	—	+44 +33	+51 +33	—	+51 +40	—	+61 +50
>14~18												+50 +39	+56 +45	—	+71 +60
>18~24	+37 +28	+41 +28	+49 +28	+44 +35	+48 +35	+56 +35	—	—	—	+54 +41	+62 +41	+60 +47	+67 +54	+76 +63	+86 +73
>24~30							+50 +41	+54 +41	+62 +41	+61 +48	+69 +48	+68 +55	+77 +64	+88 +75	+101 +88
>30~40	+45 +34	+50 +34	+59 +34	+54 +43	+59 +43	+68 +43	+59 +48	+64 +48	+73 +48	+76 +60	+85 +60	+84 +68	+96 +80	+110 +94	+128 +112
>40~50							+65 +54	+70 +54	+79 +54	+86 +70	+95 +70	+97 +81	+113 +97	+130 +114	+152 +136
>50~65	+54 +41	+60 +41	+71 +41	+66 +53	+72 +53	+83 +53	+79 +66	+85 +66	+96 +66	+106 +87	+117 +87	+121 +102	+141 +122	+163 +144	+191 +172
>65~80	+56 +43	+62 +43	+73 +43	+72 +59	+78 +59	+89 +59	+88 +75	+94 +75	+105 +75	+121 +102	+132 +102	+139 120+	+165 +146	+193 +174	+229 +210
>80~100	+66 +51	+73 +51	+86 +51	+86 +71	+93 +71	+106 +91	+106 +91	+113 +91	+126 +91	+146 +124	+159 +124	+168 +146	+200 +178	+236 +214	+280 +258
>100~120	+69 +54	+76 +54	+89 +54	+94 +79	+101 +79	+114 +79	+110 +104	+126 +104	+136 +104	+166 +144	+179 +144	+194 +172	+232 +210	+276 +254	+332 +310
>120~140	+81 +63	+88 +63	+103 +63	+110 +92	+117 +92	+132 +92	+140 +122	+147 +122	+162 +122	+195 +170	+210 +170	+227 +202	+273 +248	+325 +300	+390 +365
>140~160	+83 +65	+90 +65	+105 +65	+118 +100	+125 +100	+140 +100	+152 +134	+159 +134	+174 +134	+215 +190	+230 +190	+253 +228	+305 +280	+365 +340	+440 +415
>160~180	+86 +68	+93 +68	+108 +68	+126 +108	+133 +108	+148 +108	+164 +146	+171 +146	+186 +146	+235 +210	+250 +210	+277 +252	+335 +310	+405 +380	+490 +465
>180~200	+97 +77	+106 +77	+123 +77	+142 +122	+151 +122	+168 +122	+186 +166	+195 +166	+212 +166	+265 +236	+282 +236	+313 +284	+379 +350	+454 +425	+549 +520
>200~225	+100 +80	+109 +80	+126 +80	+150 +130	+159 +130	+176 +130	+200 +180	+209 +180	+226 +180	+287 +258	+304 +258	+339 +310	+414 +385	+499 +470	+604 +575
>225~250	+104 +84	+113 +84	+130 +84	+160 +140	+169 +140	+186 +140	+216 +196	+225 +196	+242 +196	+313 +284	+330 +284	+369 +340	+454 +425	+549 +520	+669 +640
>250~280	+117 +94	+126 +94	+146 +94	+181 +158	+290 +158	+210 +158	+241 +218	+250 +218	+270 +218	+347 +315	+367 +315	+417 +385	+507 +475	+612 +580	+742 +710
>280~315	+121 +98	+130 +98	+150 +98	+193 +170	+202 +170	+222 +170	+263 +240	+272 +240	+292 +240	+382 +350	+402 +350	+457 +425	+557 +525	+682 +650	+822 +790
>315~355	+133 +108	+144 +108	+165 +108	+215 +190	+226 +190	+247 +190	+293 +268	+304 +268	+325 +268	+426 +390	+447 +390	+511 +475	+626 +590	+766 +730	+936 +900
>355~400	+139 +114	+150 +114	+171 +114	+233 +208	+244 +208	+265 +208	+319 +294	+330 +294	+351 +294	+471 +435	+492 +435	+566 +530	+696 +660	+856 +820	+1 036 +1 000
>400~450	+153 +126	+166 +126	+189 +126	+259 +232	+272 +232	+295 +232	+357 +330	+370 +330	+393 +330	+530 +490	+553 +490	+635 +595	+780 +740	+960 +920	+1 140 +1 100
>450~500	+159 +132	+172 +132	+195 +132	+279 +252	+292 +252	+315 +252	+387 +360	+400 +360	+423 +360	+580 +540	+603 +540	+700 +660	+860 +820	+1 040 +1 000	+1 290 +1 250

注：基本尺寸小于 1 mm 时，各级的 a 和 b 均不采用。

表 C-3　孔的极限偏差（摘自 GB/T 1800.4—1999）　　　　（单位：μm）

基本尺寸 /mm	A	B		C	D				E		F			
	11	11	12	⑪	8	⑨	10	11	8	9	6	7	⑧	9
>0~3	+330 +270	+200 +140	+240 +140	+120 +60	+34 +20	+45 +20	+60 +20	+80 +20	+28 +14	+39 +14	+12 +6	+16 +6	+20 +6	+31 +6
>3~6	+345 +270	+215 +140	+260 +140	+145 +70	+48 +30	+60 +30	+60 +30	+105 +30	+38 +20	+50 +20	+18 +10	+22 +10	+28 +10	+40 +10
>6~10	+370 +280	+240 +150	+300 +150	+170 +80	+62 +40	+76 +40	+98 +40	+130 +40	+47 +25	+61 +25	+22 +13	+28 +13	+35 +13	+49 +13
>10~14	+400 +290	+260 +150	+330 +150	+205 +95	+77 +50	+93 +50	+120 +50	+160 +50	+59 +32	+75 +32	+27 +16	+34 +16	+43 +16	+59 +16
>14~18														
>18~24	+430 +300	+290 +160	+370 +160	+240 +110	+98 +65	+117 +65	+149 +65	+195 +65	+73 +40	+92 +40	+33 +20	+41 +20	+53 +20	+72 +20
>24~30														
>30~40	+470 +310	+330 +170	+420 +170	+280 +170	+119 +80	+142 +80	+180 +80	+240 +80	+89 +50	+112 +50	+41 +25	+50 +25	+64 +25	+87 +25
>40~50	+480 +320	+340 +180	+430 +180	+290 +180										
>50~65	+530 +340	+380 +190	+490 +190	+330 +140	+146 +100	+170 +100	+220 +100	+290 +100	+106 +6	+134 +80	+49 +30	+60 +30	+76 +30	+104 +30
>65~80	+550 +360	+390 +200	+500 +200	+340 +150										
>80~100	+600 +380	+440 +220	+570 +220	+390 +170	+174 +120	+207 +120	+260 +120	+340 +120	+126 +72	+159 +72	+58 +36	+71 +36	+90 +36	+123 +36
>100~120	+630 +410	+460 +240	+590 +240	+400 +180										
>120~140	+710 +460	+510 +260	+660 +260	+450 +200	+208 +145	+245 +145	+305 +145	+395 +145	+148 +85	+135 +85	+68 +43	+83 +43	+106 +43	+143 +43
>140~160	+770 +520	+530 +280	+680 +280	+460 +210										
>160~180	+830 +580	+560 +310	+710 +310	+480 +230										
>180~200	+950 +660	+630 +340	+800 +340	+530 +240	+242 +170	+285 +170	+355 +170	+460 +170	+172 +100	+215 +100	+79 +50	+96 +50	+122 +50	+165 +50
>200~225	+1 030 +740	+670 +380	+840 +380	+550 +260										
>225~250	+1 110 +820	+710 +420	+880 +420	+570 +280										
>250~280	+1 240 +920	+800 +480	+1 000 +480	+620 +300	+271 +190	+320 +190	+400 +190	+510 +190	+191 +110	+240 +110	+88 +56	+108 +56	+137 +56	+186 +56
>280~315	+1 370 +1 050	+860 +540	+1 060 +540	+650 +330										
>315~355	+1 560 +1 200	+960 +600	+1 170 +600	+720 +360	+299 +210	+350 +210	+440 +210	+570 +210	+214 +125	+265 +125	+98 +62	+119 +62	+151 +62	+202 +62
>355~400	+1 710 +1 350	+1 040 +680	+1 250 +680	+760 +400										
>400~450	+1 900 +1 500	+1 160 +760	+1 390 +760	+840 +440	+327 +230	+385 +230	+480 +230	+630 +230	+232 +135	+290 +135	+108 +68	+131 +68	+165 +68	+223 +68
>450~500	+2 050 +1 650	+1 240 +840	+1 470 +840	+880 +480										

续表

基本尺寸 /mm	常用及优先公差带（带圈者为优先公差带）																
	G		H							J			K			M		
	6	⑦	6	⑦	8	⑨	10	⑪	12	6	7	8	6	⑦	8	6	7	8
>0~3	+8 +2	+12 +2	+6 +0	+10 +0	+14 +0	+25 +0	+40 +0	+60 +0	+100 +0	±3	±5	±7	0 -6	0 -10	0 -14	-2 -8	-2 -12	-2 -16
>3~6	+12 +4	+16 +4	+8 +0	+12 +0	+18 +0	+30 +0	+48 +0	+75 +0	+120 +0	±4	±6	±9	+2 -6	+3 -9	+5 -13	-1 -9	0 -12	+2 -16
>6~10	+14 +5	+20 +5	+9 +0	+15 +0	+22 +0	+36 +0	+58 +0	+90 +0	+150 +0	±4.5	±7	±11	+2 -7	+5 -10	+6 -16	-3 -12	0 -15	+1 -21
>10~14 >14~18	+17 +6	+24 +6	+11 +0	+18 +0	+27 +0	+43 +0	+70 +0	+110 +0	+180 +0	±5.5	±9	±13	+2 -9	+6 -12	+8 -19	-4 -15	0 -18	+2 -25
>18~24 >24~30	+20 +7	+28 +7	+13 +0	+21 +0	+33 +0	+52 +0	+84 +0	+130 +0	+210 +0	±6.5	±10	±16	+2 -11	+6 -15	+10 -23	-4 -17	0 -21	+4 -29
>30~40 >40~50	+25 +9	+34 +9	+16 +0	+25 +0	+39 +0	+62 +0	+100 +0	+160 +0	+250 +0	±8	±12	±19	+3 -13	+7 -18	+12 -27	-4 -20	0 -25	+5 -34
>50~65 >65~80	+29 +10	+40 +10	+19 +0	+30 +0	+46 +0	+74 +0	+120 +0	+190 +0	+300 +0	±9.5	±15	±23	+4 -15	+9 -21	+14 -32	-5 -24	0 -30	+5 -41
>80~100 >100~120	+34 +12	+47 +12	+22 +0	+35 +0	+54 +0	+87 +0	+140 +0	+220 +0	+350 +0	±11	±17	±27	+4 -18	+10 -25	+16 -38	-6 -28	0 -35	+6 -48
>120~140 >140~160 >160~180	+39 +14	+54 +14	+25 +0	+40 +0	+63 +0	+100 +0	+160 +0	+250 +0	+400 +0	±12.5	±20	±31	4 -21	+12 -28	+20 -43	-8 -33	0 -40	+8 -55
>180~200 >200~225 >225~250	+44 +15	+61 +15	+29 +0	+46 +0	+72 +0	+115 +0	+185 +0	+290 +0	+460 +0	±14.5	±23	±36	+5 -24	+13 -33	+22 -50	-8 -37	0 -46	+9 -63
>250~280 >280~315	+49 +17	+69 +17	+32 +0	+52 +0	+81 +0	+130 +0	+210 +0	+320 +0	+520 +0	±16	±26	±40	+5 -27	+16 -36	+25 -56	-9 -41	0 -52	+9 -72
>315~355 >355~400	+54 +18	+75 +18	+36 +0	+57 +0	+89 +0	+140 +0	+230 +0	+360 +0	+570 +0	±18	±28	±44	+7 -29	+17 -40	+28 -61	-10 -46	0 -57	+11 -78
>400~450 >450~500	+60 +20	+83 +20	+40 +0	+63 +0	+97 +0	+155 +0	+250 +0	+400 +0	+630 +0	±20	±31	±48	+8 -32	+18 -45	+29 -68	-10 -50	0 -63	+11 -86

续表

基本尺寸 /mm	常用及优先公差带（带圈者为优先公差带）											
	N			P		R		S		T		U
	6	⑦	8	6	⑦	6	7	6	⑦	6	7	⑦
>0~3	-4 -10	-4 -14	-4 -18	-6 -12	-6 -16	-10 -16	-10 -20	-14 -20	-14 -24	—	—	-18 -28
>3~6	-5 -13	-4 -16	-2 -20	-9 -17	-8 -20	-12 -20	-11 -23	-16 -24	-15 -27	—	—	-19 -31
>6~10	-7 -16	-4 -19	-3 -25	-12 -21	-9 -24	-16 -25	-13 -28	-20 -29	-17 -32	—	—	-22 -37
>10~14 >14~18	-9 -20	-5 -23	-3 -30	-15 -26	-11 -29	-20 -31	-16 -34	-25 -36	-21 -39	—	—	-26 -44
>18~24	-11 -24	-7 -28	-3 -36	-18 -31	-14 -35	-24 -37	-20 -41	-31 -44	-27 -48	—	—	-33 -54
>24~30										-37 -50	-33 -54	-40 -61
>30~40	-12 -28	-8 -33	-3 -42	-21 -37	-17 -42	-29 -45	-25 -50	-38 -54	-34 -59	-43 -59	-39 -64	-51 -76
>40~50										-49 -65	-45 -70	-61 -86
>50~65	-14 -33	-9 -39	-4 -50	-26 -45	-21 -51	-35 -54	-30 -60	-47 -66	-42 -72	-60 -79	-55 -85	-76 -106
>65~80						-37 -56	-32 -62	-53 -72	-48 -78	-69 -88	-64 -94	-91 -121
>80~100	-16 -38	-10 -45	-4 -58	-30 -52	-24 -59	-44 -66	-38 -73	-64 -86	-58 -93	-84 -106	-78 -113	-111 -146
>100~120						-47 -69	-41 -76	-72 -94	-66 -101	-97 -119	-91 -126	-131 -166
>120~140	-20 -45	-12 -52	-4 -67	-36 -61	-28 -68	-56 -81	-48 -88	-85 -110	-77 -117	-115 -140	-107 -147	-155 -195
>140~160						-58 -83	-50 -90	-93 -118	-85 -125	-127 -152	-119 -159	-175 -215
>160~180						-61 -86	-53 -93	-101 -126	-93 -133	-139 -164	-131 -171	-195 -235
>180~200	-22 -51	-14 -60	-5 -77	-41 -70	-33 -79	-68 -97	-60 -106	-113 -142	-105 -151	-157 -186	-149 -195	-219 -265
>200~225						-71 -100	-63 -109	-121 -150	-113 -159	-171 -200	-163 -209	-241 -287
>225~250						-75 -104	-67 -113	-131 -160	-123 -169	-187 -216	-179 -225	-267 -313
>250~280	-25 -57	-14 -66	-5 -86	-47 -79	-36 -88	-85 -117	-74 -126	-149 -181	-138 -190	-209 -241	-198 -250	-295 -347
>280~315						-89 -121	-78 -130	-161 -193	-150 -202	-231 -263	-220 -272	-330 -382
>315~355	-26 -62	-16 -73	-5 -94	-51 -87	-41 -98	-97 -133	-87 -144	-179 -215	-169 -226	-257 -293	-247 -304	-369 -426
>355~400						-103 -139	-93 -150	-197 -233	-187 -244	-283 -319	-273 -330	-414 -471
>400~450	-27 -67	-17 -80	-6 -103	-55 -95	-45 -108	-113 -153	-103 -166	-219 -259	-209 -272	-317 -357	-307 -370	-467 -530
>450~500						-119 -159	-109 -172	-239 -279	-229 -279	-347 -387	-337 -400	-517 -580

注：基本尺寸小于 1 mm 时，各级的 A 和 B 均不采用。

表 C-4 形位公差的公差数值（摘自 GB/T 1184—1996）

公差项目	主参数 L/mm	公差等级											
		1	2	3	4	5	6	7	8	9	10	11	12
		公差值/μm											
直线度、平面度	≤10	0.2	0.4	0.8	1.2	2	3	5	8	12	20	30	60
	>10~16	0.25	0.5	1	1.5	2.5	4	6	10	15	25	40	80
	>16~25	0.3	0.6	1.2	2	3	5	8	12	20	30	50	100
	>25~40	0.4	0.8	1.5	2.5	4	6	10	15	25	40	60	120
	>40~63	0.5	1	2	3	5	8	12	20	30	50	80	150
	>63~100	0.6	1.2	2.5	4	6	10	15	25	40	60	1 001	200
	>100~160	0.8	1.5	3	5	8	12	20	30	50	80	20	250
	>160~250	1	2	4	6	10	15	25	40	60	100	150	300
圆度、圆柱度	≤3	0.2	0.3	0.5	0.8	1.2	2	3	4	6	10	14	25
	>3~6	0.2	0.4	0.6	1	1.5	2.5	4	5	8	12	18	30
	>6~10	0.25	0.4	0.6	1	1.5	2.5	4	6	9	15	22	36
	10~18	0.25	0.5	0.8	1.2	2	3	5	8	11	18	27	43
	>18~30	0.3	0.6	1	1.5	2.5	4	6	9	13	21	33	52
	>30~50	0.4	0.6	1	1.5	2.5	4	7	11	16	25	39	62
	>50~80	0.5	0.8	1.2	2	3	5	8	13	19	30	46	74
	>80~120	0.6	1	1.5	2.5	4	6	10	15	22	35	54	87
	>120~180	1	1.2	2	3.5	5	8	12	18	25	40	63	100
	>180~250	1.2	2	3	4.5	7	10	14	20	29	46	72	115
平行度、垂直度、倾斜度	≤10	0.4	0.8	1.5	3	5	8	12	20	30	50	80	120
	>10~16	0.5	1	2	4	6	10	15	25	40	60	100	150
	>16~25	0.6	1.2	2.5	5	8	12	20	30	50	80	120	200
	>25~40	0.8	1.5	3	6	10	15	25	40	60	100	150	250
	>40~63	1	2	4	8	12	20	30	50	80	120	200	300
	>63~100	1.2	2.5	5	10	15	25	40	60	100	150	250	400
	>100~160	1.5	3	6	12	20	30	50	80	120	200	300	500
	>160~250	2	4	8	15	25	40	60	100	150	250	400	600
同轴度、对称度、圆跳动、全跳动	≤1	0.4	0.6	1.0	1.5	2.5	4	6	10	15	25	40	60
	>1~3	0.4	0.6	1.0	1.5	2.5	4	6	10	20	40	60	120
	>3~6	0.5	0.8	1.2	2	3	5	8	12	25	50	80	150
	>6~10	0.6	1	1.5	2.5	4	6	10	15	30	60	100	200
	>10~18	0.8	1.2	2	3	5	8	12	20	40	80	120	250
	>18~30	1	1.5	2.5	4	6	10	15	25	50	100	150	300
	>30~50	1.2	2	3	5	8	12	20	30	60	120	200	400
	>50~120	1.5	2.5	4	6	10	15	25	40	80	150	250	500
	>120~250	2	3	5	8	12	20	30	50	100	200	300	600

附录 D 标准结构

表 D-1 中心孔表示法（摘自 GB/T 4459—1999） （单位：mm）

型式及标记示例	R 型	A 型	B 型	C 型
	GB/T 4459.5—R3.15/6.7 （$D=3.15$ $D_1=6.7$）	GB/T 4459.5—A4/8.5 （$D=4$ $D_1=8.5$）	GB/T 4459.5—B2.5/8 （$D=2.5$ $D_1=8$）	GB/T 4459.5—CM10L30/16.3 （$D=M10$ $L=30$ $D_2=6.7$）
用途	通常用于需要提高加工精度的场合	通常用于加工后可以保留的场合（此种情况占绝大多数）	通常用于加工后必须要保留的场合	通常用于一些需要带压紧装置的零件

中心孔表示法	要求	规定表示法	简化表示法	说明
	在完工的零件上要保留中心孔	GB/T 4459.5-B4/12.5	B4/12.5	采用 B 型中心孔 $D=4$，$D_1=12.5$
	在完工的零件上可以保留中心孔（是否保留都可以，多数情况如此）	GB/T 4459.5-A2/4.25	A2/4.25	采用 A 型中心孔 $D=2$ $D_1=4.25$ 一般情况下，均采用这种方式
		2×A4/8.5 GB/T 4459.5	2×A4/8.5	采用 A 型中心孔 $D=4$ $D_1=8.5$ 轴的两端中心孔相同，可只在一端注出
	在完工的零件上不允许保留中心孔	GB/T 4459.5-A1.6/3.35	A1.6/3.35	采用 A 型中心孔 $D=1.6$ $D_1=3.35$

注：1. 对标准中心孔，在图样中可不绘制其详细结构；2. 简化标注时，可省略标准编号；3. 尺寸 L 取决于零件的功能要求。

续表

导向孔直径 D	R 型	A 型		B 型		C 型	
（公称尺寸）	锥孔直径 D_1	锥孔直径 D_1	参照尺寸 t	锥孔直径 D_1	参照尺寸 t	公称尺寸 M	锥孔直径 D_2
1	2.12	2.12	0.9	3.15	0.9	M3	5.8
1.6	3.35	3.35	1.4	5	1.4	M4	7.4
2	4.25	4.25	1.8	6.3	1.8	M5	8.8
2.5	5.3	5.3	2.2	8	2.2	M6	10.5
3.15	6.7	6.7	2.8	10	2.8	M8	13.2
4	8.5	8.5	3.5	12.5	3.5	M10	16.3
(5)	10.6	10.6	4.4	16	4.4	M12	19.8
6.3	13.2	13.2	5.5	18	5.5	M16	25.3
(8)	17	17	7	22.4	7	M20	31.3
10	21.2	21.2	8.7	28	8.7	M24	38

注：尽量避免选用括号中的尺寸。

表 D-2 零件倒角与倒圆（摘自 GB/T 6403.4—1986）　　　　（单位：mm）

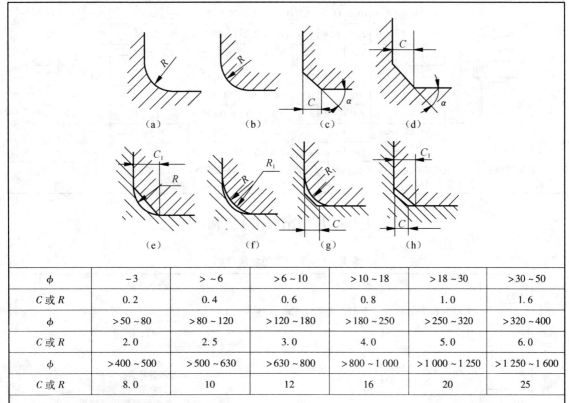

ϕ	-3	> ~6	>6~10	>10~18	>18~30	>30~50
C 或 R	0.2	0.4	0.6	0.8	1.0	1.6
ϕ	>50~80	>80~120	>120~180	>180~250	>250~320	>320~400
C 或 R	2.0	2.5	3.0	4.0	5.0	6.0
ϕ	>400~500	>500~630	>630~800	>800~1 000	>1 000~1 250	>1 250~1 600
C 或 R	8.0	10	12	16	20	25

注：① 内角倒圆，外角倒角时，$C_1 > R$，见图 e。
② 内角倒圆，外角倒圆时，$R_1 > R$，见图 f。
③ 内角倒角，外角倒圆时，$C < 0.58R_1$，见图 g。
④ 内角倒角，外角倒角时，$C_1 > C$，见图 h。

表 D-3 紧固件通孔（摘自 GB/T 5277—1985）及沉头座尺寸（摘自 GB/T 152.2 - 152.4—1988）

（单位：mm）

螺纹规格 d		3	4	5	6	8	10	12	14	16	18	20	22	24	27	30	36
通孔直径 GB/T 5277—1985	精装配	3.2	4.3	5.3	6.4	8.4	10.5	13	15	17	19	21	23	25	28	31	37
	中等装配	3.4	4.5	5.5	6.6	9	11	13.5	15.5	17.5	20	22	24	26	30	33	39
	粗装配	3.6	4.8	5.8	7	10	12	14.5	16.5	18.5	21	24	26	28	32	35	42
六角头螺栓和六角螺母用沉孔 GB/T 152.4—1988	d_2	9	10	11	13	18	22	26	30	33	36	40	43	48	53	61	适用于六角头螺栓和六角螺母
	d_3	—	—	—	—	—	—	—	16	18	20	22	24	26	28	33	36
	d_1	3.4	4.5	5.5	6.6	9.0	11.0	13.5	15.5	17.5	20.0	22.0	24	26	30	33	
沉头用沉孔 GB/T 152.2—1988	d_2	6.4	9.6	10.6	12.8	17.6	20.3	24.4	28.4	32.4	—	40.4	—	—	—	—	适用于沉头及半沉头螺钉
	$t=$	1.6	2.7	2.7	3.3	4.6	5.0	6.0	7.0	8.0	—	10.0	—	—	—	—	
	d_1	3.4	4.5	5.5	6.6	9	11	13.5	15.5	17.5	—	22	—	—	—	—	
	α						$90°^{-2+}_{-4+}$										
圆柱头用沉孔 GB/T 152.3—1988	d_1	6.0	8.0	10.0	11.0	15.0	18.0	20.0	24.0	26.0	—	33.0	—	40.0	—	48.0	适用于内六角圆柱头螺钉
	t	3.4	4.6	5.7	6.6	9.0	11.0	13.0	15.0	17.5	—	21.5	—	25.5	—	32.0	
	d_1	—	—	—	—	16	18	20	—	24	—	28	—	36	—	—	
	d_1	3.4	4.5	5.5	6.6	9.0	11.0	13.5	15.5	17.5	—	22.0	—	26.0	—	33.0	
	d_2	—	8	10	11	15	18	20	24	26	—	33	—	—	—	—	适用于开槽圆柱头螺钉
	t	—	3.2	4.0	4.7	6.0	7.0	8.0	9.0	10.5	—	12.5	—	—	—	—	
	d_3	—	—	—	—	16	18	20	—	24	—	—	—	—	—	—	
	d_1	—	4.5	5.5	6.6	9.0	11.0	13.5	15.5	17.5	—	22.0	—	—	—	—	

注：对螺栓和螺母用沉孔的尺寸，只要能制出与通孔轴线垂直的圆平面即可，即刮平面为止，常称炮平。表中尺寸 d_1、d_2、t 的公差带都是 H13。

附录 E 常用材料

表 E-1 常用黑色金属材料

名称	牌号		应用举例	说明
碳素结构钢	Q195	—	用于金属结构构件、拉杆、心轴、垫圈、凸轮等	1. 新旧牌号对照： Q215→A2； Q235→A3； Q275→A5。 2. A 级不做冲击试验； B 级做常温冲击试验； C、D 级重要焊接结构用。
	Q215	A		
		B		
	Q235	A	用于金属结构构件、吊钩、拉杆、套、螺栓、螺母、楔、盖、焊接件等	
		B		
		C		
		D		
	Q255	A		
		B		
	Q275	—	用于轴、轴销、螺栓等强度较高件	

续表

名称	牌号	应用举例	说明
优质碳素钢	10	屈服点和抗拉强度比值较低,塑性和韧性均高,在冷状态下,容易模压成形。一般用于拉杆、卡头、钢管垫片、垫圈、铆钉这种钢焊接性甚好	牌号的两位数字表示平均含碳量,45号钢即表示平均含碳量为0.45%。含锰量较高的钢,须加注化学元素符号"Mn"。含碳量≤0.25%的碳钢是低碳钢(渗碳钢)。含碳量在0.25%～0.60%之间的碳钢是中碳钢(调质钢)。含碳量大于0.60%的碳钢是高碳钢
	15	塑性、韧性、焊接性和冷冲性均极良好,但强度较低。用于制造受力不大、钢性要求较高的零件、紧固件、冲模锻件及不要热处理的低负荷零件,如螺栓、螺钉、拉条、法兰盘及化工器件、蒸汽锅炉等	
	35	具有良好的强度和韧性,用于制造曲轴、转轴、轴销、杠杆、连杆、横梁、星轮、圆盘、套筒、钩环、垫圈、螺钉、螺母等。一般不作焊接用	
	45	用于强度要求较高的零件,如汽轮机的叶轮、压缩机、泵的零件等	
	60	强度和弹性相当高,用于制造轧辊、轴、弹簧圈、弹簧、离合器、凸轮、钢绳等	
	15Mn	性能与15号钢相似,但其淬透性、强度和塑性比15号钢都高些。用于制造中心部分的机械性能要求较高且需渗透碳的零件。这种钢焊接性好	
	65Mn	强度高,淬透性较大,脱碳倾向小,但有过热敏感性,易产生淬火裂纹,并有回火脆性。适宜作大尺寸的各种扁、圆弹簧,如座板簧、弹簧发条等	
灰铸铁	HT100	属低强度铸铁,用于铸盖、手把、手轮等不重要的零件	"HT"是灰铸铁的代号,是由表示其特征的汉语拼音字的第一个大写正体字母组成。代号后面的一组数字,表示抗拉强度值(N/mm²)
	HT150	属中等强度铸铁,用于一般铸铁如机床座、端盖、皮带轮、工作台等	
	HT200 HT250	属高强度铸铁,用于较重要铸件,如汽缸、齿轮、凸轮、机座、床身、飞轮、皮带轮、齿轮箱、阀壳、联轴器、衬筒、轴承座等	
	HT300 HT350	属高强度、高耐磨铸铁,用于重要的铸件如齿轮、凸轮、床身、高压液压筒、液压泵和滑阀的壳体、车床卡盘等	
球墨铸铁	QT700—2	用于曲轴、缸体、车轮等	"QT"是球墨铸铁代号,是表示"球铁"的汉语拼音的第一个字母,它后面的数字表示强度和延伸率的大小。
	QT600—3		
	QT500—7	用于阀体、汽缸、轴瓦等	
	QT450—10	用于减速机箱体、管路、阀体、盖、中低压阀体等	
	QT400—15		

表 E-2 常用有色金属材料

类别	名称与牌号	应用举例
加工青铜	4-4-4 锡青铜 QSn4-4-4	一般摩擦条件下的轴承、轴套、衬套、圆盘及衬套内垫
	7-0.2 锡青铜 QSn7-0.2	中负荷、中等滑动速度下的摩擦零件,如抗磨垫圈、轴承、轴套、蜗轮等
	9-4 铝青铜 QAL9-4	高负荷下的抗磨、耐蚀零件。如轴承、轴套、衬套、阀座、齿轮、蜗轮等
	10-3-1.5 铝青铜 QAL10-3-1.5	高温下工作的耐磨零件,如齿轮、轴承、衬套、圆盘、飞轮等
	10-4-4 铝青铜 QA110-4-4	高强度耐磨件及高温下工作零件,如轴衬、轴套、齿轮、螺母、法兰盘、滑座等
	2 铍青铜 QBe2	高速、高温、高压下工作的耐磨零件,如轴承、衬套等
铸造铜合金	5-5-5 锡青铜 ZCuSn5Pb5Zn5	用于较高负荷、中等滑动速度下工作的耐磨,耐蚀零件,如轴瓦、衬套、油塞、蜗轮等
	10-1 锡青铜 ZCuSn10P1	用于小于20 MPa和滑动速度小于8 m/s条件下工作的耐磨零件,如齿轮、蜗轮、轴瓦、套等
	10-2 锡青铜 ZCuSn10Zn2	用于中等负荷和小滑动速度下工作的管配件及阀、旋塞、泵体、齿轮、蜗轮、叶轮等
	8-13-3-2 铝青铜 ZCuAL8Mn13Fe3Ni2	用于强度高耐蚀重要零件,如船舶螺旋桨、高压阀体、泵体、耐压耐磨的齿轮、蜗轮、法兰、衬套等
	9-2 铝青铜 ZCuAL10Fe3	用于制造耐磨结构简单的大型铸件,如衬套、蜗轮及增压器内气封等
	10-3 铝青铜 ZCuAL10Fe3	制造强度高、耐磨、耐蚀零件,如蜗轮、轴承、衬套、管嘴、耐热管配件
	9-4-4-2 铝青铜 ZCuAL9Fe4Ni4Mn2	制造高强度重要零件,如船舶螺旋桨,耐磨及400℃以下工作的零件,如轴承、齿轮、蜗轮、螺母、法兰、阀体、导向套管等
	25-6-3-3 铝黄铜 ZCuZn25AL6Fe3Mn3	适于高强耐磨零件,如桥梁支承板、螺母、螺杆、耐磨板、滑块、蜗轮等
	38-2-2 锰黄铜 ZCuZn38Mn2Pb2	一般用途结构件,如套筒、衬套、轴瓦、滑块等
铸造铝合金	ZL301	用于受大冲击负荷、高耐蚀的零件
	ZL102	用于汽缸活塞以及高温工作的复杂形状零件
	ZL401	适用于压力铸造的高强度铝合金

表 E-3 常用非金属材料

类别	名 称	代 号	说明及要求		应用举例
工业用橡胶板	普通橡胶板	1608 1708 1613	厚度/mm	宽度/mm	能在 -30 ℃ ~ +60 ℃ 的空气中工作,适于冲制各种密封、缓冲胶圈、垫板及铸设工作台、地板
	耐油橡胶板	3707 3807 3709 3809	0.5、1、1、5、2、 2.5、3、4、5、 6、8、10、12、 14、16、18、 20、22、25、 30、40、50	500 ~ 2 000	可在温度 -30 ℃ ~ 80 ℃ 之间的机油、汽油、变压器油等介质中工作,适于冲制各种形状的垫圈
尼龙	尼龙 66 尼龙 1010		有高的抗拉强度和良好的冲击韧性,一定的耐热性(可在 100 ℃ 以下使用),能耐弱酸、弱碱、耐油性良好		用以制作机械传动零件,有良好的灭音性,运转时噪声小,常用来做齿轮等零件
石棉制品	耐油橡胶石棉板		有厚度为 0.4 ~ 0.3 mm 的十种规格		供航空发动机的煤油、润滑油及冷气系统结合处的密封垫材料
	油浸石棉盘根	YS450	盘根形状分 F(方形)、Y(圆形)、N(扭制)三种,按需选用		适用于回转轴,往复活塞及阀门杆上作密封材料,介质为蒸汽、空气、工业用水、重质石油产品
	橡胶石棉盘根	XS450	该牌号盘根只有 F(方形)形		适用于作蒸汽机、往复泵的活塞。和阀门杆上作密封材料
	毛毡	112-32-44(细毛)122-30~38(半粗毛)132-32~36(粗毛)	厚度为 1.5 ~ 25 mm		用作密封、防漏油、防震、缓冲衬垫等。按需要选用细毛、半粗毛、粗毛
	软钢板纸		厚度为 0.5 ~ 3.0 mm		用作密封连接处垫片
	聚四氯乙烯	SFL-4~13	耐腐蚀、耐高温(+250 ℃)并具有一定的强度,能切削加工成各种零件		用于腐蚀介质中,起密封和减磨作用,用作垫圈等
	有机玻璃板		耐盐酸、硫酸、草酸、烧碱和纯碱等一般酸碱以及二氧化硫、臭氧等气体腐蚀		适用于耐腐蚀和需要透明的零件

表 E-4 常用的热处理和表面处理名词解释

名 词	代号及标注示例	说 明	应 用
退火	Th	将钢件加热到临界温度以上(一般是 710 ℃ ~ 715 ℃,个别合金钢 800 ℃ ~ 900 ℃)30 ℃ ~ 50 ℃,保温一段时间,然后缓慢冷却(一般在炉中冷却)	用来消除铸、锻、焊零件的内应力、降低硬度,便于切削加工,细化金属晶粒,改善组织,增加韧性
正火	Z	将钢件加热到临界温度以上,保温一段时间,然后用空气冷却,冷却速度比退火快	用来处理低碳中碳结构钢及渗碳零件,使其组织细化,增加强度与韧性,减少内应力,改善切削性能

续表

名　词		代号及标注示例	说　明	应　用
淬火		C C48—淬火回火 （45～50）HRC	将钢件加热到临界温度以上，保温一段时间，然后在水、盐水或油中（个别材料在空气中）急速冷却，使其得到高硬度	用来提高钢的硬度和强度极限。但淬火会引起内应力使钢变脆，所以淬火后必须回火
回火		回火	回火是将淬硬的钢件加热到临界点以下的温度，保温一段时间，然后在空气中或油中冷却下来	用来消除淬火后的脆性和内应力，提高钢的塑性和冲击韧性
调质		T T235—调质至 （220～250）HB	淬火后在450℃～650℃进行高温回火，称为调质	用来使钢获得高的韧性和足够的强度。重要的齿轮、轴及丝杆等零件是调质处理的
表面淬火	火焰淬火	H54（火焰淬火后，回火到（52～58）HRC）	用焰或高频电流将零件表面迅速加热至临界温度以上，急速冷却	使零件表面获得高硬度，而心部保持一定的韧性，使零件既耐磨又能承受冲击。表面淬火常用来处理齿轮等
	高频淬火	GS2（高频淬火后，回火到（50～55）HRC）		
渗碳淬火		S0.5—900（渗碳层深0.5，淬火硬度（56～62）HRC）	在渗碳剂中将钢件加热到900℃～950℃，停留一定时间，将碳渗入钢表面，深度约为0.5～2mm，再淬火后回火	增加钢件的耐磨性能，表面硬度、抗拉强度及疲劳极限。 适用于低碳、中碳（含量＜0.40%）结构钢的中小型零件
氮化		D0.3—900（氮化深度0.3，硬度大于850HV）	氮化是在500℃～600℃通入氨的炉子内加热，向钢的表面渗入氮原子的过程。氮化层为0.025～0.8mm，氮化时间需40～50小时	增加钢件的耐磨性能、表面硬度、疲劳极限和抗蚀能力。 适用于合金钢、碳钢、铸铁件，如机床主轴、丝杆以及在潮湿碱水和燃烧气体介质的环境中工作的零件
氰化		Q59（氰化淬火后，回火至（56～62）HRC）	在820℃～860℃炉内通入碳和氮，保温1～2小时，使钢件的表面同时渗入碳、氮原子，可得到0.2～0.5mm的氰化层	增加表面硬度、耐磨性、疲劳强度和耐蚀性。 用于要求硬度高、耐磨的中小型及薄片零件和刀具等
时效		时效处理	低温回火后，精加工之前，加热到100℃～160℃，保持10～40小时。对铸件也可用天然时效（放在露天中一年以上）	使工件消除内应力和稳定形状，用于量具、精密丝杆、床身导轨、床身等
发蓝发黑		发蓝或发黑	将金属零件放在很浓的碱和氧化剂溶液中加热氧化，使金属表面形成一层氧化铁所组成的保护性薄膜	防腐蚀、美观。用于一般连接的标准件和其他电子类零件
硬度		HB（布氏硬度）	材料抵抗硬的物体压入其表面的能力称"硬度"。根据测定的方法不同，可分布氏硬度、洛氏硬度和维氏硬度。 硬度的测定是检验材料经热处理后的机械性能——硬度	用于退火、正火、调质的零件及铸件的硬度检验
		HRC（洛氏硬度）		用于经淬火、回火及表面渗碳、渗氮等处理的零件硬度检验
		HV（维氏硬度）		用于薄层硬化零件的硬度检验

参 考 文 献

[1] 同济大学,上海交通大学,等. 机械制图(4版)[M]. 北京:高等教育出版社,1997.
[2] 西安交通大学工程画教研室. 画法几何及机械制图[M]. 北京:高等教育出版社,1989.
[3] 《机械制图》国家标准工作组. 王槐德. 机械制图新旧标准代换教程(修订版)[M]. 北京:中国标准出版社,2004.
[4] 杨裕根. 现代工程图学[M]. 北京:北京邮电大学出版社,2003.
[5] 吴艳萍. 机械制图[M]. 北京:中国铁道出版社,2007.
[6] 张绍群,孙晓娟,等. 机械制图[M]. 北京:北京大学出版社,2007.
[7] 王淑梅. 机械制图[M]. 北京:化学工业出版社,2005.
[8] 虞洪述. 机械制图(全国高等教育自学考试指定教材)[M]. 西安:西安交通大学出版社,1998.
[9] 郭克希. 机械制图(普通高等教育"十一五"规划教材)[M]. 北京:机械工业出版社,2010.